丛书主编　于康震

动物疫病防控出版工程

小反刍兽疫

PESTE DES PETITS RUMINANTS

王志亮　吴晓东　包静月 | 主编

中国农业出版社

图书在版编目（CIP）数据

小反刍兽疫 / 王志亮，吴晓东，包静月主编. —北京：中国农业出版社，2015.10（2018.9重印）

（动物疫病防控出版工程 / 于康震主编）

ISBN 978-7-109-20760-8

Ⅰ.①小… Ⅱ.①王…②吴…③包… Ⅲ.①反刍动物－动物疫病－防治 Ⅳ.①S858

中国版本图书馆CIP数据核字（2015）第185249号

中国农业出版社出版

（北京市朝阳区麦子店街18号楼）

（邮政编码100125）

策划编辑　黄向阳　邱利伟

责任编辑　刘　玮

北京通州皇家印刷厂印刷　　新华书店北京发行所发行

2015年12月第1版　　2018年9月北京第2次印刷

开本：710mm×1000mm　1/16　　印张：23.5

字数：440千字

定价：85.00元

内容提要

国内首部全面系统介绍小反刍兽疫的专著。全面介绍了小反刍兽疫的流行概况、病原学、流行病学、临床症状与病理变化、诊断与监测、预防与控制等，可为我国消灭小反刍兽疫提供参考和借鉴。

本书编写人员

主　编　王志亮　吴晓东　包静月

副主编　李金明　李　林　戈胜强

编　者　（按姓氏笔画排序）

王志亮　王清华　王淑娟　戈胜强

包静月　刘文华　刘拂晓　刘雨田

刘春菊　李　林　李长友　李金明

吴晓东　邹艳丽　张　昱　张永强

张志诚　陈国胜　侯玉慧　姜　雯

徐天刚　蔺　东

总 序

近年来，我国动物疫病防控工作取得重要成效，动物源性食品安全水平得到明显提升，公共卫生安全保障水平进一步提高。这得益于国家政策的大力支持，得益于广大动物防疫人员的辛勤工作，更得益于我国兽医科技不断进步所提供的强大支撑。

当前，我国正处于加快建设现代养殖业的历史新阶段，人民生活水平的提高，不仅要求我国保持世界最大规模的养殖总量，以满足动物产品供给；还要求我们不断提高养殖业的整体质量效益，不断提高动物产品的安全水平；更要求我们最大限度地减少养殖业给人类带来的疫病风险和环境压力。要解决这些问题，最根本的出路还是要依靠科技进步。

2012年5月，国务院审议通过了《国家中长期动物疫病防治规划（2012—2020年）》，这是新中国成立以来，国务院发布的第一个指导全国动物疫病防治工作的综合性规划，具有重要的标志性意义。为配合此规划的实施，及时总结、推广我国最新兽医科技创新成果，同时借鉴国外先进的研究成果和防控经验，我们通过顶层设计规划了《动物疫病防控出版工程》，以期通过系列专著出版，及时将研究成果转化和传播到疫病防控一线，全面提高从业人员素质，提高我国动物疫病防控能力和水平。

本出版工程站在我国动物疫病防控全局的高度，力求权威性、科学性、指导性和实用性相兼容，致力于将动物疫病防控成果整体规划实施，重点把国家优先防治和重点防范的动物疫病、人兽共患病和重大外来动物疫病纳入项目中。全套书共31分册，其中原创专著21部，是根据我国当前动物疫病防控工作的实际需要而规划，每本书的主编都是编委会反复酝酿选定的、有一定行业公认度的、长期在单个疫病研究领域有较高造诣的专家；同时引进世界兽医名著10本，以借鉴世界同行的先进技术，弥补我国在某些领域的不足。

本套出版工程得到国家出版基金的大力支持。相信这些专著的出版，将会有力地促进我国动物疫病防控水平的提升，推动我国兽医卫生事业的发展，并对兽医人才培养和兽医学科建设起到积极作用。

农业部副部长

前　言

小反刍兽疫（PPR）是由病毒引起的家羊和野羊等小反刍动物的一种急性接触性传染病，是世界动物卫生组织（OIE）法定报告的动物疫病，是我国政府规定的一类动物疫病，也是《国家中长期动物疫病防治规划（2012—2020年）》所确定的重点防范的外来动物疫病。该病于1942年首次发现于非洲西部的科特迪瓦（旧称象牙海岸），此后逐渐蔓延至非洲中部和东部。1983年该病从非洲传至阿拉伯半岛，进而扩散到西亚、中亚和南亚的几乎所有国家。2007年我国首次在西藏阿里地区发现该病，病原分析和流行病学调查表明，疫情来自于南亚。由于控制措施得当，2010年5月以后西藏再未发生该病。2013年末该病再次传入我国新疆，后经大型活羊市场迅速传播至22个省份。病原分子演化和流行病学调查分析发现本次疫情来源于中亚的可能性最大。农业部指导各省迅速开展扑灭和控制工作，至2014年5月疫情已得到稳定控制，但再次暴发流行的可能性依然存在。

小反刍兽疫在易感宿主中的发病率和病死率均高达90%以上，而我国又是养羊大国，2005年以来年均饲养量超过5.5亿，接近全球年饲养量的20%，因此，该病的防控对促进养羊业发展意义重大。由于小反刍兽疫在我国历史上一直属于外来病，我们对该病还缺乏全面而深入的了解。近年来，随着该病的传入，许多兽医工作人员迫切需要一部能全面反映该病知识的专著。为此，我们专门组织多名工作在科研和防控一线的专家共同编写了本书，希望它的出版发行能有助于提高我国小反刍兽疫的防控技术水平。

本书共分9章42节，内容涉及小反刍兽疫的流行概况、病原学、流行病学、分子流行病学、临床症状与病理变化、诊断与监测、预防与控制等。附录中列出了世界动物卫生组织（OIE）和我国政府发布的有关小反刍兽疫的专门规定、技术规范和诊断标准，以便读者查阅。

在本书编写过程中，得到农业部领导的大力支持，也得到了中国农业出版社和中国动物卫生与流行病学中心领导和同志们的大力支持，许多省、直辖市、自治区动物疫病预防与控制机构专家给予了无私的帮助，对此表示衷心感谢。

对书中的错漏之处，敬请广大读者不吝指正，以便再版时予以纠补。

中国动物卫生与流行病学中心　王志亮

2015年3月

目　录

总序

前言

第一章　小反刍兽疫概述 …… 1

第一节　小反刍兽疫的发现和流行状况 …… 2

一、小反刍兽疫的发现 …… 2

二、小反刍兽疫的流行状况 …… 3

第二节　小反刍兽疫的危害 …… 12

一、对家养小反刍兽的危害 …… 13

二、对野生动物的危害 …… 14

三、对大反刍兽及其他种属动物的危害 …… 15

四、对经济和社会的影响 …… 16

参考文献 …… 17

第二章　病原学 …… 25

第一节　分类和命名 …… 26

一、分类地位 …… 26

二、毒株命名 …… 31

第二节 形态结构和化学组成 31
一、形态结构 31
二、化学组成 32
第三节 理化特性和生物学特性 33
一、物理和化学特性 33
二、生物学特性 33
三、对动物和细胞培养物的感染性 34
四、致病性 35
第四节 病毒基因组结构 36
一、基因组结构 37
二、基因组序列特征 40
第五节 编码的蛋白及其功能 42
一、核衣壳蛋白 43
二、*P*基因及其编码的蛋白 45
三、大蛋白 49
四、基质蛋白 50
五、融合蛋白 51
六、血凝素蛋白 54
第六节 感染与增殖过程 56
一、病毒吸附与进入 56
二、病毒转录 57
三、基因组复制 58
四、病毒粒子装配与释放 59
第七节 致病性分子基础 59
一、反向遗传操作技术 59
二、致病性分子基础 60
参考文献 61

第三章 临床症状与病理变化 69

第一节 临床症状 70
一、特急性型 70
二、急性型 71

三、亚急性型 72
四、亚临床型 72
第二节 剖检病变 73
第三节 病理变化 75
一、口腔 75
二、肺脏 76
三、胃肠道 77
四、淋巴组织 77
五、肝脏 78
六、肾脏 78
七、心脏 78
第四节 类症鉴别 79
一、牛瘟 79
二、口蹄疫 79
三、蓝舌病 80
四、羊传染性胸膜肺炎 80
五、羊传染性脓疱病 80
六、内罗毕羊病 80
七、腹泻综合征 81
八、肺型巴氏杆菌病 81
九、心水病 81
第五节 动物接种试验案例 82
一、摩洛哥野毒株动物接种试验案例 82
二、印度 Izatnagar/94 毒株动物接种试验案例 83
三、其他毒株的动物接种试验案例 85
参考文献 87

第四章 免疫学 89

第一节 被动免疫 90
第二节 主动免疫 92
一、PPRV 的细胞免疫 92
二、PPRV 的体液免疫 93

第三节 B细胞和T细胞表位 93
一、B细胞表位 95
二、T细胞表位 96
第四节 免疫抑制 98
第五节 细胞凋亡 99
第六节 细胞因子反应 101
第七节 血液学和生物化学改变 104
一、针对PPRV的血液学变化 104
二、针对PPRV的生物化学变化 106
参考文献 107

第五章 流行和分布 111

第一节 传染源和传播途径 112
一、传染源 112
二、传播途径 113
第二节 易感动物 113
一、山羊和绵羊 113
二、牛 114
三、牛科野生动物 114
四、骆驼 119
五、其他动物 120
第三节 分布特征 120
一、群体分布 120
二、时间分布 122
三、地区分布 122
第四节 分子流行病学 123
一、谱系划分 123
二、谱系与地区分布的关系 124
第五节 分布 125
一、非洲 125
二、亚洲 133
参考文献 141

第六章　实验室诊断 149

第一节　样品采集与运送 151
一、流行病学方法采样 152
二、样品的采集 153
三、样品的运送与储存 157
四、生物安全 158
五、样品标记与记录 158
第二节　病毒分离与鉴定 159
一、细胞的选择 159
二、细胞病变 161
三、操作程序 161
第三节　病毒抗原检测 163
一、琼脂凝胶免疫扩散试验 163
二、对流免疫电泳 165
三、ELISA 检测病毒抗原 165
四、血凝试验 166
五、免疫组织化学 167
六、简易方法 169
第四节　病毒核酸检测 170
一、前言 173
二、病毒 RNA 提取 174
三、普通 RT-PCR 176
四、实时荧光 RT-PCR 181
五、环介导等温核酸扩增 184
六、核酸杂交（nucleic acid hybridization） 185
七、纳米金标记核酸探针法 186
八、RT-PCR 鉴别诊断 186
九、病毒的系统发育分析（phylogenetic analysis） 188
十、内参（或内标）系统 190
第五节　血清学检测方法 191
一、血清学检测的基础 193
二、病毒中和试验（国际贸易规定的方法） 195

三、竞争 ELISA ······ 196
四、阻断 ELISA ······ 198
五、间接 ELISA ······ 202
参考文献 ······ 203

第七章 预防免疫 ······ 211

第一节 疫苗种类、历史与展望 ······ 212
一、人工被动免疫 ······ 212
二、异源疫苗 ······ 213
三、同源疫苗 ······ 213
四、联苗 ······ 215
五、新一代候选疫苗 ······ 215
六、抗病毒制剂 ······ 215
第二节 弱毒疫苗 ······ 218
一、疫苗株 ······ 218
二、疫苗热稳定性 ······ 219
三、弱毒苗工业化生产 ······ 222
四、弱毒苗临床使用 ······ 223
第三节 新一代候选疫苗 ······ 224
一、活病毒载体疫苗 ······ 224
二、其他候选疫苗 ······ 227
三、新型疫苗的 DIVA 特性 ······ 228
第四节 总结 ······ 230
参考文献 ······ 231

第八章 控制和根除 ······ 237

第一节 感染动物的处理 ······ 238
一、扑杀原则 ······ 239
二、扑杀方法 ······ 240
第二节 尸体无害化处理 ······ 244
一、深埋 ······ 245

二、焚烧 …… 246
三、化制 …… 246
四、发酵 …… 247
五、碱解 …… 247
第三节　清洁消毒 …… 247
一、药品种类 …… 248
二、场地及设施消毒 …… 248
三、人员及其穿戴物品消毒 …… 248
四、羊绒及羊毛消毒 …… 249
五、羊皮消毒 …… 249
六、羊乳消毒 …… 249
第四节　控制移动 …… 250
第五节　牛瘟扑灭计划及其成功经验 …… 252
一、牛瘟扑灭计划及成功原因 …… 252
二、 全球性消灭小反刍兽疫可行性分析 …… 255
三、总结及展望 …… 258
参考文献 …… 259

第九章　我国小反刍兽疫状况 …… 263

第一节　我国小反刍兽疫历史与现状 …… 264
一、我国小反刍兽疫的首次发现与疫情溯源 …… 264
二、2013 年以来新一轮的小反刍兽疫疫情 …… 266
三、野生动物感染情况 …… 269
四、我国小反刍兽疫流行 …… 270
五、小反刍兽疫传入与扩散原因 …… 271
六、未来防控形势研判 …… 276
第二节　我国小反刍兽疫防控工作 …… 276
一、小反刍兽疫对我国的危害 …… 276
二、我国开展的防控工作 …… 278
三、全国小反刍兽疫消灭计划 …… 283
参考文献 …… 289

附件……293

附件 1 OIE《陆生动物卫生法典》（2014）有关小反刍兽疫的规定……294
附件 2 OIE《陆生动物诊断试验与疫苗手册》（2012）有关小反刍兽疫的标准……312
附件 3 小反刍兽疫防控应急预案……325
附件 4 小反刍兽疫防治技术规范……330
附件 5 小反刍兽疫诊断技术（GB/T 27982—2011）……339
附件 6 OIE 小反刍兽疫参考实验室及其专家……352

第一章

小反刍兽疫概述

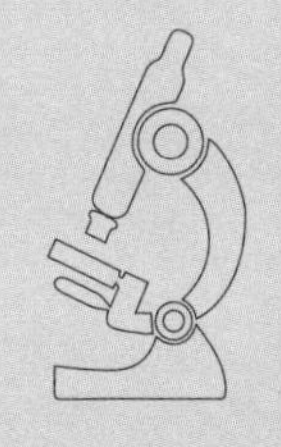

小反刍兽疫（Peste des petits ruminants，PPR），俗称羊瘟、伪牛瘟，是由小反刍兽疫病毒（Peste des petits ruminants virus，PPRV）引起的一种急性病毒性传染病，主要感染山羊、绵羊、野生小反刍兽，偶尔感染牛、水牛和骆驼，未见有人感染该病的报道，以发热，眼、鼻分泌物，胃炎，腹泻和肺炎为特征。世界动物卫生组织（OIE）将其列为法定报告的疫病，各国无疫状态需经OIE官方认证。我国农业部将其列为一类动物疫病，《国家中长期动物疫病防治规划（2012—2020年）》将其列为重点防范的13种外来动物疫病之一。小反刍兽疫会给羊群带来毁灭性打击，易感羊群的病死率最高可达100%，该病一旦跨境传入，尤其是非洲和亚洲的发展中国家，将会对当地养羊业造成巨大损失，由此带来的国际贸易限制会造成进一步的经济损失。近年来，全球大多数发病国家采用免疫、扑杀、移动控制等综合措施防控小反刍兽疫，但仍阻挡不住该病在全球快速蔓延。在2015年OIE第83届大会上，全球仅有52个国家通过OIE小反刍兽疫无疫认证。目前，该病在许多国家已经成为一种地方流行性疫病，直接制约着养羊业发展和羊肉的有效供给，对食品安全及人类健康构成严重威胁。

第一节 小反刍兽疫的发现和流行状况

一、小反刍兽疫的发现

1942年，法国兽医首次正式报道小反刍兽疫发生于西非的科特迪瓦（原名象牙海岸）[2]，小反刍兽疫曾称为羊瘟（Goat plague）、小反刍兽瘟（Pest of small ruminants）、肺肠炎或口炎–肺肠炎复合症或综合征

(Pneumonia–enteritis or stomatitis–pneumoenteritis complex or syndrome)、伪牛瘟(Pseudo–rinderpest)和卡他(黏膜炎的俗称)(Kata)等。由于临床症状、病理变化和免疫保护等方面与牛瘟相似，最终用法文“Peste des petits ruminants”命名该病，字面意思是小反刍兽的瘟疫。起初认为PPRV是牛瘟病毒适应小反刍兽的变种，1979年，Gibbs等证实PPRV是副黏病毒科麻疹病毒属的新成员，不同于牛瘟病毒[3]。

早在1871年和1927年，就有报道称在塞内加尔和法属几内亚暴发与牛瘟症状类似的小反刍动物疫病[4]。在19世纪末20世纪初，这种疫病就已传入西非，时间大大早于法国兽医报道的1942年科特迪瓦疫情。由于该病与牛瘟相似，而且在一些国家和地区牛瘟持续流行，干扰了对该病的正确诊断，造成了该病的进一步扩散，如印度1987年的疫情[5, 6]。此外，在肯尼亚[7, 8]、尼日利亚和乌干达[9]等国家，原先诊断为牛瘟和类牛瘟的山羊和绵羊疫情，部分极有可能是小反刍兽疫。

二、小反刍兽疫的流行状况

(一)全球的流行状况

1. 小反刍兽疫流行病学

小反刍兽疫主要感染山羊和绵羊，山羊比绵羊更易感。该病一年四季均可发生，但在多雨季节和干燥寒冷季节多发，主要通过密切接触传播。易感羊群发病率和病死率均高达90%以上。本病潜伏期通常为4～10d，最长可达21d。山羊临床症状比较典型，绵羊临床症状较为轻微。临床表现为突然发热，体温可达40～42℃。病初有水样鼻液，此后大量黏脓性卡他样鼻液阻塞鼻孔造成呼吸困难。眼流分泌物，遮住眼睑，出现眼结膜炎。发热症状出现后，病羊口腔内膜轻度充血，继而出现糜烂。部分病羊口腔病变逐渐减轻，并可在48h内愈合，这类病羊可很快康复。多数病羊发生严重腹泻或下痢，进而迅速脱水和体重下降，部分病羊甚至死亡。怀孕母羊可发生流产。

通常认为，牛呈亚临床感染，但在健康状况和饲养条件较差的情况下，也会出现明显类似牛瘟的临床症状，相关组织器官产生特征性病变。1995年，在印度水牛暴发的牛瘟样病例中分离到PPRV[10]。在埃塞俄比亚和苏丹的单峰骆驼疫情样品中，检测到了PPRV抗体、PPRV抗原和PPRV核酸[11–15]。在野生反刍兽中也发现临床死亡的病例[16–20]。

2. 小反刍兽疫流行范围

自1942年首次正式报道在西非的科特迪瓦发生小反刍兽疫以来，在随后的近40年中，该病在尼日利亚、塞内加尔、多哥、贝宁等大多数西非国家流行，缓慢向东蔓延。20世纪80年代扩散速度加快，1978年蔓延至阿拉伯半岛和中东地区[21]，1982年传播至东非的苏丹，1987年到达印度北部[5]，并呈地方性流行。迄今为止，全球共有34个非洲国家、18个亚洲国家（地区），以及土耳其、荷兰共计54个国家（地区）报告发生过该病（图1–1、表1–1）。1986—1999年，小反刍兽疫大规模流行，据推算每1 000万头小反刍兽群体，暴发50 ~ 70次疫情，近些年疫情减轻，疫情暴发次数减至10 ~ 30次[22]。FAO推测全球大约62.5%的小反刍动物受到小反刍兽疫威胁，特别是非洲南部、中亚、南亚、中国、土耳其和欧洲南部。

表 1–1 世界各国首次出现小反刍兽疫情况

序号	国家	首次发现时间	宿主	诊断方法：临床（C）血清学（S）基因（G）	参考文献
1	科特迪瓦	1942	山羊	C	Gargadennec 和 Lalanne（1942）[2]
2	塞内加尔	1955	绵羊和山羊	C	Mornet 等（1956）[23]

（续）

序号	国家	首次发现时间	宿主	诊断方法：临床（C）血清学（S）基因（G）	参考文献
3	尼日利亚	1967	绵羊和山羊	C 和 S	Hanndy 等（1976）[24]，Whitney 等（1967）[25]
4	乍得	1971	山羊	C	Provost 等（1972）[26]
5	苏丹	1971	绵羊和山羊	C 和 S	Ali 和 Taylor（1984）[27]
6	多哥	1972	绵羊和山羊	C	Benazet 等（1973）[28]
7	贝宁	1972	绵羊和山羊	C	Bourdin（1973）[29]
8	阿曼	1978	绵羊和山羊	C 和 S	Hedger 等（1980）[30]
9	沙特阿拉伯	1980	绵羊，山羊，鹿，瞪羚	C 和 S	Hafez 等（1987）[31] Asmar 等（1980）[32]
10	阿联酋	1983	瞪羚，野山羊，绵羊，好望角大羚羊，蓝牛羚	C 和 S	Furley 等（1987）[19]
11	印度	1987	绵羊	C 和 S	Shaila 等（1989）[5]
12	埃及	1987	山羊	C 和 S	Ismail 和 House（1990）[33]
13	巴基斯坦	1991	山羊	S 和 G	Amjad 等（1996）[21]
14	以色列	1993	NA	NA	Perl 等（1994）[34]
15	孟加拉国	1993	山羊	S 和 G	Islam 等（2001）[35]
16	埃塞俄比亚	1994	绵羊和山羊	C 和 S	Roeder 等（1994）[36]
17	厄立特里亚	1994	绵羊和山羊	C 和 S	佚名（1994）[37]
18	伊朗	1995	绵羊和山羊	S	Bazarghari 等（2006）[38]

（续）

序号	国家	首次发现时间	宿主	诊断方法：临床（C）血清学（S）基因（G）	参考文献
19	阿富汗	1995	绵羊和山羊	S	Martin Lafaoui（2003）[39]
20	尼泊尔	1995	绵羊和山羊	S 和 G	Dhar 等（2002）[40]
21	乌干达 肯尼亚	1995	山羊	C 和 S C 和 S	Wamwayi 等（1995）[41]
22	哈萨克斯坦	1995	山羊	S	Lundervold 等（2004）[42]
23	伊拉克	1997	牛，绵羊和山羊	S	FAO（2003）[43]
24	越南	1998	绵羊	S	Maillard 等（2008）[44]
25	塔吉克斯坦	2007	山羊，牛，水牛	S 和 G	Kwiatek 等（2007）[45]
26	肯尼亚	2004	绵羊和山羊	C 和 S	佚名（2008）[46]
27	索马里	2006	绵羊和山羊	C 和 S	佚名（2008），Nyamweya 等（2008）[47]
28	乌干达	2006	绵羊和山羊	S 和 C	RO-CEA（2008）[48]
29	中国	2007	绵羊和山羊	S 和 G	Wang 等（2009）[49]
30	摩洛哥	2007	绵羊和山羊	C 和 S	Sanz-Alvarez 等（2009）[50]
31	坦桑尼亚	2008	绵羊和山羊	C 和 S	Swai 等（2009）[51]
32	塞拉利昂	2008	绵羊和山羊	S 和 G	Munir 等（2012a，b，c）[52]
33	阿尔及利亚	2009	绵羊和山羊	C 和 S	OIE（2011）[53]
34	突尼斯	2011	绵羊和山羊	C 和 S	OIE（2011）[54]

注：NA 表示信息不详。
引用：Molecular Biology and Pathogenesis of Peste des Petits Ruminants Virus，Muhammad Munir。

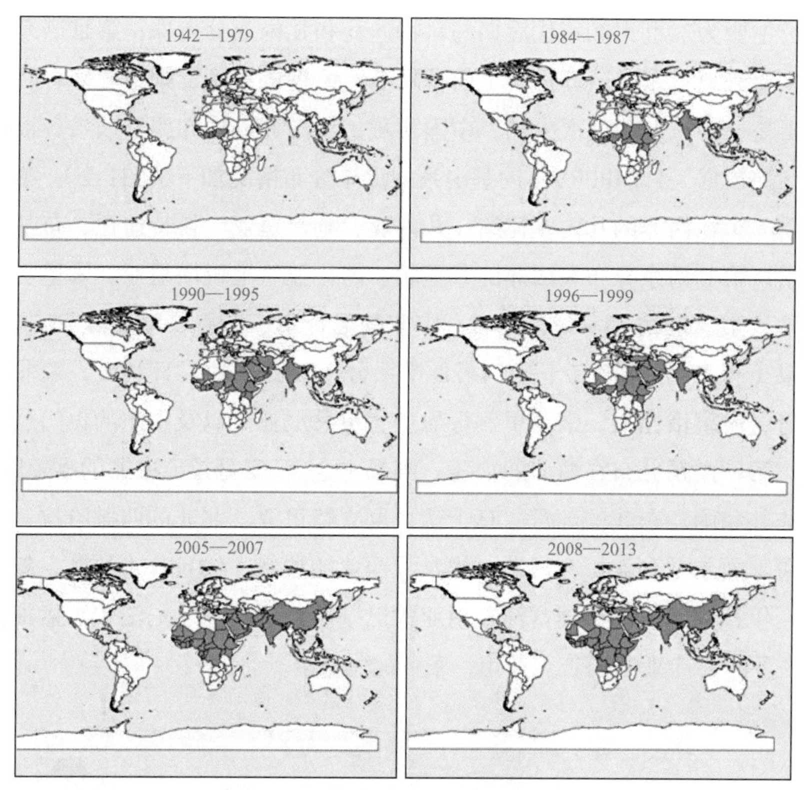

图 1-1　1942—2013 年世界小反刍兽疫流行趋势

（王志亮绘）

3. PPRV基因型分布

PPRV的*F*及*N*基因序列通常作为基因谱系划分的依据[55-57]，然而同一分离株可能被划为不同系[58]。与PPRV其他基因相比，*N*基因不保守，因此基于*N*基因的遗传进化树分析相对更合理[45]。不管基于何种基因，分系只体现地缘分布特征，而与致病力和宿主偏嗜性无关。

PPRV只有一个血清型，根据*N*基因特征将其分为4个谱系，即第Ⅰ、Ⅱ、Ⅲ和Ⅳ谱系[59]，第Ⅰ、Ⅱ、Ⅲ谱系起源自非洲，第Ⅳ谱系起源自亚洲。早期进化分析显示，4个基因系自西向东依次排布，各系具有高度的地缘聚集性[45]。第Ⅰ谱系主要于20世纪80年代之前分离自塞内加尔、尼日利亚及苏丹，另外近些年中非的某些分离株也属于Ⅰ系；第Ⅱ谱系成员主要为20世纪80年代后期的科特迪瓦和几内亚分离株；第Ⅲ谱系病毒主要分离自东非、苏丹、也门及阿曼；第Ⅳ谱系病毒则主要来自阿拉伯半岛、中东及印度次大陆，中国西藏、新疆分离株亦属于该系。根据已知的数据，目前PPRV不同基因系的世界分布情况如下（图1–2）：第Ⅰ谱系分布在西非的几内亚比绍、几内亚、利比里亚、科特迪瓦、布基纳法索；第Ⅱ谱系分布在西非的弗里敦、冈比亚、毛里塔尼亚、马里、布基纳法索、加纳、多哥、贝宁，中非的尼日尔、乍得、喀麦隆、中非、刚果（布），东非的乌干达；第Ⅲ谱系分布在西非的尼日利亚，东非的苏丹、埃塞俄比亚、索马里、肯尼亚、坦桑尼亚，以及中东的也门、阿曼；第Ⅳ谱系分布在西非的加蓬、刚果（金）、安哥拉，中非的喀麦隆、中非共和国，东非的苏丹、乌干达、厄立特里亚，北非的西撒哈拉、摩洛哥、阿尔及利亚、突尼斯、埃及，西亚的沙特、约旦、土耳其、叙利亚、伊拉克、伊朗、阿富汗，南亚的巴基斯坦、印度、尼泊尔、孟加拉国、不丹，中亚的塔吉克斯坦，东亚的中国。

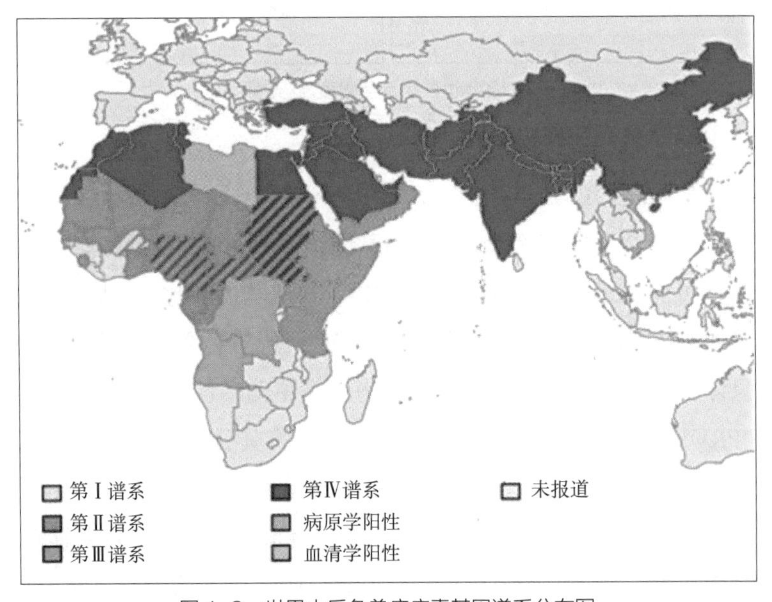

图 1-2　世界小反刍兽疫病毒基因谱系分布图

引自：Emmanuel Albina, Olivier Kwiatek, Cécile Minet, et al（2013）[90]

PPRV的传染性和跨境传播能力强，尤其是起源于亚洲的第Ⅳ谱系PPRV值得关注，该系不仅在亚洲持续流行，而且跨洲向西传入非洲大陆，包括苏丹、乌干达、厄立特里亚、坦桑尼亚、突尼斯、毛里塔尼亚等国家[14, 58, 60-64]。在埃塞俄比亚、苏丹、索马里和肯尼亚等国家，第Ⅳ谱系正慢慢取代第Ⅲ谱系[13, 14, 60, 65]，逐渐成为上述国家流行的优势基因系。此外，近期新增发病国家的PPRV均为第Ⅳ谱系，而且在野生小反刍兽疫情中只有第Ⅳ谱系的报道[66]。第Ⅳ谱系起源于亚洲，是PPRV新近演化出的一个分支，似乎更适合在小反刍兽体内繁殖进化，具有取代其他基因系的潜质和倾向。

为确保疫苗的免疫效果，应选择同一个基因系的毒株用于疫苗生产。因此，对于单个国家而言，弄清楚本国流行基因系显得十分重要。

（二）我国的流行状况

1. 流行情况

2007年以前，中国从未发现过小反刍兽疫，对我国而言该病是一种需要重点防范的外来动物疫病。但随着国际贸易驱动，小反刍兽疫在西亚、南亚和中亚地区一些国家持续传播蔓延，传入我国的风险日益升高。尽管我国按照外来动物疫病风险防范策略，对重点区域开展监视监测，培训各级兽医从业人员，积极应对小反刍兽疫传入，但该病还是在2007年、2013年两次突破了中国西部边境线[49, 67]。

西藏疫情。2007年7月，西藏自治区兽医局报告，阿里地区革吉县发生不明原因羊群疫病，并采集病料送至国家外来动物疫病研究中心进行确诊，送检样品的小反刍兽疫血清学和病原学均为阳性，结合临床发病情况，确诊我国首例小反刍兽疫疫情。国家外来动物疫病研究中心第一时间报告农业部，农业部随即通报OIE。随后，阿里地区日土县、札达县和改则县相继报告发生多起疫情，累计发病羊5751只，死亡1626只。2008年6月，西藏那曲地区尼玛县发生疫情，发病羊102只。2010年8月，西藏阿里地区日土县发生疫情，发病羊133只，死亡69只，这也是西藏报告的最后一起疫情。

新疆疫情。2013年11月，小反刍兽疫跨境传入我国新疆地区，12月5

日国家外来动物疫病研究中心确诊伊犁哈萨克自治州首起疫情，随即又确诊了哈密、巴州、阿克苏等地4起疫情。进入2014年，疫情传出新疆并缓慢向其他省份传播，1月24日确诊甘肃省武威市古浪县疫情，2月17日确诊内蒙古巴彦淖尔市乌拉特后旗、杭锦后旗疫情，2月18日确诊宁夏吴忠市盐池县疫情。自3月21日确诊辽宁省盘锦市北镇市、黑山县疫情后，小反刍兽疫疫情随着活羊跨省调运，短期内在内地迅速蔓延，波及多个省份，4月初进入发病高峰期，5月初逐渐平息，只在少数地区零星散发。截至2015年3月底，共有22个省份的263个县报告发生疫情，累计发病羊3.8万只，死亡1.69万只。

2. 流行特征

境外传入。引起西藏疫情和新疆疫情的毒株均由境外传入，均属第Ⅳ谱系，与周边国家流行毒株高度同源（图1–3）。N片段基因分析表明，西藏毒株与印度Gujarat省病毒分离株（2005）遗传关系最近，相似性高达98.8%。新疆毒株与巴基斯坦流行株（2012）遗传关系最近，相似性高达98.4%。进一步遗传进化分析表明，新疆毒株与西藏毒株境外来源不同，属于两个不同的进化小分支。

病死率高。2014年以前，我国只有西藏和新疆边境县开展小反刍兽疫疫苗接种工作，其他省份的羊群均缺乏免疫力，对PPRV处于高度易感状态。在这种情况下，部分染疫羊群尤其是山羊群的发病率和病死率高达100%。根据已知数据统计：西藏疫情的平均发病率为47%，平均病死率为28%；2013年新疆一系列疫情的平均发病率为42%，平均病死率为45%。绵羊相对耐受，平均发病率为25%，平均死亡率15%。1岁龄以下的羔羊病死率较高，达90%以上，怀孕母羊流产率达95%以上。

传播快速。活羊调运是造成新疆疫情迅速传播的主要原因。首先，近年来国内羊肉价格持续攀升，很多省份大力发展养羊业，由于羊属于单胎动物难以做到自繁自养，必须通过外购解决补栏问题。其次，由于羊及羊产品在不同地区存在价格差，催生了从事羊只贩卖的经纪人和发达的活羊购销网络，某些省份的大型活羊交易市场的业务范围辐射

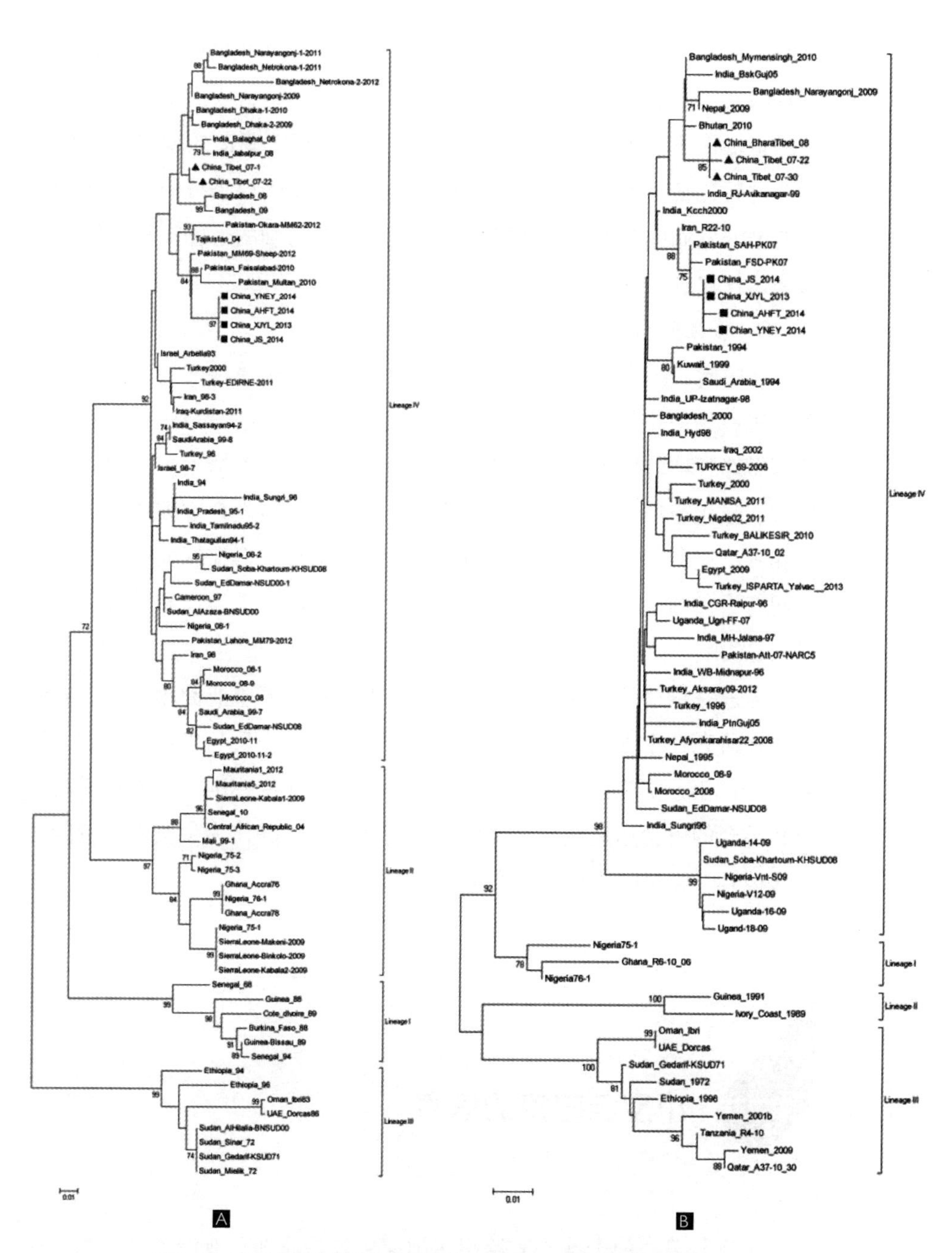

图 1-3 中国小反刍兽疫病毒流行株 *N* 基因和 *F* 基因进化分析

引自：Wu, X Peste des Petits Ruminants Viruses Re-emerging in China, 2013—2014 [67]

全国。最后，中国的高速公路网纵横交错，在1～3d内可实现全国通达，而且国家对运输鲜活农产品的车辆免收过桥过路费，大大降低了活羊调运的运输成本。上述3条主要原因造成了活羊频繁调运的现状。2014年春节过后，某个或者某些活羊交易市场成为小反刍兽疫疫源地，在此交易的染疫发病或者处于发病潜伏期的活羊以及污染的运输车辆在短时间内到达各省份，造成疫情在短期内多点暴发。

3. 疫情应对

在中国，小反刍兽疫防控归口农业部管理。疫情传入后，农业部高度重视，始终坚持疫病防控与产业稳定“两手抓两手都要硬”的方针，统筹做好各项防控工作。通过加强组织领导、严格疫情处置、深入监测排查、强化免疫预防、加强检疫监管以及加大宣传教育等方式，全面抓好养殖、流通和屠宰各环节的防疫工作，营造群防群控局面，通过上下共同努力，两次传入的疫情均被迅速遏制，全国养羊生产和羊肉供应未受明显影响，防控工作取得阶段性胜利。

为进一步消除小反刍兽疫的危害，保护我国养羊业健康发展，农业部正在研究在中国境内分区域、分步骤逐步消灭小反刍兽疫的计划。计划到2017年，实施扑杀策略的省份达到非免疫无疫标准，实施扑杀与免疫相结合的省份达到免疫无疫标准。到2020年，除作为免疫隔离带的陆地边境县外，全国达到非免疫无疫标准。

第二节 小反刍兽疫的危害

小反刍兽疫的全球扩散给很多国家尤其是非洲和亚洲欠发达国家造成了巨大的损失和影响，没有任何一种羊的疫病所造成的经济和社会损失能和小反刍兽疫相提并论。

在我国，肉羊产业具有周转快、投资少、效益高等特点，已成为西北省份尤其是少数民族聚居地区的主要收入和肉食供应的主要来源，中东部省份发家致富的主要手段，也是我国保持畜牧业可持续发展的重要途径之一。但我国养羊业良种化、规模化、专业化、集约化程度均还不高，整个产业抵御疫病危害的能力较差。2013年，小反刍兽疫跨境传入我国新疆地区，并随着活羊跨省调运，病毒沿欧亚大陆桥传入东部省份，并经活畜交易市场放大后流向全国多个省份，造成较大的直接和间接经济损失。小反刍兽疫已成为制约我国畜牧业尤其是养羊业发展的重大病种，带来了沉重的疫苗免疫、调运监管、应急处置等防控负担，将在今后一段时间内持续产生危害。

一、对家养小反刍兽的危害

小反刍兽疫的主要危害对象是山羊、绵羊等家养小反刍兽，偶尔也会感染其他种类偶蹄动物，包括骆驼和野生小反刍兽。PPRV在密切接触的动物之间通过气溶胶传播[68]，群内传播能力较强，可在较短时间内引起群体发病死亡，造成重大经济损失。许多研究者认为，相对于绵羊，PPRV对山羊具有更强的致病力，引发的临床症状更为严重[69–72]。动物攻毒试验结果也显示，分离自印度北部的一些毒株对山羊具有更高的致病力[72，73]。从分子角度，绘制山羊和绵羊的病毒相关遗传标记，对PPRV的亲和性和种属敏感性进行研究，有可能揭示山羊比绵羊发病更严重的机制。

以往研究结果显示，不同毒株引发的疫情，无论是山羊还是绵羊，发病率和病死率也是各不相同。在印度，对1994年以来几千起疫情的统计结果表明，每起疫情的发病率和病死率也是有差别的。笔者认为，在未进行免疫的情况下，病毒毒力及动物种属特性，是决定疫情发病率和死亡率的关键因素，当然动物的健康状况及饲养环境也会有一定影响。

免疫群体的发病率和死亡率将极大降低。

二、对野生动物的危害

据文献报道，检测到PPRV或者抗体的野生动物共计22种，包括非洲水牛、亚洲狮及20种野生小反刍兽（表1–2），应该说小反刍兽疫对野生小反刍兽存在一定威胁。野生小反刍兽感染小反刍兽疫，主要是3个亚科的野生有蹄动物，瞪羚亚科（多卡瞪羚）、羊亚科（努比亚山羊和伊朗绵羊）、马羚亚科（南非剑羚）[19, 74, 75]。很难对野生小反刍兽的发病率和死亡率进行统计，因为发病野生动物会自动离群，最终只能发现死亡野生动物，而群体的数量无从得知。Taylor最早认识到野生动物在小反刍兽疫流行病学上的意义[76]。近期，Balamurugan等从死于锥虫病的亚洲狮的组织样品中，检测到PPRV核酸[77]。通常情况下，与家养动物共用草场和水源的野生动物，在该病流行病学上总是存在关联，野生反刍动物对于小反刍兽疫的传播起到一定作用，但是仍不清楚到底是扮演何种角色[58, 75]。

表1–2　检测到PPRV或者抗体的野生动物

序号	物种（拉丁语）	参考文献
1	多卡瞪羚（*Gazella dorcas*）	Furley等（1987）[19]
2	南非剑羚（*Oryx gazella*）	Furley等（1987）[19]
3	伊朗绵羊（*Ovis gmelini laristanica*）	Furley等（1987）[19]
4	努比亚山羊（*Capra nubiana*）	Furley等（1987）[19]
5	非洲灰霓羚（*Sylvicapra grimma*）	Ogunsanmi等（2003）
6	汤普森瞪羚（*Eudorcas thomsonii*）	Abu-Elzein等（2004）
7	阿拉伯大羚羊（*Oryx leukoryx*）	Frolich等（2005）
8	大羚羊（*Alcelaphus buselaphus*）	Couacy-Hymann等（2005）[78]
9	非洲水牛（*Syncerus caffer*）	Couacy-Hymann等（2005）[78]

（续）

序号	物种（拉丁语）	参考文献
10	水羚（*Kobus defassa*）	Couacy-Hymann 等（2005）[78]
11	骆驼（*Camelus dromedarius*）	Khalafalla 等（2010）[13]，Abraham 等（2005）[11]
12	非洲水羚（*Kobus kob*）	Couacy-Hymann（2005）[78]
13	阿富汗捻角山羊（*Capra falconeri*）	Kinne 等（2010）[20]
14	阿拉伯瞪羚（*Gazella gazella*）	Kinne 等（2010）[20]
15	阿拉伯山瞪羚（*Gazella gazella cora*）	Kinne 等（2010）[20]
16	巴巴里绵羊（*Ammotragus lervia*）	Kinne 等（2010）[20]
17	羚羊（*Tragelaphus scriptus*）	Kinne 等（2010）[20]
18	黑斑羚（*Aepyceros melampus*）	Kinne 等（2010）[20]
19	细角瞪羚（*Gazella subguttorosa marica*）	Kinne 等（2010）[20]
20	非洲跳羚（*Antidorcas marsupialis*）	Kinne 等（2010）[20]
21	岩羊（*Pseudois nayaur*）	Bao 等（2011）[17]
22	亚洲狮（*Panthera leo persica*）	Balamurugan 等（2012c）[77]

引自 Peste des Petits Ruminants Virus，Muhammad Munir。

三、对大反刍兽及其他种属动物的危害

牛和猪可感染PPRV，但不表现临床症状、不排毒，而且不会传染给其他动物。亚临床感染牛的血清转阳，并可抵抗牛瘟病毒的攻击。但是，也有个别报道称PPRV造成水牛发病死亡[10]。Sen等报道在他们早期研究中发现，PPRV实验感染牛在1年后仍能检测到病毒抗原和抗体[79]。在印度等一些国家，将牛也纳入小反刍兽疫监测范围，学者们多次报道在牛和水牛的血清中监测到PPRV抗体[11, 80–82]。此外，有报道称在埃塞俄比亚，PPRV引发骆驼呼吸道疾病[15]。较多研究结果显示：PPRV可从

山羊、绵羊直接或者间接传给牛，提示病毒具有在环境中借助非自然宿主继续存活的能力[82-86]。

四、对经济和社会的影响

小反刍兽疫的特征是高度传染性和急性发病，可导致小反刍兽大量发病死亡。小反刍兽疫病毒具有免疫抑制作用，感染后会导致动物机体免疫力下降，造成其他病原继发感染，使疫情变得更加复杂难以应付。此外，该病与其他呼吸系统疾病在临床上难以进行鉴别诊断。目前，全球大约62.5%的小反刍兽面临该病的威胁[87]，因此，该病造成的经济和社会影响是巨大的。

从世界范围看，小反刍兽疫发病国家的数量持续攀升，感染地域不断扩大，主要发生在亚非发展中国家，疫情接二连三、愈演愈烈，对相关国家的经济和社会影响不断扩大，已成了一个全球性问题。小反刍兽疫严重危害小反刍兽健康，并严重冲击养羊产业，在牧区和半游牧地区，已与洪水和灾害一道，成为一种自然灾难。小反刍兽疫所造成的损失包括直接损失和间接损失，在评估经济影响时，直接损失应该考虑疫情控制所造成的损失及利益相关者的损失，间接损失应包括食品供应链及相关的社会影响。例如，在中东等伊斯兰国家，羊肉是主要的，甚至是唯一的肉食来源，一旦羊因病无法保证供给，可能会引发社会动荡。对于小反刍兽疫造成的经济损失进行评估，需要考虑的参数太多，评估的实施非常困难，往往评估结果不能反映真实的损失情况[73, 88, 89]。

2011年5月25日，OIE第79届年会上，通过了OIE第18/2011号决议，正式宣布在全球范围内根除牛瘟。这是人类第一次在全球范围内消灭一种动物疫病，是国际组织和国际社会合作领域的重大突破，更是兽医服务机构及整个兽医行业的重大成就。小反刍兽疫和牛瘟高度类似，都主要感染反刍兽，病原相似、症状类似，而且都会带来巨大的经济损失，造成欠发达国家和地区因病返贫等社会问题。在根除牛瘟后，OIE下一步将致力于主导全球小反刍兽疫的消灭工作，并将会充分借鉴全球根除牛瘟的经验。

我国的小反刍兽疫疫情业已得到有效控制，下一步也将积极融入全球小反刍兽疫根除计划，与世界各国及国际组织展开广泛合作，力争尽快根除该病。

参考文献

[1] OIE.Recognition of the peste des petits ruminants status of member countries[C]. PARIS:OIE,2015.

[2] GARGADENNEC L,LALANNE A. La peste des petits ruminants [J]. Bulletin des Services Zootechniques et des Epizooties de l'Afrique Occidentale Française, 1942,5: 16–21.

[3] GIBBS E P, TAYLOR W P, LAWMAN M J, et al. Classification of peste des petits ruminants virus as the fourth member of the genus Morbillivirus [J]. Intervirology, 1979,11(5): 268–274.

[4] DIALLO A, BARRETT T, BARBRON M, et al. Differentiation of rinderpest and peste des petits ruminants viruses using specific cDNA clones [J]. Virus Research, 1988,11, Supplement 1(0): 60.

[5] SHAILA M S, PURUSHOTHAMAN V, BHAVASAR D, et al. Peste des petits ruminants of sheep in India [J]. Vet Rec, 1989,125(24): 602.

[6] TAYLOR W P, DIALLO A, GOPALAKRISHNA S, et al. Peste des petits ruminants has been widely present in southern India since, if not before, the late 1980s [J]. Prev Vet Med, 2002, 52(3–4): 305–312.

[7] LIBEAU J,SCOTT G R. Rinderpest in Eastern Africa today [J]. Bulletin of Epizootic Diseases of Africa, 1960,8: 23–26.

[8] ROSSITER P B, KARSTAD L, JESSETT D M, et al. Neutralising antibodies to rinderpest virus in wild animal sera collected in Kenya between 1970 and 1981 [J]. Preventive Veterinary Medicine, 1983,1(3): 257–264.

[9] SCOTT G R,BROWN R D. Rinderpest diagnosis with special reference to agar double diffusion test [J]. Bulletin of Epizootic Diseases of Africa, 1961,9: 83–125.

[10] GOVINDARAJAN R, KOTEESWARAN A, VENUGOPALAN A T, et al. Isolation of peste des petits ruminants virus from an outbreak in Indian buffalo (Buballus bubalus) [J]. Veterinary

Record, 1997,141: 573–574.

[11] ABRAHAM G, SINTAYEHU A, LIBEAU G, et al. Antibody seroprevalences against peste des petits ruminants (PPR) virus in camels, cattle, goats and sheep in Ethiopia [J]. Prev Vet Med, 2005,70(1–2): 51–57.

[12] TM I, HB H, M N, et al. Studies on the prevalence of rinderpest and peste des petits ruminants antibodies in camel sera in Egypt [J]. Vet Med J Giza, 1992,10: 49–53.

[13] KHALAFALLA A I, SAEED I K, ALI Y H, et al. An outbreak of peste des petits ruminants (PPR) in camels in the Sudan [J]. Acta Trop, 2010, 116(2): 161–165.

[14] KWIATEK O, ALI Y H, SAEED I K, et al. Asian lineage of peste des petits ruminants virus, Africa [J]. Emerg Infect Dis, 2011,17(7): 1223–1231.

[15] F R, LM Y, C H, et al. Investigations on a new pathological condition of camels in Ethiopia [J]. J Camel Pract Res, 2000,7: 163–165.

[16] ABUBAKAR M, RAJPUT Z I, ARSHED M J, et al. Evidence of peste des petits ruminants virus (PPRV) infection in Sindh Ibex (Capra aegagrus blythi) in Pakistan as confirmed by detection of antigen and antibody [J]. Trop Anim Health Prod, 2011,43(4): 745–747.

[17] BAO J, WANG Z, LI L, et al. Detection and genetic characterization of peste des petits ruminants virus in free-living bharals (Pseudois nayaur) in Tibet, China [J]. Res Vet Sci, 2011,90(2): 238–240.

[18] ELZEIN E M, HOUSAWI F M, BASHAREEK Y, et al. Severe PPR infection in gazelles kept under semi-free range conditions [J]. J Vet Med B Infect Dis Vet Public Health, 2004,51(2): 68–71.

[19] FURLEY C W, TAYLOR W P,OBI T U. An outbreak of peste des petits ruminants in a zoological collection [J]. Vet Rec, 1987,121(19): 443–447.

[20] KINNE J, KREUTZER R, KREUTZER M, et al. Peste des petits ruminants in Arabian wildlife [J]. Epidemiol Infect, 2010,138(8): 1211–1214.

[21] AMJAD H, QAMAR UL I, FORSYTH M, et al. Peste des petits ruminants in goats in Pakistan [J]. Vet Rec, 1996,139(5): 118–119.

[22] KZ K. Epizootological analysis of PPR spread on African continent and in Asian countries African [J]. J Agric Res, 2009,4(9): 787–790.

[23] P M, J O, Y G, et al. La peste des petits Ruminants en Afrique occidentale française ses rapports avec la Peste Bovine. [J]. Revue d'élevage et de Médecine Vétérinaire des Pays Tropicaux, 1956,9: 313–342.

[24] FM H,AH D. Response of white-tailed deer to infection with peste des petits ruminants virus [J]. J Wildl Dis, 1976,12(4): 516–522.

[25] JC W, GR S,DH H. Preliminary observations on a stomatitis and enteritis of goats in southern Nigeria [J]. Bulletin of Epizootic Diseases of Africa, 1967,15: 31–41.

[26] A P, Y M,C B. La peste des petits ruminants: existe-t-elle en Africque centrale? [R].40th Generol Session of the OIE,1972.

[27] EHB A,WP T. Isolation of peste des petits ruminants virus from the Sudan [J]. Research in Veterinary Science, 1984,36(1): 1–4.

[28] BGH B. La peste des petits ruminants: Etude experimentale de la vaccination [M].Tou louse: Imprimerie du Viguier,1973.

[29] P B. La peste des petits ruminants (PPE) et sa prophylaxie au Senegal et en Afrique de l'ouest [J]. Rev Elev Med Vet Pays Trop, 1973,26(4): 71a–74a.

[30] RS H, ITR B,DF G. Some virus diseases of domestic animals in the Sultanate of Oman [J]. Trop Anim Health Prod, 1980, 12: 107–114.

[31] HAFEZ S.M.,SUKAYRAN A.AI.,CRUZ D.D.,et al.Serological evidence for the occurrence of PPR among deer and gazelles in Sandi Arabia[C]. Symposium on the potential of wildlife conservation in Saudi Arabia.. Riyadh: National Commission for Wildlife Conservation,1987.

[32] ASMAR J.A.,RADWAN A.I.,ABI ASSI N.,et al. PPR-like disease in sheep of central Saudi Arabia: evidence of its immunological relation to rinderpest; prospects for a control method [M].//A.M.Migahid,4th annual meeting of the Saudi biological society. Riyadh: University of Riyadh press,1980.

[33] ISMAIL I M,HOUSE J. Evidence of identification of peste des petits ruminants from goats in Egypt [J]. Arch Exp Veterinarmed, 1990,44(3): 471–474.

[34] S P, A A, B Y, et al. Peste des petits ruminants (PPR) of sheep in Israel: case report [J]. Israel J Vet Med, 1994,49(2): 59–62.

[35] MR I, M S, MA R, et al. An outbreak of peste des petits ruminants in Black Bengal goats in Mymensingh, Bangladesh [J]. Bangladesh Vet,2001,18: 14–19.

[36] ROEDER P L, ABRAHAM G, KENFE G, et al. Peste des petits ruminants in Ethiopian goats [J]. Trop Anim Health Prod, 1994,26(2): 69–73.

[37] FAO. Animal health yearbook 1993[EB/OL].http: //www.amazon.co.uk/Animal-Health-Yearbook-1993-Production/dp/9250035276. 2015/03/23.

[38] BAZARGHANI T T, CHARKHKAR S, DOROUDI J, et al. A Review on Peste des Petits Ruminants (PPR) with Special Reference to PPR in Iran [J]. J Vet Med B Infect Dis Vet Public Health, 2006,53 Suppl 1: 17–18.

[39] Suspicion of foot-and-mouth disease (FMD)/peste des petits ruminants (PPR) in Afghanistan (5/05/2003)[EB/OL]. http: //www.fao.org/eims/secretariat/empres/eims_search/1_dett.

asp?calling=simple_s_result&publication=&webpage=&photo=&press=&lang=en&pub_id=145377. 2015/03/23.

[40] DHAR P, SREENIVASA B P, BARRETT T, et al. Recent epidemiology of peste des petits ruminants virus (PPRV) [J]. Vet Microbiol, 2002,88(2): 153–159.

[41] WAMWAYI H M, FLEMING M,BARRETT T. Characterisation of African isolates of rinderpest virus [J]. Veterinary Microbiology, 1995,44(2–4): 151–163.

[42] M L, EJ M-G, CJ O C, et al. A serological survey of ruminant livestock in Kazakhstan during post-Soviet transitions in farming and disease control [J]. Acta Vet Scand,2004, 45(3–4): 211–224.

[43] Pest des petits ruminants in Iraq[EB/OL]. http://www.fao.org/DOCREP/003/X7341E/X7341e01.htm. 2015/03/23.

[44] MAILLARD J C, VAN K P, NGUYEN T, et al. Examples of probable host-pathogen co-adaptation/co-evolution in isolated farmed animal populations in the mountainous regions of North Vietnam [J]. Ann N Y Acad Sci, 2008,1149: 259–262.

[45] KWIATEK O, MINET C, GRILLET C, et al. Peste des petits ruminants (PPR) outbreak in Tajikistan [J]. J Comp Pathol, 2007,136(2–3): 111–119.

[46] ANONYMOUS. Kenya: conflict and drought hindering livestock disease control [ER/OL]. [2015/05/25],http://www.irinnews.org/report/81863.

[47] M N, T O, G R, et al, Technical brief on Pestes des Petits ruminants (PPR) [R].ELMT, 2008.

[48] RO-CEA. Eastern Africa preparedness and response to the impact of soaring food prices and drought [R]. 2008.

[49] WANG Z, BAO J, WU X, et al. Peste des petits ruminants virus in Tibet, China [J]. Emerg Infect Dis, 2009,15(2): 299–301.

[50] J S-A, A D, S D L R, et al. peste des petits ruminants (PPR) in Morocco [R]. EMPRES Watch, 2009.

[51] SWAI E S, KAPAGA A, KIVARIA F, et al. Prevalence and distribution of Peste des petits ruminants virus antibodies in various districts of Tanzania [J]. Vet Res Commun, 2009, 33(8): 927–936.

[52] MUNIR M, ZOHARI S, SULUKU R, et al. Genetic characterization of peste des petits ruminants virus, Sierra Leone [J]. Emerg Infect Dis, 2012,18(1): 193–195.

[53] OIE, Immediate notification report. [EB/OL].http://web.ore,int/wahis/reports/en-in yn-0000010384_20110320_123052.pdf.

[54] OIE Peste des petits ruminants, Tunisia.[EB/OL] http://web.oie.int/wahis/public.php?page=single_report&pop=1&reportid=11864.

[55] SHAILA M S, SHAMAKI D, FORSYTH M A, et al. Geographic distribution and epidemiology of peste des petits ruminants virus [J]. Virus Research, 1996,43(2): 149–153.

[56] FORSYTH M A,BARRETT T. Evaluation of polymerase chain reaction for the detection and characterisation of rinderpest and peste des petits ruminants viruses for epidemiological studies [J]. Virus Research, 1995,39(2–3): 151–163.

[57] COUACY-HYMANN E, ROGER F, HURARD C, et al. Rapid and sensitive detection of peste des petits ruminants virus by a polymerase chain reaction assay [J]. J Virol Methods, 2002,100(1–2): 17–25.

[58] BANYARD A C, PARIDA S, BATTEN C, et al. Global distribution of peste des petits ruminants virus and prospects for improved diagnosis and control [J]. J Gen Virol, 2010,91(Pt 12): 2885–2897.

[59] DHAR P, SREENIVASA B P, BARRETT T, et al. Recent epidemiology of peste des petits ruminants virus (PPRV) [J]. Veterinary Microbiology, 2002,88(2): 153–159.

[60] COSSEDDU G M, PINONI C, POLCI A, et al. Characterization of peste des petits ruminants virus, Eritrea, 2002–2011 [J]. Emerg Infect Dis, 2013,19(1): 160–161.

[61] MUNIR M, SAEED A, ABUBAKAR M, et al. Molecular Characterization of Peste des Petits Ruminants Viruses From Outbreaks Caused by Unrestricted Movements of Small Ruminants in Pakistan [J]. Transbound Emerg Dis, 2015,62(1): 108–114.

[62] EL ARBI A S, EL MAMY A B, SALAMI H, et al. Peste des petits ruminants virus, Mauritania [J]. Emerg Infect Dis, 2014,20(2): 333–336.

[63] MUNIRAJU M, MAHAPATRA M, AYELET G, et al. Emergence of Lineage IV Peste des Petits Ruminants Virus in Ethiopia: Complete Genome Sequence of an Ethiopian Isolate 2010 [J]. Transbound Emerg Dis, 2014.

[64] SGHAIER S, COSSEDDU G M, BEN HASSEN S, et al. Peste des petits ruminants virus, Tunisia, 2012–2013 [J]. Emerg Infect Dis, 2014,20(12): 2184–2186.

[65] MAGANGA G D, VERRIER D, ZERBINATI R M, et al. Molecular typing of PPRV strains detected during an outbreak in sheep and goats in south-eastern Gabon in 2011 [J]. Virol J, 2013,10: 82.

[66] MUNIR M. Role of Wild Small Ruminants in the Epidemiology of Peste Des Petits Ruminants [J]. Transbound Emerg Dis, 2014,61(5): 411–424.

[67] WU X, LI L, LI J, et al. Peste des Petits Ruminants Viruses Re-emerging in China, 2013-2014 [J]. Transbound Emerg Dis, 2015.

[68] LEFEVRE P C,DIALLO A. Peste des petits ruminants [J]. Rev Sci Tech, 1990,9(4): 935–981.

[69] Lefevre PC. La peste des petits ruminants (synthese bibliogrpahique). [R].Institut d'élevage et

de Médicine Vétérinaire des Pays Tropicans 94700 Maisons -Alfort. France, 1980.

[70] LO W. Current status of peste des petits ruminants (PPR) disease in small ruminants [J]. Stud Res Vet Med, 1994(2): 83–90.

[71] N T, SK C,NS P. Clinicopathological studies on an outbreak of peste des petits ruminants in goats and sheep [J]. Indian J Vet Pathol, 1996,20: 99.

[72] SINGH R P, SARAVANAN P, SREENIVASA B P, et al. Prevalence and distribution of peste des petits ruminants virus infection in small ruminants in India [J]. Rev Sci Tech, 2004, 23(3): 807–819.

[73] NANDA Y P, CHATTERJEE A, PUROHIT A K, et al. The isolation of peste des petits ruminants virus from Northern India [J]. Veterinary Microbiology, 1996,51(3–4): 207–216.

[74] T F,M W. Review on peste des petitits ruminants (PPR) [J]. Eur J Appl Sci, 2012, 4(4): 160–167.

[75] MUNIR M. Role of Wild Small Ruminants in the Epidemiology of Peste Des Petits Ruminants [J]. Transbound Emerg Dis, 2014,61(5): 411–424.

[76] TAYLOR W P. The distribution and epidemiology of peste des petits ruminants [J]. Preventive Veterinary Medicine, 1984,2(1–4): 157–166.

[77] BALAMURUGAN V, SEN A, VENKATESAN G, et al. Peste des petits ruminants virus detected in tissues from an Asiatic lion (Panthera leo persica) belongs to Asian lineage IV [J]. J Vet Sci, 2012,13(2): 203–206.

[78] COUACY-HYMANN E, BODJO C, DANHO T, et al. Surveillance of wildlife as a tool for monitoring rinderpest and peste des petits ruminants in West Africa [J]. Rev Sci Tech, 2005, 24(3): 869–877.

[79] A S, P S, V B, et al. Detection of subclinical peste des petits ruminants virus infection in experimental cattle [J]. Virus Dis, 2014,25(3): 408–411.

[80] TV H, HN K, BS C, et al. Seroprevalence of peste des petits ruminants (PPR) in Gujarat [J]. Indian J Comp Microbiol Immunol Infect Dis, 2001,22(1): 81.

[81] ME H, S H, MR I, et al. Seromonitoring of peste des petits ruminants (PPR) antibodies in small and large animals [J]. J Anim Vet Adv, 2004,3(7): 453–458.

[82] BALAMURUGAN V, KRISHNAMOORTHY P, VEEREGOWDA B M, et al. Seroprevalence of Peste des petits ruminants in cattle and buffaloes from Southern Peninsular India [J]. Trop Anim Health Prod, 2012,44(2): 301–306.

[83] SINGH R P, BANDYOPADHYAY S K, SREENIVASA B P, et al. Production and characterization of monoclonal antibodies to peste des petits ruminants (PPR) virus [J]. Vet Res Commun, 2004,28(7): 623–639.

[84] BALAMURUGAN V, SARAVANAN P, SEN A, et al. Sero-epidemiological study of peste des petits ruminants in sheep and goats in India between 2003 and 2009 [J]. Rev Sci Tech, 2011, 30(3): 889–896.

[85] BALAMURUGAN V, SARAVANAN P, SEN A, et al. Prevalence of peste des petits ruminants among sheep and goats in India [J]. J Vet Sci, 2012,13(3): 279–285.

[86] BALAMURUGAN V, HEMADRI D, GAJENDRAGAD M R, et al. Diagnosis and control of peste des petits ruminants: a comprehensive review [J]. Virusdisease, 2014,25(1): 39–56.

[87] J A, WR W, BV T, et al. Agricultural diseases on the move early in the third millennium [J]. Vet Pathol,2010,47(1): 15–27.

[88] PB R,WP T, Peste des petits ruminants[M]//Coezter JAW. Infectious diseases of livestock, Cape Town: Oxford University Press,1994.

[89] CD E, JU U, CN C, et al. Clinical and epidemiological features of peste des petits ruminants in Sokoto Red goats [J]. Revue d'élevage et de Médecine Vétérinaire des Pays Tropicaux, 1986, 39(3–4): 269–273.

[90] ALBINA E, KWIATEK O, MINET C, et al. Peste des Petits Ruminants, the next eradicated animal disease? [J]. Vet Microbiol, 2013, 165(1–2): 38–44.

第二章

病 原 学

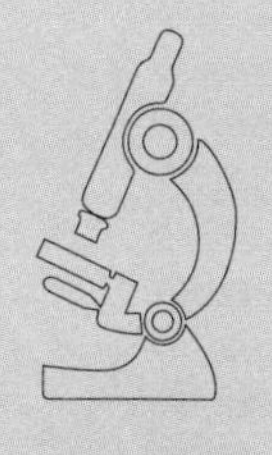

小反刍兽疫病毒（Peste des petits ruminants virus，PPRV）属于副黏病毒科麻疹病毒属，是有囊膜的负链RNA病毒。病毒核衣壳呈螺旋状对称，包裹在脂质囊膜中，囊膜上有2种糖蛋白纤突。病毒对环境和理化因子的抵抗力较弱，具有血凝性、神经氨酸酶活性和溶血性。病毒只有1种血清型，但是从核酸遗传关系上可分为4个谱系。山羊和绵羊是PPRV的最常见的自然宿主。病毒基因组大小约为16kb，含有6个基因，编码6个结构蛋白和2个非结构蛋白。核衣壳蛋白、磷蛋白和大蛋白主要构成病毒聚合酶，基质蛋白构成基质层，融合蛋白和血凝素蛋白为糖蛋白纤突。非结构蛋白V和C主要参与病毒和宿主的相互作用。

第一节 分类和命名

一、分类地位

1979年国际病毒分类委员会（International Committee on Taxonomy of Viruses，ICTV）首次将小反刍兽疫病毒归类为单分子负链RNA病毒目（Mononegavirales）副黏病毒科（Paramyxoviridae）副黏病毒亚科（Paramyxovirinae）麻疹病毒属（Morbolivirus）第4个成员[1]。

单分子负链RNA病毒目包括副黏病毒科、丝状病毒科、波尼亚病毒科和弹状病毒科的病毒。这些病毒在祖先上相关，基因组为单负链RNA，具有相似的基因顺序和基因表达复制机制，病毒粒子有囊膜。

（一）副黏病毒科

许多危害人类和家畜健康的传染病的病原都属于副黏病毒科，如牛瘟、犬瘟热、新城疫、麻疹和腮腺炎等。本科的另外一些成员能引起家畜和野生动物等多宿主发病，如呼吸道合胞病毒（牛、山羊、绵羊、野生动物）、仙台病毒（鼠）、禽鼻气管炎病毒（火鸡、鸡）和海豹瘟热病毒（海豹）。还有近几年新发现的亨尼帕病毒属的病毒，自然感染多种蝙蝠，但是可引起人和动物的高致死性疾病。

1. 副黏病毒科分类

副黏病毒科分为副黏病毒亚科（Paramyxovirinae）和肺病毒亚科（Pneumovirinae）。根据国际病毒分类委员会发表的病毒分类第9次报告，副黏病毒亚科分为5个属，分别为禽腮腺炎病毒属（*Avulavirus*）、麻疹病毒属（*Morbillivirus*）、亨尼帕病毒属（*Henipavirus*）、呼吸道病毒属（*Respirovirus*）和腮腺炎病毒属（*Rubulavirus*），肺病毒亚科分为肺病毒属（*Pneumovirus*）和偏肺病毒属（*Metapneumovirus*）[2]。2012年2月经国际病毒分类委员会投票批准，副黏病毒亚科新增2个属，一个是水族副黏病毒属（*Aquaparamyxovirus*），代表种为大西洋鲑副黏病毒（Atlantic salmon paramyxovirus），另一个是矛头蛇病毒属（*Ferlavirus*），代表种为矛头蛇副黏病毒（Fer-de-Lance paramyxovirus）[3]。近几年，随着野生动物中致病新病毒的发现，本科成员呈增多的趋势。本科成员及其主要危害见图2-1和表2-1。

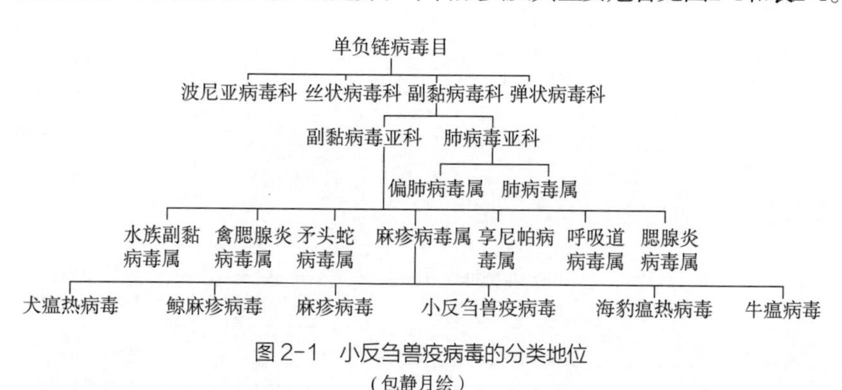

图2-1 小反刍兽疫病毒的分类地位
（包静月绘）

表 2-1 副黏病毒及其引发的疾病

亚科 / 属 / 病毒	英文名称	感染动物宿主	疾 病
副黏病毒亚科			
水族副黏病毒属			
大西洋鲑副黏病毒	Atlantic salmon paramyxovirus	鱼	鱼鳃增生、炎症
禽腮腺炎病毒属			
禽副黏病毒 2 型	Avian paramyxovirus 2	禽类	呼吸道疾病
禽副黏病毒 3 型	Avian paramyxovirus 3	禽类	呼吸道疾病
禽副黏病毒 4 型	Avian paramyxovirus 4	禽类	呼吸道疾病
禽副黏病毒 5 型	Avian paramyxovirus 5	禽类	呼吸道疾病
禽副黏病毒 6 型	Avian paramyxovirus 6	禽类	呼吸道疾病
禽副黏病毒 7 型	Avian paramyxovirus 7	禽类	呼吸道疾病
禽副黏病毒 8 型	Avian paramyxovirus 8	禽类	呼吸道疾病
禽副黏病毒 9 型	Avian paramyxovirus 9	禽类	呼吸道疾病
新城疫病毒	Newcastle disease virus	家养和野生禽类	严重的全身性疾病
矛头蛇病毒属			
矛头蛇副黏病毒	Fer-de-Lance paramyxovirus	蛇	
亨尼帕病毒属			
亨德拉病毒	Hendra virus	马、人	急性呼吸窘迫综合征
尼帕病毒	Nipah virus	猪、人	急性呼吸窘迫综合征
麻疹病毒属			
犬瘟热病毒	Canine distemper virus	犬、浣熊科、鼬科和猫科	严重的中枢神经及全身性疾病
鲸麻疹病毒	Cetacean morbillivirus	鲸、海豚、鼠海豚	严重的呼吸道及全身性疾病

（续）

亚科／属／病毒	英文名称	感染动物宿主	疾 病
麻疹病毒	Measles virus	人	严重的呼吸道及全身性疾病
小反刍兽疫病毒	Peste des petits ruminants virus	小反刍动物	严重的全身性疾病
海豹瘟热病毒	Phocine distemper virus	海豹	严重的呼吸道及全身性疾病
牛瘟病毒	Rinderpest virus	反刍动物	严重的全身性疾病
呼吸道病毒属			
牛副流感病毒 3 型	Bovine parainfluenza virus 3	牛、羊	呼吸道疾病
人副流感病毒 1 型	Human parainfluenza virus 1	人	呼吸道疾病
人副流感病毒 3 型	Human parainfluenza virus 3	人	呼吸道疾病
仙台病毒	Sendai virus	大鼠、小鼠、兔	严重的呼吸道疾病
猴病毒 10 型	Simian virus 10	猴	
腮腺炎病毒属			
人副流感病毒 2 型	Human parainfluenza virus 2	人	呼吸道疾病
人副流感病毒 4 型	Human parainfluenza virus 4	人	呼吸道疾病
马普埃拉病毒	Mapuera virus	蝙蝠	无症状
腮腺炎病毒	Mumps virus	人	腮腺炎
副流感病毒 5 型	Parainfluenza virus 5	犬	呼吸道疾病
猪腮腺炎病毒	Porcine rubulavirus	猪	脑炎、生殖障碍
猴病毒 41 型	Simian virus 41	猴	

（续）

亚科/属/病毒	英文名称	感染动物宿主	疾病
肺病毒亚科			
偏肺病毒属			
禽偏肺病毒	Avian metapneumovirus	禽类	严重的呼吸道疾病
人偏肺病毒	Human metapneumovirus	人	呼吸道疾病
肺病毒属			
牛呼吸道合胞病毒	Bovine respiratory syncytial virus	牛、绵羊、山羊	呼吸道疾病
人呼吸道合胞病毒	Human respiratory syncytial virus	人	呼吸道疾病
鼠呼吸道合胞病毒	Murine pneumonia virus	小鼠、犬	呼吸道疾病

2. 副黏病毒科主要特性

副黏病毒科病毒是一类有囊膜的负链RNA病毒，具有下述特性：病毒粒子呈多形性，基本上呈球形，大多数直径150～350nm，有时可见更大的畸形病毒粒子和丝状病毒粒子。核衣壳呈“箭尾形”螺旋对称，卷曲在脂质囊膜内，长度约1μm，直径约18nm（副黏病毒亚科）或13～14nm（肺病毒亚科）。囊膜上有纤突，大多数长度为8～14nm。病毒的基因组是一个线性的单股负链RNA分子，大小为13～19kb。病毒基因组RNA的5’端没有帽子结构，3’端没有多聚腺苷酸化，但是其5’端和3’端含有功能性的非编码区。病毒RNA由聚合酶转录成互补的mRNA。病毒主要在细胞质内复制，并从细胞膜出芽成熟。

（二）麻疹病毒属

麻疹病毒属成员包括麻疹病毒（Measles virus）、牛瘟病毒（Rinderpest virus）、犬瘟热病毒（Canine distemper virus）、小反刍兽疫病毒（Peste des petits ruminants virus）、海豹瘟热病毒（Phocine distemper virus）和鲸麻疹病毒（Cetacean morbillivirus）。

麻疹病毒属所有病毒可引起胞质和核内包涵体，后者含病毒核糖核蛋白复合体。属内所有成员抗原交叉。核衣壳呈螺旋样对称的螺卷状结构，螺旋直径为18nm，长度为1μm，螺距为5.5nm，螺旋方向呈左转[4]。

二、毒株命名

副黏病毒科病毒的命名没有统一的规则，有的根据来源宿主命名（如禽副黏病毒2型、猪腮腺炎病毒），有的根据发现地点命名（如仙台病毒、新城疫病毒、亨德拉病毒），有的根据抗原关系命名（如人副流感病毒1型），还有的根据其引发的疾病命名（如犬瘟热病毒、牛瘟病毒、麻疹病毒和腮腺炎病毒）。

对于小反刍兽疫病毒毒株的命名，目前没有统一的规则。通常根据分离国家和分离年度命名，如Nigeria 75/1、Turkey 2000等。随着毒株的增多，容易混淆。建议采用国际惯例，对小反刍兽疫病毒毒株采用下列方法进行命名：宿主/分离地区/毒株序号/分离年份，如果宿主为山羊或绵羊，可以省略宿主信息。如Tibet/1/2007，这是一株来源于西藏的病毒，编号为1，分离年代为2007年。

第二节 形态结构和化学组成

一、形态结构

完整的小反刍兽疫病毒粒子呈圆形，直径400～500nm，有时可见更大的畸形粒子和长达数微米的长丝状病毒[1]。病毒粒子具有双层脂质囊膜，厚度为8～15nm，来自于宿主细胞的细胞膜。囊膜上有2种糖蛋白突起，长度8.5～14.5nm，电镜下可见。一种糖蛋白有血凝素活性，称为血凝素蛋白（hemagglutinin protein，即H蛋白），另一种糖蛋白突起具有细胞融合活性，称为融合蛋白（fusion protein，即F蛋白）。囊膜内侧有基质蛋白（matrix protein，即M蛋白）。核衣壳呈螺旋状对称，卷曲在脂质囊膜内，直径为14～23nm[5]。核衣壳蛋白（nucleocapsid，即N蛋白）和病毒基因组共同构成螺旋对称的核心结构，磷蛋白（phosphoprotein，即P蛋白）和大蛋白（large protein，即L蛋白）与其相结合。小反刍兽疫病毒粒子结构见图2–2。

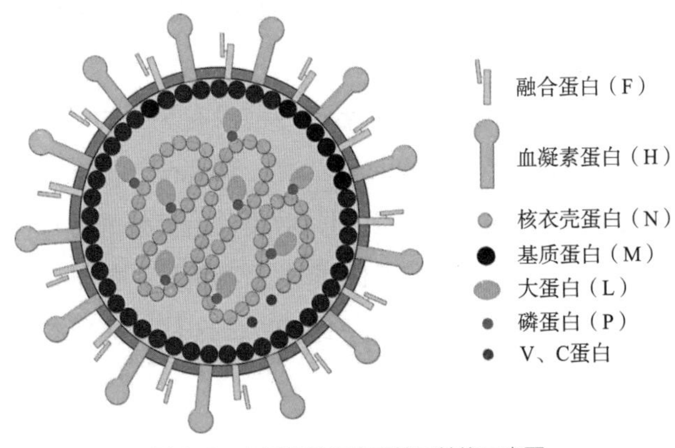

图2-2　小反刍兽疫病毒粒子结构示意图
（王云霞绘）

二、化学组成

小反刍兽疫病毒粒子中RNA占0.5%，蛋白质70%，脂质20%～25%，糖6%，RNA不分节段。病毒的核心相当稳定，在CsCl中的浮力密度为1.31g/mL。蛋白质是病毒粒子的主要组成部分，小反刍兽疫病毒共有8种蛋白质成分：N、P、M、F、H、L、V和C蛋白。仙台病毒的核衣壳大约由2 600个N蛋白、300个P蛋白和50个L蛋白组成[6]。脂类是构成病毒粒子囊膜的主要结构之一，以脂质双层形式存在，由病毒感染的宿主细胞提供。

理化特性和生物学特性

一、物理和化学特性

作为有囊膜病毒，小反刍兽疫病毒相对比较脆弱，在光照、加热、脂质溶剂、酸性、碱性条件下很容易失活。PPRV于50℃ 30min可丧失感染力，pH 4.0 ~ 10.0范围内稳定，对酒精、乙醚和一些去垢剂敏感，大多数的化学灭活剂，如酚、2% NaOH作用24h可以灭活病毒。

二、生物学特性

（一）血凝性

小反刍兽疫病毒具有凝集红细胞的作用，这是因为其病毒囊膜表面的H蛋白突起具有血凝素的作用，能与红细胞表面受体结合，形成红细胞–病毒–红细胞复合体，从而引起红细胞凝集。PPRV能够凝集鸡、山羊和猪的红细胞，其中，鸡红细胞对PPRV抗原最为敏感，其次为山羊，再次为猪[7]。

（二）神经氨酸酶活性

Langedijk等分析麻疹病毒属病毒H蛋白的3D结构，预测其具有神经氨酸酶活性。他们将牛瘟病毒与8种不同来源的黏液素进行反应，结果发现，牛瘟病毒具有神经氨酸酶活性，但是，具有底物特异性，只能催化牛颌下腺的粗提Ⅰ型黏液素释放唾液酸。同时测试麻疹病毒、犬瘟热病毒、小反刍兽疫病毒、鲸麻疹病毒和海豹瘟热病毒的神经氨酸酶活性，发现只有小反刍兽疫病毒具有较低的神经氨酸酶活性，特异性作用于牛颌下腺Ⅰ型黏液素。牛瘟病毒神经氨酸酶活性的最适pH为4～5，能被特异性抗血清所抑制，对温度敏感[8]。

（三）细胞融合和溶血活性

多种副黏病毒能使细胞融合形成多核巨细胞。在细胞融合时，首先是病毒粒子吸附于细胞表面，然后是相邻近的细胞在病毒粒子吸附的部位发生凝集，最后是邻近细胞之间发生融合，形成融合细胞，当多个细胞融合时，就形成巨核的合胞体[9]。病毒也能导致红细胞融合，产生溶血。研究表明，PPRV的F蛋白具有溶血素活性，F蛋白的多抗血清能够抑制PPRV介导的细胞融合，说明F蛋白具有介导细胞融合的作用[10]。

（四）抗原性

小反刍兽疫病毒只有1个血清型，但其基因组目前至少有4个谱系。第Ⅰ谱系和第Ⅱ谱系出现在非洲，第Ⅲ谱系出现在非洲和中东，第Ⅳ谱系出现在亚洲和非洲。

三、对动物和细胞培养物的感染性

（一）宿主动物

山羊和绵羊是PPRV的最常见的自然宿主。骆驼能感染病毒并出现临床症状。牛、水牛、猪能感染病毒，但是没有临床症状，表现为亚临床感染。小反刍兽疫病毒还能感染多种野生小反刍兽，导致其发病。

（二）细胞培养

小反刍兽疫病毒能在原代羔羊肾细胞上增殖，也能在非洲绿猴肾（Vero）细胞系和一种绒猴来源的细胞系（B95a）[11]等继代细胞系上增殖。目前常用稳定表达SLAM分子的Vero细胞进行病毒的增殖[12]。细胞病变表现为细胞融合，形成合胞体。

四、致病性

（一）传播

小反刍兽疫通过易感动物和感染动物的直接接触传播。感染小反刍兽疫病毒的动物在发热后大约10d，通过呼出的空气、分泌物和排泄物（通过嘴、眼、鼻、粪便、精液和尿液）排毒。

（二）致病机制

小反刍兽疫病毒经呼吸道侵入宿主后，首先在附近淋巴结（咽淋巴结和下颌淋巴结）和扁桃体复制，导致淋巴细胞减少症。发热期可从感染后第5天持续到第16天。然后，病毒血症将病毒散布到全身的内脏淋巴结、骨髓、脾、呼吸道和消化道黏膜。在感染后第9天，可从动物鼻分泌物中分离到病毒。然后病毒开始在消化道黏膜进行复制，导致口腔炎和腹泻。动物可经小肠上皮细胞的微绒毛释放病毒粒子，从而通过粪便排毒[13]。利用免疫组化技术研究自然感染的山羊和绵羊体内病毒的组织分布，发现在肾盂上皮细胞、肾小囊壁层、近端小管、皮质血管内皮细胞可检测到病毒抗原，这一结果提示，病毒通过血流到达肾脏后，可穿过肾小球滤过屏障，进入尿液[14]。麻疹病毒属成员中，犬瘟热病毒、海豹瘟热病毒和鲸麻疹病毒都具有高水平的宿主中枢神经系统感染性，而麻疹病毒感染则很少出现神经症状，PPRV和牛瘟病毒感染则不出现神经症状。小鼠试验表明，脑内接种牛瘟病毒和PPRV能导致Balb/C和Cd1小鼠出现神经症状，但是鼻内和腹腔接种则不能导致神经毒性[15]。免疫组化研究表明，在1只自然感染PPRV的4月龄绵羊脑室管膜细胞和脑膜巨噬细胞中检测到病毒抗原[14]。PPRV的神经毒性还有待进一步的研究。

（三）致病性差异

动物对PPRV的易感程度随年龄、性别、品种和发病季节而变。通常认为山羊比绵羊易感。羔羊的死亡率比成年山羊高。由于母源抗体水平的下降，新生羔羊在4月龄后对PPRV易感。有研究者建议，在出生后75～90d即对羔羊和小绵羊进行免疫。发病的季节性通常与饲养条件和社会经济状况相关。

病毒基因组结构

小反刍兽疫病毒基因组序列测定开展得较晚。Bailey等于2005年首次报道小反刍兽疫病毒基因组序列的测定[16]。此后，研究者们陆续开展了不同来源PPRV毒株的基因组序列测定。到目前为止，共有9株小反刍兽疫病毒毒株完成了基因组序列测定（表2–2）。

表 2–2　完成基因组序列测定的 PPRV 毒株

毒株	年份	来源	致病性	基因库收录号
Cote d' Ivoire 89	1989	Cote d' Ivoire	Virulent	EU267273
Nigeria 75/1	1975	Nigeria	Vaccine strain	X74443
Nigeria 76/1	1976	Nigeria	Virulent	EU267274
Sungri 96	1996	India	Vaccine strain	AY560591
Turkey 2000	2000	Turkey	Virulent	NC-006383
Tibet/2007	2007	China	Virulent	JF939201
Tibet/30/2007	2007	China	Virulent	FJ905304
Tibet/Bharal/2008	2008	China	Virulent	JX217850
Morocco/2008	2008	Morocco	Virulent	KC594074

一、基因组结构

（一）基因组基本结构

PPRV基因组由一条单股负链RNA分子组成，大小为15 948nt（图2–3）。和其他麻疹病毒属病毒一样，PPRV基因组含有6个基因，排列顺序为3’–*N*–*P*–*M*–*F*–*H*–*L*–5’，依次编码6个结构蛋白：核衣壳蛋白（N）、磷蛋白（P）、基质蛋白（M）、融合蛋白（F）、血凝素蛋白（H）和大蛋白（L），*P*基因还编码两个非结构蛋白C和V（图2–3）。基因组3’末端为先导序列（Leader sequence），5’末端为尾随序列（Trailer sequence）。每两个基因之间存在基因间隔区。

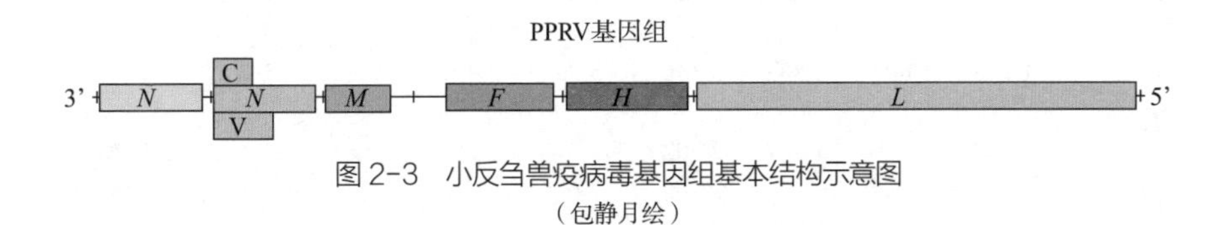

图 2–3 小反刍兽疫病毒基因组基本结构示意图
（包静月绘）

（二）基因组序列结构

小反刍兽疫病毒基因组3’端是长度为52nt的先导序列，5’端是长度为37nt的尾随序列。*N*基因起始于56位，终止于1 744位，基因总长度为1 689nt，*N*基因开放阅读框（ORF）长度为1 578nt（108～1 685位），编码525个氨基酸。*P*基因起始于1 748位，终止于3 402位，总长度为1 655nt，含有3个开放阅读框（ORF），分别编码P、C、V三个蛋白。P蛋白的ORF最长，起始于1 807位，终止于3 336位，长度为1 530nt，编码509个氨基酸。C蛋白的ORF长度为534nt（1 829～2 362位），编码177个氨基酸。V蛋白的ORF起始于第1 807位，终止于第2 702位，在转录过程中，发生RNA编辑，在第2 498位后插入一个G核苷酸[17]，得到的V蛋白mRNA长度为897ht，编码298个氨基酸。*M*基因总长度为1 483nt（3 406～4 888位），ORF长度为1 008nt（3 438～4 445位），编码335个氨基酸。*F*基因总长度为2 411nt（4 892 ~ 7 302位），ORF长度为1 641nt（635 ~ 2 275位），编码546个氨基酸。*H*基因长度为1 830nt（7 306 ~ 9 262位），ORF长度为1 830nt（7 326 ~ 9 155位），编码609个氨基酸。*L*基因长度为6 552nt（9 266 ~ 15 908位），ORF长度为6 552nt（9 288 ~ 15 839位），编码2 183个氨基酸。基因间隔区长度都为3nt。小反刍兽疫病毒基因组序列结构见表2–3。

表 2–3　小反刍兽疫病毒基因组序列结构

名称	3' 非编码区	开放阅读框	5' 非编码区	基因间序列	编辑位点
3' leader	1 ~ 52			53 ~ 55	
N	56 ~ 107	108 ~ 1685	1 686 ~ 1 744	1 745 ~ 1 747	
P	1 748 ~ 1 806	1 807 ~ 3 336	3 337 ~ 3 402	3 403 ~ 3 405	
V		1 807 ~ 2 702			2 487 ~ 2 498
C		1 829 ~ 2 362			
M	3 406 ~ 3 437	3 438 ~ 4 445	4 446 ~ 4 888	4 889 ~ 4 891	
F	4 892 ~ 5 525	5 526 ~ 7 166	7 167 ~ 7 302	7 303 ~ 7 305	
H	7 306 ~ 7 325	7 326 ~ 9 155	9 156 ~ 9 262	9 263 ~ 9 265	
L	9 266 ~ 9 287	9 288 ~ 15 839	15 840 ~ 15 908	15 909 ~ 15 911	
5' trailer			15 912 ~ 15 948		

（三）基因组序列同源性

以小反刍兽疫病毒西藏分离株Tibet/2007为例，PPRV基因组序列与麻疹病毒属其他病毒同源性为59.8% ~ 64.5%（表2–4）。*M*基因序列同源性最高（69.7% ~ 75.2%），其次为*L*、*N*、*F*、*P*基因，*H*基因同源性最低（50.9% ~ 59.8%）。

表 2-4 小反刍兽疫病毒与麻疹病毒属其他病毒核苷酸序列同源性（%）

	全基因组	N	P	C	V	M	F	H	L
牛瘟病毒（RPV）	64.5	69.2	65.1	63.9	65.2	72.7	67.5	59.8	69.2
麻疹病毒（MV）	64.1	69.3	63.7	60.1	62.9	75.2	68.4	55.9	69.1
犬瘟热病毒（CDV）	59.8	55.7	62.1	57.1	61.1	69.7	61.9	50.9	66.3
海豚麻疹病毒（DMV）	63.3	69.8	65.0	61.6	63.3	74.3	66.8	57.5	68.7

（四）基因组非编码区序列

小反刍兽疫病毒基因组先导序列长度为52nt，尾随序列长度为37nt。基因间序列为保守的3’–GAA–5’。6个基因的转录起始序列高度保守，都为3’–UCCYNNNUYC–5’，基因的终止信号为保守的3’–ARYNUNUUUU–5’序列（表2–5）。基因间，非编码区（untranslated region，UTR）的长度分别为：*N*/*P*，121nt；*P*/*M*，101nt；*M*/*F*，1 080nt；*F*/*H*，159nt；*H*/*L*，132nt。

值得注意的是，*M*/*F*基因间非编码序列特别长，包含443nt的*M*基因3’非编码区，3nt 基因间序列，以及634nt的*F*基因5’非编码区。PPRV的*M*基因3’UTR区长度为443nt，G+C含量高达68.4%，远远高于*M*基因的G+C含量（53.5%）。*F*基因5’UTR区长度为634nt，G+C含量高达70.0%，远远高于*F*基因的G+C含量（52.6%）。*M*基因3’UTR区核苷酸序列，与麻疹病毒属的其他病毒同源性为34.4%～48.0%。*F*基因5’UTR区核苷酸序列，与麻疹病毒属的其他病毒同源性为39.1%～51.6%。

研究表明，麻疹病毒*M*和*F*基因间UTR区对于病毒的复制并非必不可少，但是可以通过调节M和F蛋白的产量来控制病毒的复制和细胞致病性。*M*基因的3’UTR区具有增加M蛋白产量，促进病毒复制的作用。而*F*基因的5’UTR区能够减少F蛋白的产量，阻止病毒复制，大大减弱病毒的细胞致病性，可能有利于病毒在自然界的适应和生存[18]。PPRV的*M*和*F*基因间UTR区的功能还有待于进一步的研究。

表 2-5 小反刍兽疫病毒基因起始序列与终止序列（3'–5' 方向）

基因	基因起始序列	基因终止序列	基因间序列
N	UCCUCAUUUC	AAUAUUUUUU	GAA
P	UCCUGGGUCC	AAUGUUUUUU	GAA
M	UCCUCGUUCC	AGUUUGUUUU	GAA
F	UCCCCGGUUC	AGUUUGUUUU	GAA
H	UCCUGCUUUC	AAUAUUUUUU	GAA
L	UCCUCGGUCC	AAUUUCUUUU	GAA
保守序列	UCCYNNNUYC	ARYNUNUUUU	GAA

二、基因组序列特征

（一）基因组长度六碱基律

已有研究表明，副黏病毒科许多成员的基因组长度都为6的倍数，麻疹病毒属的所有成员遵循这一规律，麻疹病毒基因组大小为15 894nt，牛瘟病毒为15 882nt，犬瘟热病毒为15 702nt，鲸麻疹病毒为15 882nt，小反刍兽疫病毒为15 948nt。这种六碱基原则对于病毒的转录和复制非常重要[19]。一种解释是因为每个N蛋白能与6个核苷酸结合，病毒基因组大小为6的倍数，能够保证病毒RNA与N蛋白完全结合，从而进行有效转录和复制[20]。最近研究表明，PPRV的转录和复制遵循六碱基原则，但是允许一定的变化，微基因组长度为6的倍数+1、+2或–1，其外源基因的表达量都为野生型的50%以上[21]。

（二）病毒启动子

负链RNA病毒基因组的3’末端为基因组启动子（genome promoter，GP），5’末端为反基因组启动子（antigenome promoter，AGP），负责病毒的复制和转录调控。

小反刍兽疫病毒GP区长度为107nt，包含基因组3’端1～52位核苷酸的先导序列，53～55位的三核苷酸基因间序列，56～107位的*N*基因3’端UTR区。GP区的主要作用是启动病毒基因组转录生成病毒mRNA和正链的反基因组RNA。不同小反刍兽疫病毒毒株GP区序列高度保守，序列同源性为91.8%～98.2%。小反刍兽疫病毒AGP区长度为109nt，包含基因组5’端37nt的尾随序列、三核苷酸基因间序列和69nt的*L*基因3’UTR区，其功能为启动基因组RNA的合成。不同PPRV毒株AGP区序列同源性为84.1%～96.3%。

RNA病毒的GP区和AGP区序列高度互补，功能相似。副黏病毒的GP区和AGP区起始序列都为ACCA，可能为病毒聚合酶的结合位点。已经证明，仙台病毒和猿猴病毒5等副黏病毒科成员的启动子区含有2个转录活性必需的功能区[22, 23]。第一个功能区位于前21～31nt，即六碱基1、2和3。第二个功能区位于79～96位，是3个保守的六碱基序列（CNNNNN），即六碱基14、15和16 ，被称为C’序列[24]。仙台病毒核衣壳的负染电镜结果显示，核衣壳为左旋，每圈13个N蛋白单体，每个N单体结合6个核苷酸[25]。根据这一结构，研究者们预测副黏病毒启动子的2个功能元件位于核衣壳的同一面，第二个功能元件的3个六碱基模体恰好位于3’端前3个六碱基元件的正上方[4]。这两个区域可能相互作用，构成有功能的启动子单元，同时与病毒RNA聚合酶结合，启动RNA合成。RPV的GP区前26nt对于基因的正常转录至关重要[26]。

第五节 编码的蛋白及其功能

PPRV基因组编码6个结构蛋白和2个非结构蛋白。结构蛋白可以分为3类：一类是核衣壳蛋白，包括N、P和L蛋白，这三种蛋白共同参与病毒RNA的转录与复制；第二类是囊膜糖蛋白，包括H和F蛋白，形成囊膜纤突，介导病毒吸附和融合；第三类是基质蛋白，位于囊膜内侧，在病毒出芽过程中发挥作用。非结构蛋白包括V和C蛋白。病毒蛋白及其主要功能见表2–6。

表 2–6 PPRV 基因组编码的蛋白及其主要功能

蛋白	氨基酸数目	大小	分布	主要功能
N	525 aa	57.8 ku	核衣壳	通过自我组装形成核衣壳粒子，与 P 蛋白和 L 蛋白协同作用调控病毒 RNA 的转录和复制，是保守性较强的免疫原性蛋白，含有 T 细胞表位
P	509 aa	54.9 ku	核衣壳	在病毒 RNA 的转录和复制过程中发挥作用
V	298 aa	32.4 ku		通过阻止 STAT1 的磷酸化来阻断 IFN-α/β 的信号传递
C	177 aa	20.2 ku		对于病毒的有效复制必不可少，在阻止 IFN 的生成中发挥作用
M	335 aa	38 ku	基质	在病毒囊膜糖蛋白和病毒核衣壳蛋白之间起桥梁作用，在病毒出芽过程中发挥重要的作用
F	546 aa	59.1ku	囊膜	对于介导病毒和宿主细胞膜的融合至关重要
H	609 aa	68.8 ku	囊膜	负责与细胞表面受体结合，然后协助 F 蛋白介导病毒和宿主细胞膜的融合
L	2 183 aa	247.4 ku	核衣壳	具有聚合酶活性，具有对病毒 RNA 进行加帽、甲基化和多腺苷酸化的作用

一、核衣壳蛋白

N蛋白是不分节段的负链RNA病毒的主要结构蛋白。N蛋白通过自我组装形成核衣壳粒子，与P蛋白和L蛋白协同作用调控病毒RNA的转录和复制。N蛋白还是保守性较强的免疫原性蛋白，当病毒感染时可以引起强烈的抗体反应。此外，N蛋白上含有T细胞表位，在细胞免疫方面发挥着重要作用[27]。PPRV的N蛋白分子质量约为57.8ku。

根据序列保守性的差别，PPRV的N蛋白氨基酸序列分为4个区域[28]。在区域Ⅰ（1~122位氨基酸），PPRV毒株间同源性为97.5%~99.2%，与其他麻疹病毒属病毒的同源性为79.5%~83.6%。在区域Ⅱ（123~144位氨基酸），PPRV毒株间同源性为95.5%~100%，与其他麻疹病毒属病毒的同源性为31.8%~45.5%。在区域Ⅲ（145~420位氨基酸），PPRV毒株间同源性为96.7%~100%，与其他麻疹病毒属病毒的同源性为84.8%~89.1%。在区域Ⅳ（421~525位氨基酸），PPRV毒株间同源性为81.9%~95.2%，与其他麻疹病毒属病毒的同源性仅为6.8%~31.1%[29]。PPRV Tibet/2007株与其他毒株的N蛋白氨基酸序列同源性比较见表2–7。

表2–7 PPRV Tibet /2007株与其他毒株的N蛋白氨基酸序列同源性

病 毒	N	区域Ⅰ	区域Ⅱ	区域Ⅲ	区域Ⅳ
犬瘟热病毒（CDV）	68.3	79.5	31.8	84.8	8.1
麻疹病毒（MV）	73.2	83.6	45.5	87.0	31.1
牛瘟病毒（RPV）	73.2	82.0	40.9	89.1	28.2
海豚麻疹病毒（DMV）	73.3	83.6	31.8	89.1	6.8
小反刍兽疫病毒（PPRV）					
Cote d'Ivoire 89	95.2	97.5	95.5	98.9	83.8
Nigeria 76/1	94.9	99.2	95.5	98.2	81.9
Nigeria 75/1	95.4	99.2	95.5	98.9	82.9

（续）

病毒	N	区域Ⅰ	区域Ⅱ	区域Ⅲ	区域Ⅳ
Sungri 96	96.6	99.2	100.0	96.7	93.3
Turkey 2000	98.5	99.2	100.0	99.6	95.2
India/Jhansi/03	98.5	99.2	100.0	100.0	94.1

麻疹病毒N蛋白进行自我组装的结构单元全部位于N端前400个氨基酸中，其中189～373位氨基酸至关重要[30]。N蛋白通过与P蛋白结合来保持可溶的形式结合RNA，研究表明麻疹病毒N蛋白4～188位、304～373位和457～525位氨基酸中存在3个独立的P蛋白结合位点[31]。

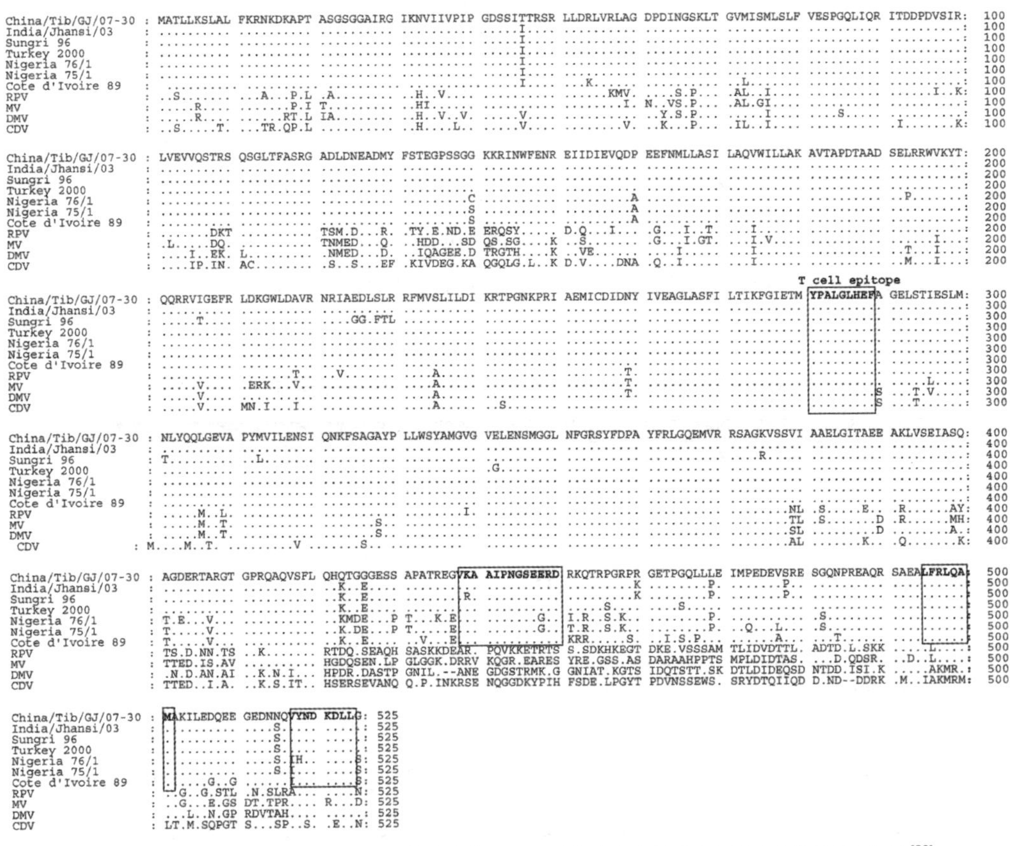

图 2-4 PPRV Tibet / 2007 株与其他毒株及同属其他病毒间核衣壳蛋白氨基酸序列比对[29]

N蛋白C端的125个氨基酸暴露在核衣壳的表面，主要作用是与各种蛋白及细胞因子结合，调节转录和复制功能。N蛋白C末端24个氨基酸含有热击蛋白（hsp72）的结合位点，通过结合hsp72调节转录[32]。

N蛋白是保守性较强的免疫蛋白，N蛋白281～289位氨基酸区域是一个Ⅰ类主要组织相容性复合物限制的T细胞表位，可致敏靶细胞，使细胞溶解产生细胞毒性T淋巴细胞反应[27]。已经证明牛瘟病毒N蛋白C端含有3个B细胞抗原表位[33]，分别位于N蛋白440～452位、479～486位和520～524位氨基酸中，其中520～524位（520DKDLL524）B细胞抗原表位能与PPRV抗血清发生交叉反应。

二、*P*基因及其编码的蛋白

*P*基因编码一个结构蛋白（P蛋白）和两个非结构蛋白（C蛋白和V蛋白）。*P*基因总长度为1 655个核苷酸，含有3个开放阅读框（ORF），编码P、C 、V三个蛋白。编码P蛋白的ORF最长，起始于第60～62位核苷酸的起始密码子（ATG），终止于第1 587～1 589位核苷酸的终止密码子（TAA），长度为1 530个核苷酸，编码509个氨基酸，P蛋白分子质量约为54.9ku。

编码C蛋白的ORF起始于第82～84位核苷酸的起始密码子（ATG），终止于第613～615位核苷酸的终止密码子（TAG），长度为534个核苷酸，编码177个氨基酸，C蛋白分子质量约为20.2ku。

编码V蛋白的ORF起始于第60～62位核苷酸的起始密码子（ATG），终止于第953～955位核苷酸的终止密码子（TAA）。*P*基因第742～756位是完全保守的合成V蛋白mRNA的编辑位点（TTAAAAAGGGCACAG），在转录过程中，在该位点GGG后（第751位）插入一个G核苷酸[17]，得到的V蛋白mRNA长度为897个核苷酸，编码298个氨基酸，V蛋白分子质量约为32.4ku。

（一）P蛋白

P蛋白由于被高度磷酸化而得名，P蛋白分子质量约为54.9ku。P蛋白在病毒RNA的转录和复制过程中发挥作用。副黏病毒P蛋白与L蛋白相结合形成依赖于RNA的RNA聚合酶，然后与N蛋白–RNA模板结合形成核糖核蛋白复合体，进行病毒RNA的转录和复制[34]。P蛋白能与不同形式的N蛋白相结合，从而在病毒RNA的转录和复制过程中发挥作用。P蛋白也能单独与N蛋白–RNA模板复合物结合激活转录[35]。

P蛋白氨基端和羧基端氨基酸序列保守性差别较大[17]。在氨基端（第1～310位氨基酸），PPRV毒株间同源性为81.3%～96.5%，与其他麻疹病毒属病毒的同源性为34.2%～41.0%。在羧基端（第311～509位氨基酸），PPRV毒株间同源性为94.4%～99.0%，与其他麻疹病毒属病毒的同源性仅为61.2%～66.3%。

副黏病毒P蛋白必须形成同源聚合体后才发挥作用。已有研究发现牛瘟病毒的P蛋白以同源四聚体的形式发挥生物学功能，其多聚化位点（PMD）位于羧基端第264～387位氨基酸，由α螺旋簇（第264～306）和卷曲螺旋基序（第307～387位）共同构成[36]。

P蛋白的第315～387位氨基酸是一段高度保守的七肽重复序列（heptad repeat，HR），HR序列位点（a–g）氨基酸分析表明，10个HR序列的20个a和d位点中除了329位氨基酸的a位点（N/Q）和356位氨基酸的d位点（Q）是极性氨基酸以外，其余的a位点和d位点都是保守的疏水氨基酸，其中13个位点是异亮氨酸（I）。

P蛋白的磷酸化对于病毒基因组的正确转录至关重要，推测牛瘟病毒P蛋白的磷酸化位点可能为第49、88和151位的丝氨酸位点[37]。副黏病毒P蛋白的羧基末端为X结构域，主要作用是与N蛋白结合[34]。麻疹病毒P蛋白通过结合转录因子的信号变换和激活分子STAT1阻止其磷酸化来参与免疫逃逸作用，P蛋白第110位酪氨酸是细胞因子结合的关键位点[38]。

P蛋白通过与游离的N蛋白（N_0）相结合来阻止N蛋白发生非特异性的自我组装，形成的N_0–P复合物是在复制过程中对新合成的RNA进行加帽化的前体[39]。P蛋白C末端的X–domain是主要的N蛋白结合位点[40]。

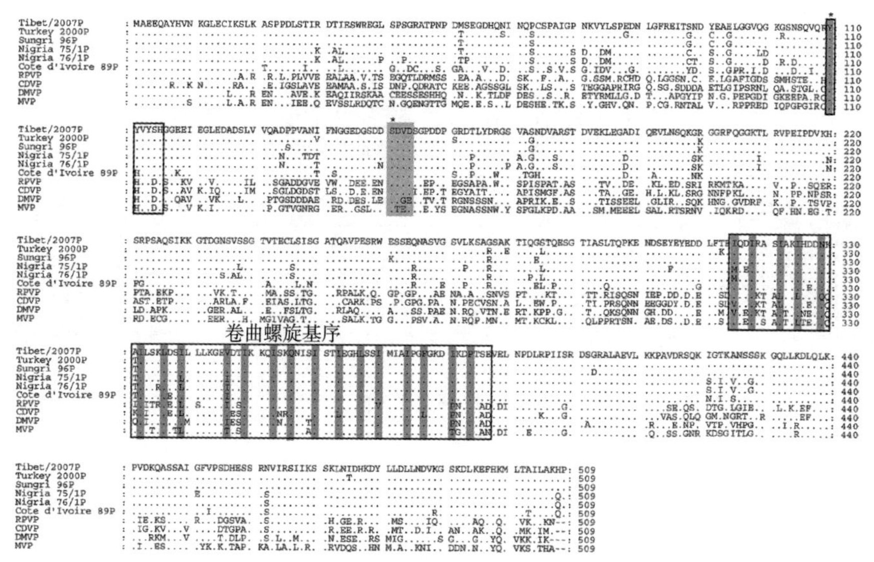

图 2-5　PPRV Tibet / 2007 株与其他毒株及同属其他病毒之间的 P 蛋白氨基酸序列比对

引自病毒学报，2011，27（1）：26-33

（二）C蛋白

C蛋白分子质量约为20.2ku。已有研究表明麻疹病毒C蛋白对于病毒的有效复制必不可少，而且在阻止IFN的生成中发挥作用[41-43]，但是，关于其功能位点的研究甚少。PPRV的C蛋白氨基端和羧基端氨基酸序列保守性差别较大[17]。在氨基端（第1～99位氨基酸），PPRV毒株间同源性为75.8%～94.9%，与其他麻疹病毒属病毒的同源性为30.3%～31.3%。在羧基端（第100～177位氨基酸），PPRV毒株间同源性为96.0%～98.7%，与其他麻疹病毒属病毒的同源性仅为45.3%～56.0%。

（三）V蛋白

V蛋白分子质量约为32.4ku。麻疹病毒属病毒V蛋白编辑位点两边的8个氨基酸序列高度保守（[227]IKKGHRRE[234]）。V蛋白的羧基端富含半胱氨酸（C），在氨基酸组成中，半胱氨酸的比例最高，达10.45%，而在其氨基端，半胱氨酸的比例仅为0.87%。V蛋白C端序列中的7个半胱氨酸

```
China/Tibet/2007C   :MSTRGWNVSS PSKPLPRIYP PSEIPSRAGE RGLAHRAVQH RTLICPREII RISTNHAHQQ SDQTKSTCLL: 70
Sungri 96C          :.......... L......... .......... ....P..... ....R..... .......... ..........: 70
Turkey 2000C        :.......... .......... ...T.L.... ..S.P..... ....R..... .V........ ..........: 70
Nigeria 76/1C       :....D..... L......... ..KM.L.... ....PQ.... ....R..T.. .......... ..........: 70
Nigeria 75/1C       :....D..... L......... ..KM.L.... ....PQ.... ....R..T.. .......... ..........: 70
Cote d'Ivoire 89C   :....D..... ......Q... S....L.... ....P.I..R .A.VR..S.. .......... ...A.L....: 70
RPVC                :...KA..A.R L.G.D.STPW SLKK.LQH.S .PPKGKRLTV CPPTR.KQT. ...AS..S.. L..A.AA..A: 70
CDVC                :..AK...A.K ..ERILLTLR RFKRSAASET KPATQAKRME PQACRK.RTL ...M..TS.. K...M.AMY.: 70
DMVC                :...I.DLS..N L.EKIRPMLS KLRK.KLSEA .PP.KNQARV I.RTT.KKTL L......L.. L..KRTA.Y.: 70
MVC                 :...KTD..A.G L.R.S.SAHW ..RK.WQH.Q KYQTTQDRTE PPARKR.QAV .V.A...S.. L..L.AVH.A: 70

China/Tibet/2007C   :KIISDLERSL ATTMRLSSEE SREKDPTLKY SVTMFIATGV KRLKDSRMLT LSWFKQILQL LTYSMEERMD: 140
Sungri 96C          :.......... ...V..G... .......... .......... ........R. .......... ..S.......: 140
Turkey 2000C        :E......... ...V..G... ..G....... .......... .......... .......... ..S.......: 140
Nigeria 76/1C       :.......... VL.V.PG... F.TN...... .......... .......... ........R. ..P.......: 140
Nigeria 75/1C       :.......... VM.V..G... FWI....... .......... .......... .......... ..P.......: 140
Cote d' Ivoire 89C  :.V........ TM.V.QGPGG F.T....... .......... .......... .......... ..P.V..K..: 140
RPVC                :VT.R...EAT .VMRSWEHSL VTPQCIAPR. .II..MI.A. ...RE.K... ....N.A.MM VSK.G..MRN: 140
CDVC                :...R.V.NAI LRLW.R.GPL E.TSNQD.E. D.I..MI.A. ...RE.K... V..YL.A.SV IED.R..KEA: 140
DMVC                :VM.Q...HQV TSL.KE.PSQ ETSERRN.Q. D....MI.A. ....E..... C...Q.AVMM MQN.ET.MRA: 140
MVC                 :SAVR...KAM T.LKLWE.PQ EISRHQA.G. ..I..MI.A. ...RE.K... ....N.A.MV IAP.Q..T.N: 140

China/Tibet/2007C   :LTTAMWTLAQ MIPAEILYMT GDLLPAMMSL GPQMSKN--- --- ---: 186
Sungri 96C          :.......... .......... .......... .....R.--- --- ---: 186
Turkey 2000C        :.......... .......... .......... .......--- --- ---: 186
Nigeria 76/1C       :.......... .......... .......... .Q.....--- --- ---: 186
Nigeria 75/1C       :.......... .......... .......... .Q.....--- --- ---: 186
Cote d' Ivoire 89C  :.......... .......... .......... .......--- --- ---: 186
RPVC                :.R....I..N L..R.V.PL. .....SLQQQ E.P.L.Q--- --- ---: 186
CDVC                :.MI.LRI..K I..K.M.HL. ..I.S.LNRT EQL.------ --- ---: 186
DMVC                :.SR..VN..L L..E...PL. .....GLR.R DRLTLRL--- --- ---: 186
MVC                 :.K....I..N L..RDM.SL. .....SLWGS .LL.L.LQKE GRS TSS: 186
```

图 2-6　PPRV Tibet / 2007 株与其他毒株及同属其他病毒之间的 C 蛋白氨基酸序列比对

引自病毒学报，2011，27（1）：26-33

在所有的6株PPRV以及其他4株麻疹病毒属病毒中完全保守，序列为^{251}C–X（3）–C–X（11）–C–X–C–X（2）–C–X（3）–C–X（2）–C^{279}，序列结构特点与锌结合蛋白的RING结构域非常相似。

副黏病毒科腮腺炎病毒属猿猴病毒5（SV5）通过阻断干扰素（IFN）信号传递过程来减少宿主细胞干扰素的生成。转录信号转导和激活蛋白STAT1是IFN信号传递过程中至关重要的转录因子，SV5通过介导STAT1的降解来阻断IFN–α/β和IFN–γ的信号传递。V蛋白在这一过程中发挥主要作用。首先，V蛋白结合STAT1/STAT2异源二聚体，或者与泛素连接酶复合体［由损伤特异DNA结合蛋白（DDB1）和Cullin 4A（Cul4A）等组成，简称E3］结合。然后，V蛋白同聚化形成同聚体，介导E3对STAT1进行泛素化作用，STAT1随后被降解[44-46]。已经证明SV5的V蛋白同聚化位点位于C端的富含半胱氨酸区域。麻疹病毒V蛋白通过阻止STAT1的磷酸化来阻断IFN–α/β的信号传递，麻疹病毒P蛋白110位酪氨酸是结合STAT1从而进行免疫逃逸的关键位点[47-49]。牛瘟病毒的P蛋白和V蛋白也能同STAT1相结合阻止其磷酸化进而阻断Ⅰ型和Ⅱ型IFN的作用[50]，但是其STAT1结合位点未知。

```
                                   *          *
China/Tibet/2007/C  : SAQSIKKGHR RELSLIWNGD RVFIDKWCNP SCARVKMGVI: 263
Sungri 96C          : .......... .......... .......... .......E..: 263
Turkey 2000C        : .......... .......... .......... ..........: 263
Nigeria 76/1C       : .......... .......... .......... ....Q.....: 263
NIgeria 75/1C       : .......... .......... .......... ....Q.....: 263
Cote d'Ivoire 89C   : .......... .......... .......... .........V: 263
RPVC                : .EKP...... ..ID...DG. .....R.... T.SK.TV.TV: 263
DMVC                : ECG....... ..V..T.... SCW....... I.TQ.NW.I.: 263
CDVC                : APK....... ..I...D... .....R.... T.S.I...IV: 263
MVC                 : .ETP...... ..IG...... .....R.... M.SK.TL.T.: 263

                         * *  *      * *
China/Tibet/2007/C  : RAKCVCGECP QVCGECKDDP GVDTRIWYHS ITDSA-----: 303
Sungri 96C          : .......... ...E...... .......... .....-----: 303
Turkey 2000C        : .......... ...E..R... .......... .....-----: 303
Nigeria 76/1C       : .......... .I.E...... ..N....... .....-----: 303
NIgeria 75/1C       : .......... .I.E...... .......... .....-----: 303
Cote d'Ivoire 89C   : ....I..... .I.E...... .......... .....-----: 303
RPVC                : ....I..... R..EQ.IT.S .IEN.....N LA.IPE----: 303
DMVC                : ....F..... PT.N...... EMQ..V.HAT PSQDLK----: 303
CDVC                : .V..T..... P..D..RE.. ETP....... LPEIPEQWPF: 303
MVC                 : ..R.T..... R..EQ.RT.T .........N LPEIPE----: 303
```

图 2-7　PPRV Tibet / 2007 株与其他毒株及同属其他病毒之间的 V 蛋白氨基酸序列比对

引自病毒学报，2011，27（1）：26-33

三、大蛋白

L蛋白分子质量约为247.4ku。L蛋白和P蛋白共同作用，发挥依赖于RNA的RNA聚合酶（RdRp）活性，L蛋白具有聚合酶活性，而P蛋白起辅助作用。L蛋白还具有对病毒RNA进行加帽、甲基化和多腺苷酸化的作用。

L蛋白由3个保守结构域（D1、D2、D3）组成，保守结构域之间为非保守的铰链区（H1和H2）。1～606位氨基酸为保守结构域D1，其N端9～21位氨基酸可能为P蛋白结合位点，麻疹病毒属不同病毒在该区域序列高度保守，为^{9}I/V–L–Y–P–E–V–H–L–D–S–P–I–V^{21}。539～553位氨基酸为RNA结合模体，不同PPRV病毒为完全保守的序列^{539}KEXXRLXXKMXXKM^{553}。保守结构域D2位于651～1 694位氨基酸，其中1 461～1 476位氨基酸是聚合酶的功能位点，不同麻疹病毒属病毒在该序列为完全保守的序列^{1461}ALIGDDDINSFITEFL^{1476}。771～775位氨基酸位点对于聚合酶活性至关重要，不同麻疹病毒属病毒在该序列为完全保守的序列QGDNQ。保守结构域D3位于1 718～2 183位氨基酸，其中1 788～1 910位氨基酸位点可能为ATP结合位点，在不同小反刍兽疫病毒中，序列完全保守，为^{1788}GEGSGSMLAAYKEVLKLANCYYN^{1910}。

四、基质蛋白

M蛋白分子质量约为38ku。PPRV 的M蛋白在病毒囊膜糖蛋白（H和F蛋白）和病毒核衣壳蛋白之间起桥梁作用，所以在病毒出芽过程中发挥重要的作用[51]。

M蛋白高度保守，仅在195 ~ 213位氨基酸区域高度变异。在小反刍兽疫病毒M蛋白中，有7对高度保守的碱性氨基酸对。根据文献报道[52]，M蛋白第177 ~ 194位氨基酸富含疏水氨基酸，是一个β折叠结构域（β–sheet conformation），另外，第244 ~ 269位氨基酸为富含非极性氨基酸的区段（nonpolar amino acids stretch），这两个结构域是可能的膜结合位点。序列

```
China/Tib/Gej/07-30: MTEIYDFDKS AWDVKGSIAR IEPTTYHDGR LIPQVRVIDP GLGDRKDECF MYLFLLGVIE DNDPLSPPVG RTFGSLPLGV GRSTAKPEEL LREATELDIV :100
India/Jhansi/03    : .A........ .......... .......... .......... .......... .......... .......... ..L....... .......... .......... :100
India/Bhopal/03    : .A......E. .......... .......... .......... .......... .......... .......... ..L....... .......... .......... :100
Sungri 96          : .......... .........H .......... .......... .........L .......... .......... ..L....... .......... .......... :100
Turkey 2000        : .......... .......... ....IH.... .......... .......... .......... .......... .......... .......... .......... :100
Nigeria 76/1       : .......... .......... .......... .......... .......... .......... .......... .......... .......... .......... :100
Nigeria 75/1       : .......... .......... .......... ..H....... .......... .......... .......... .......... ....R..... .......... :100
Cote d'Ivoire 89   : .......... .........P .......... .......... .......... .......... .......... .......... .......... .......... :100
RPV                : .A........ .........P .R.K..S... .......... .......... ..I...IV.. .S.....R.. .......... .K........ .K.V.D.... :100
MV                 : .......... ...I.....P .Q...S.... .V........ .......... ..M....V.. .S...G..I. .A........ .......... .K........ :100
DMV                : ...V...R.. .........P ......P... .......... .......... ..I...IL.. ...IM...I. .......... .......... .K........ :100
CDV                : ...V....Q. S.YT...L.P .L....P... .......... .......... ..I.M.I... ...G.G..I. .......... ....T..R.. .K...L...M :100

                                                                                                                β折叠结构域
China/Tib/Gej/07-30: VRRTAGVNEK LVFYNNTPLS LLTPWKKVLT TGSVFSANQV CNAVNLVPLD TPQRFRVVYM SITRLSDNGY YSVPRRMLEF RSANAVAFNI LVTLKIENGT :200
India/Jhansi/03    : .......... .......... .......... .......... .......... .......... .......... .......... .......... ....R..S.. :200
India/Bhopal/03    : .......... .......... .......... .......... .......... .......... .......... .......... .......... ....R..S.. :200
Sungri 96          : .......... .......... .......... .......... .......... .......... .......... .......... .......... ....R..S.. :200
Turkey 2000        : ......LS.. .......... .......... .......... .......... .......... .......... .......... .......... ....R..... :200
Nigeria 76/1       : ......L... .......... .....R.... .......... .......... .......... .......... .......... .......... ....R..... :200
Nigeria 75/1       : ......L... .......... .....R.... .......... .......... .......... .......... .......... .......... ....R..... :200
Cote d'Ivoire 89   : ......L... .......... .....R.... .......... ...I...... I......... .......... .......... .......... ....R..... :200
RPV                : ......L... .......... .......I.. .....N.... ......I... .......... ......S... .T..KI.... .........L ....E.DRD. :200
MV                 : ......L... .........T .....R.... .....N.... ......I... .......... .......... .T........ ...V.....L ....R.DKAI :200
DMV                : ......L... .........M .......... A......... ......I... .......... .........C .R..K..... .....L.... ....R...AG :200
CDV                : .......K.Q .........H I......... S......... ..T...I... IA........ .......D.S .RI..GF... ..R.L..... ....QV.GDV :200

                                                              非极性氨基酸区段
China/Tib/Gej/07-30: NPRRYIVGSW ENSEVTFMVH VGNFRRKKNE VYSADYCKMK IEKMGLVFAL GGIGGTSLHI RSTGKMSKTL HAQLGFKKIL CYPLMDVNED LNRYLWRAEC :300
India/Jhansi/03    : D..G...... ..P....... .......... .......... .......... .......... .......... .......... .......... .......... :300
India/Bhopal/03    : D..G...... ..P....... .......... .......... .......... .......... .......... .......... .......... .......... :300
Sungri 96          : D..G...... ..P....... .......... .......... .......... .......... ........P. .......... .......... .......... :300
Turkey 2000        : S......... ..P....... .......... .......... .......... .......... .......... .......... .......... .......... :300
Nigeria 76/1       : .......... ..P....... .......... .......... .......... .......... .......... .......... ......I... .......... :300
Nigeria 75/1       : ..S....... ..P....... .........K .......... .......... .......... .......... .......... ......I... .......... :300
Cote d'Ivoire 89   : .......... ..P....... .......... .......... .......... .......... .......... .......... ......I... .......... :300
RPV                : E.G.PAA.GL GL..A..... .......... A......... .......... .......... .......... .......T.. ......I... ...L..SR.. :300
MV                 : G.GKI.DNAE QLP.A..... I......S.. .......... .......... .......... .......... .......T.. ......I... ...L..SR.. :300
DMV                : IVS.PYMSMM RDPQA...I. I......... A......... .......... .......... .C........ .......... .......... .......... :300
CDV                : DSS.GNL.MF KDHQA..... I...C....Q A......L.. .......... .......... .C......A. N......... .....EI... ...F..S... :300

China/Tib/Gej/07-30: RIVKIQAVLQ PSVPQEFRVY DDVIINDDQG LFKIL :335
India/Jhansi/03    : .......... .......... .......... ..... :335
India/Bhopal/03    : .......... .......... .......... ..... :335
Sungri 96          : .......... .......... .......... ..... :335
Turkey 2000        : .......... .......... .......... P...P :335
Nigeria 76/1       : .......... .......... .......... ..... :335
Nigeria 75/1       : .......... .......... .......... ..... :335
Cote d'Ivoire 89   : .......... .......... .......... ..... :335
RPV                : K..R...... .........I .......... ...V. :335
MV                 : K..R...... .........I .......... ...V. :335
DMV                : K..R...... .......... .......... ..... :335
CDV                : K..R...... .....D.... N...S..... ..... :335
```

图 2-8　PPRV Tibet / 2007 株与其他毒株及同属其他病毒之间 M 蛋白氨基酸序列比对

引自病毒学报，2010，26（4）：305-314

比对结果表明，这两个结构域在小反刍兽疫病毒及麻疹病毒属其他病毒中序列高度保守。

五、融合蛋白

F蛋白分子质量约为59.1ku。PPRV的F蛋白属于Ⅰ型膜糖蛋白，对于介导病毒和宿主细胞膜的融合至关重要[53]。*F*基因的最初翻译产物是F蛋白前体，该蛋白前体在其N端信号肽的引导下进入内质网内腔，在其中信号肽被细胞信号肽酶切除，从而产生不成熟的F_0前体，F_0前体在内质网中形成同源三聚体[54]。然后，F_0同源三聚体在高尔基体中发生糖基化，并且裂解成相互间由二硫键连接的F1和F2亚基，即以寡聚体形式存在的融合蛋白（F蛋白）[55]。随后，在F蛋白F1亚基N端融合肽的作用下，病毒包膜和宿主细胞膜发生融合[56]。

小反刍兽疫病毒F蛋白含有3个疏水结构域。第一个是位于F蛋白N末端的信号肽结构域，麻疹病毒属不同病毒在该区域氨基酸长度差异大，而且序列高度变异。小反刍兽疫病毒和牛瘟病毒的信号肽结构域长度为19个氨基酸，犬瘟热病毒是10个氨基酸，麻疹病毒为23个氨基酸，而海豚麻疹病毒是25个氨基酸。PPRV毒株间信号肽序列同源性仅为47.4%～89.5%。第二个疏水结构域位于C端第485～517位氨基酸区域，该区域高度变异，其中第484～502位氨基酸是疏水的跨膜结构域（transmembrane domain）。PPRV毒株之间的跨膜结构域序列高度变异，序列同源性仅为77.8%～88.9%。第三个疏水结构域为高度保守的融合肽（fusion peptide）结构域，位于第109～133位氨基酸。PPRV毒株在该结构域序列高度保守。而不同麻疹病毒属病毒间，该结构域序列同源性为84.0%～96.0%。值得注意的是，不同麻疹病毒属病毒的F蛋白融合肽结构域在第111位、第116位、第120位都为保守的甘氨酸。已经证明新城疫病毒等其他副黏病毒F蛋白融合肽结构域中保守的甘氨酸对融合作用的激活起调节作用。

和所有副黏病毒的F蛋白一样，小反刍兽疫病毒*F*基因翻译的产物F_0蛋白没有活性，必须通过蛋白酶裂解后产生F1和F2两个亚基，通过二硫键相连。小反刍兽疫病毒的裂解位点位于第104～108位氨基酸序列（^{104}RRTRR^{108}）的羧基端。新城疫病毒F蛋白裂解位点附近序列是决定病毒毒力的主要因素之一[57]。但是PPRV China/Tib/Gej/07–30和其他株F蛋白序列比对结果显示，弱毒株和野毒株之间裂解位点的序列完全一致（^{104}RRTRR^{108}）。

F蛋白C末端14个氨基酸区域是胞质结构域（cytoplasmic domain），China/Tib/Gej/07–30与其他PPRV毒株之间在该结构域序列完全保守。已有研究表明，新城疫病毒F蛋白的胞质结构域在病毒出芽过程中与M蛋白相互作用，该结构域的缺失导致合胞体不能形成[58]。但是另一个副黏病毒成员人呼吸道合胞病毒（Human respiratory syncytial virus，HRSV）的胞质结构域的缺少和突变对病毒融合没有影响[59]。PPRV胞质结构域的功能和在病毒融合中的作用还有待进一步的研究。

副黏病毒F蛋白含有3个七肽重复区（heptad repeat，HR），分别为HRA 、HRB和HRC，HRA和HRB位于F1亚基，HRC位于F2亚基。HRA位于F1亚基N端融合结构域之后的第128～190位氨基酸，序列高度保守。HRB位于F1亚基C端第434～483位氨基酸，序列高度保守。HRC位于F2亚基C端第68～94位氨基酸，序列较为保守，仅两个位点为变异位点。不同PPRV毒株上述3个七肽重复区的a和d位点都为完全保守的疏水氨基酸。HRA和HRB在副黏病毒膜融合过程中发挥至关重要的作用。在低pH或者受体结合等条件触发后，HRA折叠形成对称的三聚卷曲螺旋（coiled coil）构象，引发融合肽插入细胞膜的靶位点，这就是所谓的前发夹中间体[60]。随后，HRB以相反方向结合在HRA相邻单体之间的凹槽里，与HRB相互作用形成3∶3的六聚体构象的发夹结构，使跨膜结构域和融合肽处于并列位置[61, 62]。跨膜结构域是F蛋白在病毒囊膜上的锚，是形成融合小孔所必需的[63]。HRB结构域中个别位点氨基酸的变异导致该核心构象的稳定性减弱[64]。HRA和HRB来源的肽段能够抑制病毒的融合作用[65]。研究发现HRA和HRB构成的六聚体是小反刍兽疫病毒融合作用

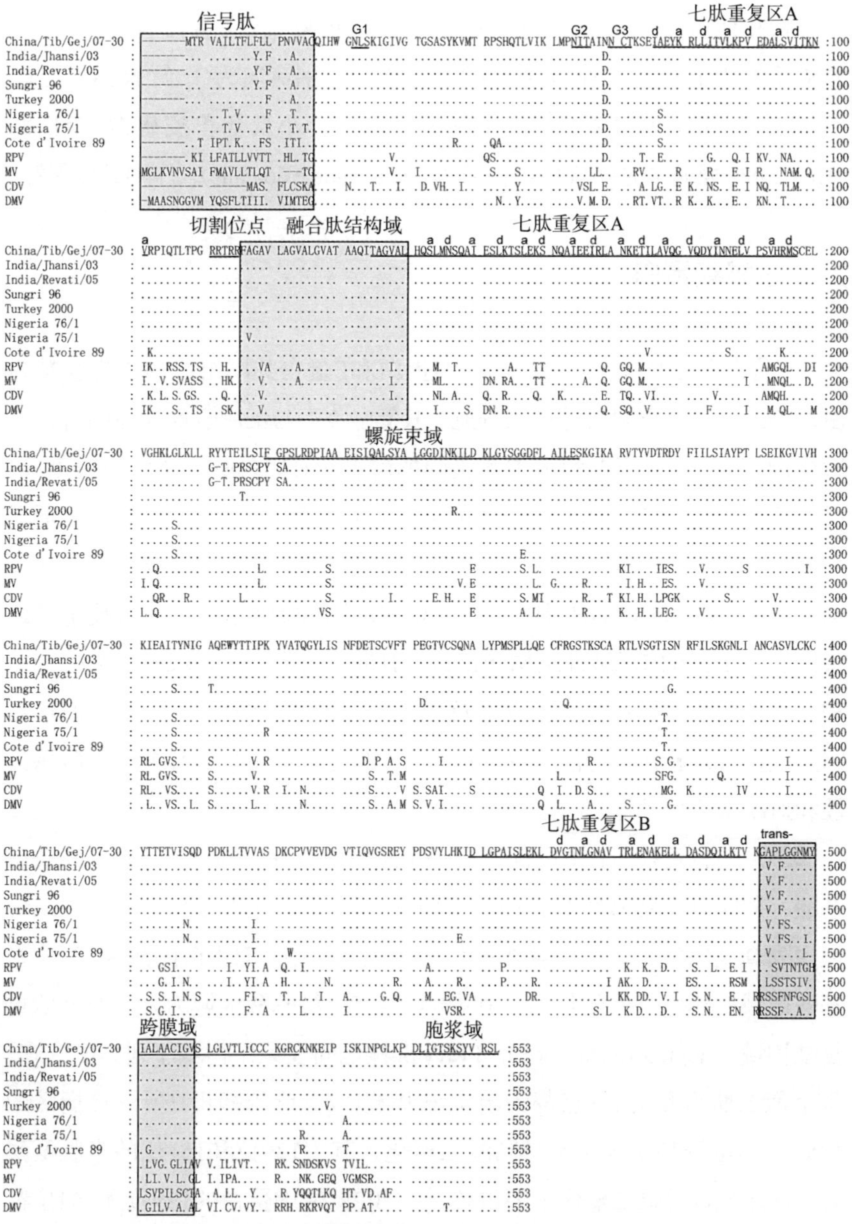

```
                     信号肽                                                                                七肽重复区A
                                   G1                                        G2   G3   d  a  d  a  d  a d
China/Tib/Gej/07-30 : -------MTR VAILTFLFLL PNVVACQIHW GNLSKIGIVG TGSASYKVMT RPSHQTLVIK LMPNITAINN CTKSEIAEYK RLLITVLKPV EDALSVITKN :100
India/Jhansi/03     : -------... .......Y.F ..A....... .......... .......... .......... .........D. .......... .......... .......... :100
India/Revati/05     : -------... .......Y.F ..A....... .......... .......... .......... .........D. .......... .......... .......... :100
Sungri 96           : -------... .......Y.F ..A....... .......... .......... .......... .........D. .......... .......... .......... :100
Turkey 2000         : -------... ........F. ..A....... .......... .......... .......... .........D. .......... .......... .......... :100
Nigeria 76/1        : -------... ..T.V...F. ..T....... .......... .......... .......... .........D. ......S... .......... .......... :100
Nigeria 75/1        : -------... ..T.V...F. ..T.T..... .......... .......... .......... .........D. ......S... .......... .......... :100
Cote d'Ivoire 89    : -------..T IPT.K...FS .ITI...... .......... ......R... .QA....... .........D. ......S... .......... .......... :100
RPV                 : -------.KI LFATLLVVTT .HL.TG.... ........V. .......... QS........ .........D. ...T..E... ...G...Q.I KV..NA.... :100
MV                  : MGLKVNVSAI FMAVLLTLQT .---TG.... ........V. .I........ ..S...S... .......LL. ..RV.....R ...R...E.I R...NAM.Q. :100
CDV                 : ---------- ------MAS. FLCSKA.... N...T...I. .D.VH..I.. ......Y... .....VSL.E. ...A.LG..E K..NS..E.I NQ..TLM... :100
DMV                 : -MAASNGGVM YQSFLTIII. VIMTEG.... .......... .......... ..N..Y.... .....V.M.D. ..RT.VT..R K..K...E.. KN..T..... :100

             切割位点   融合肽结构域          七肽重复区A
 a                                                       a  d  a   d  a d   a  d  a  d  a   d  a   d    a d
China/Tib/Gej/07-30 : VRPIQTLTPG RRTRRFAGAV LAGVALGVAT AAQITAGVAL HQSLMNSQAI ESLKTSLEKS NQAIEEIRLA NKETILAVQG VQDYINNELV PSVHRMSCEL :200
India/Jhansi/03     : .......... .......... .......... .......... .......... .......... .......... .......... .......... .......... :200
India/Revati/05     : .......... .......... .......... .......... .......... .......... .......... .......... .......... .......... :200
Sungri 96           : .......... .......... .......... .......... .......... .......... .......... .......... .......... .......... :200
Turkey 2000         : .......... .......... .......... .......... .......... .......... .......... .......... .......... .......... :200
Nigeria 76/1        : .......... .......... .......... .......... .......... .......... .......... .......... .......... .......... :200
Nigeria 75/1        : .......... .....V.... .......... .......... .......... .......... .......... .......... .......... .......... :200
Cote d'Ivoire 89    : .K........ .......... .......... .......... .......... .......... .......... ....V..... .......S... ....K..... :200
RPV                 : IK..RSS.TS ..H....VA. ..A....... .........I.. ...M..T... .....A...TT .........Q. GQ.M...... .......... AMGQL..DI :200
MV                  : I..V.SVASS ..HK...V.. ..A....... .........I.. ...ML..... DN.RA...TT ......A..Q. GQ.M...... .........I ..MNQL..D. :200
CDV                 : .K.L.S.GS. ...Q...V.. .......... .........I.. ...NL.A... Q..R....Q. .K......E. TQ..VI.... .....V.... .AMQH..... :200
DMV                 : IK...S..TS ..SK...V.. .......... .......... ....I....S. DN.R...... .........Q. SQ..V..... ....F.....I ..M.QL...M :200

                                        螺旋束域
China/Tib/Gej/07-30 : VGHKLGLKLL RYYTEILSIF GPSLRDPIAA EISIQALSYA LGGDINKILD KLGYSGGDFL AILESKGIKA RVTYVDTRDY FIILSIAYPT LSEIKGVIVH :300
India/Jhansi/03     : .......... G-T.PRSCPY SA........ .......... .......... .......... .......... .......... .......... .......... :300
India/Revati/05     : .......... G-T.PRSCPY SA........ .......... .......... .......... .......... .......... .......... .......... :300
Sungri 96           : .......... .....T.... .......... .......... .......... .......... .......... .......... .......... .......... :300
Turkey 2000         : .......... .......... .......... .......... .......R... .......... .......... .......... .......... .......... :300
Nigeria 76/1        : .....S.... .......... .......... .......... .......... .......... .......... .......... .......... .......... :300
Nigeria 75/1        : .....S.... .......... .......... .......... .......... .......... .......... .......... .......... .......... :300
Cote d'Ivoire 89    : .....S.... .......... .......... .......... .......... ......E... .......... .......... .......... .......... :300
RPV                 : ..Q....... ........L. ........S. .......... .........E ......S.L. .......... KI....IES. ..V......S .........I. :300
MV                  : I.Q....... ........L. ........S. .......... .......V.E .......L. G....R.... .I..H...ES. ..V....... .......... :300
CDV                 : ..QR...R.. ......L... ........S. ........I.. ...E.H...E ......S.MI .....R...T KI..H..LPGK ......S... ....V..... :300
DMV                 : L.Q....... .......... .......VS. .......... .........E ......A.L. .....R.... K..H..LEG. ..V....... ....V..... :300

China/Tib/Gej/07-30 : KIEAITYNIG AQEWYTTIPK YVATQGYLIS NFDETSCVFT PEGTVCSQNA LYPMSPLLQE CFRGSTKSCA RTLVSGTISN RFILSKGNLI ANCASVLCKC :400
India/Jhansi/03     : .......... .......... .......... .......... .......... .......... .......... .......... .......... .......... :400
India/Revati/05     : .......... .......... .......... .......... .......... .......... .......... .......... .......... .......... :400
Sungri 96           : .....S.... T......... .......... .......... .......... .......... .......... ........G. .......... .......... :400
Turkey 2000         : .......... .......... .......... ......D... .......... ...Q...... .......... .......... .......... .......... :400
Nigeria 76/1        : .....S.... .......... .......... .......... .......... .......... .......... ....T..... .......... .......... :400
Nigeria 75/1        : .....S.... .........R .......... .......... .......... .......... .......... ....T..... .......... .......... :400
Cote d'Ivoire 89    : .....S.... .......... .......... .......... .......... .......... .......... ....T..... .......... .......... :400
RPV                 : RL.GVS.... S......V.R .......... ....D.P.A.S ....I..... .......... ....R..... ....S.G... .......... .....I.... :400
MV                  : RL.GVS.... S......V.. .......... ....S..T.M .......... .....L.... .......... ....SFG... .....Q.... .....I.... :400
CDV                 : RL...VS.... S......V.R ..I...N.... ....S....V S.SAI....S ..........Q .I..D.S... ........MG. K........IV .....I.... :400
DMV                 : ..L..VS..L. S......L... ....N..... ....S..A.M S.V.I..... .......... ..L...A... ..S....G. .......... .......... :400

                                                                                     七肽重复区B
                                                                                  d  a  d    a  d  a    d  a d      trans-
China/Tib/Gej/07-30 : YTTETVISQD PDKLLTVVAS DKCPVVEVDG VTIQVGSREY PDSVYLHKID LGPAISLEKL DVGTNLGNAV TRLENAKELL DASDQILKTV KGAPLGGNMY :500
India/Jhansi/03     : .......... .......... .......... .......... .......... .......... .......... .......... .......... .V.F...... :500
India/Revati/05     : .......... .......... .......... .......... .......... .......... .......... .......... .......... .V.F...... :500
Sungri 96           : .......... .......... .......... .......... .......... .......... .......... .......... .......... .V.F...... :500
Turkey 2000         : .......... .......... .......... .......... .......... .......... .......... .......... .......... .V.F...... :500
Nigeria 76/1        : .......N.. .......I.. .......... .......... .......... .......... .......... .......... .......... .V.FS..... :500
Nigeria 75/1        : .......N.. .......I.. .......... .......... .........E. .......... .......... .......... .......... .V.FS...I. :500
Cote d'Ivoire 89    : .......... .......I.. ..W....... .......... .......... .......... .......... .......... .......... .V......L. :500
RPV                 : ...GSI.... ...I..YI.A .Q...I.... .......... ..A....... ..P....... ........K. .K..D.... .S...L..E.I ..SVTNTGH :500
MV                  : ...G.I.N.. ...I..YI.A .H......N. .........R ..A....R.. ..P.....R. .........I AK...D..... ES......RSM .LSSTSIV. :500
CDV                 : .S.S.I.N.S .....FI... .T..L..I.. A.....G.Q. ..M..EG.VA ........DR. ..........L KK.DD..V.I .S.N...E.. RRSSFNFGSL :500
DMV                 : .S.G.I.... ......F..A .....L..... I......... ......VSR.. .......S.L .K.D...D... .S.N...EN. RRSSF..A.. :500

      跨膜域                               胞浆域
China/Tib/Gej/07-30 : IALAACIGVS LGLVTLICCC KGRCKNKEIP ISKINPGLKP DLTGTSKSYV RSL :553
India/Jhansi/03     : .......... .......... .......... .......... .......... ... :553
India/Revati/05     : .......... .......... .......... .......... .......... ... :553
Sungri 96           : .......... .......... .......... .......... .......... ... :553
Turkey 2000         : .......... .......... .........V. .......... .......... ... :553
Nigeria 76/1        : .......... .......... .......... A......... .......... ... :553
Nigeria 75/1        : .......... .......... ....R..... A......... .......... ... :553
Cote d'Ivoire 89    : .G........ .......... ....R..... T......... .......... ... :553
RPV                 : .LVG.GLIAV V.ILIVT... RK.SNDSKVS TVIL...... .......... ... :553
MV                  : .LI.V.L.GL I.IPA..... R...NK.GEQ VGMSR..... .......... ... :553
CDV                 : LSVPILSCTA .A.LL..Y.. .R.YQQTLKQ HT.VD.AF.. .......... ... :553
DMV                 : .GILV.A.AL VI.CV.VY.. RRH.RKRVQT PP.AT..... ......T... ... :553
```

图2-9 PPRV Tibet / 2007株与其他毒株及同属其他病毒间F蛋白氨基酸序列比对

引自病毒学报，2010，26（4）：305–314

的核心复合体[62]。

和其他麻疹病毒属病毒一样，小反刍兽疫病毒F蛋白含有3个潜在的N–联糖基化位点，全部位于F2亚基上，分别命名为G_1（^{25}NLS^{27}）、G_2（^{57}NIT^{59}）和G_3（^{63}NCT^{65}），序列高度保守。小反刍兽疫病毒F蛋白第213～258位氨基酸是螺旋束结构域（helical bundle domain），序列高度保守。

六、血凝素蛋白

H蛋白分子质量约为68.8ku。H蛋白和F蛋白共同组成病毒囊膜糖蛋白，协同介导病毒附着并进入细胞。H蛋白负责与细胞表面受体结合，然后协助F蛋白介导病毒和宿主细胞膜的融合。H蛋白属于Ⅱ型膜糖蛋白，以二硫键相连的二聚体或四聚体的形式存在于病毒囊膜表面[66]。在通过高尔基体定位到细胞膜之前，H蛋白在内质网中完成二聚体化、糖基化和构象折叠[67]。成熟的H蛋白由一个短的N端胞质侧尾巴、一段疏水的跨膜区和一个大的C端胞外结构域组成。H蛋白的胞外结构域构象为一个柄和一个球状头部，球状头部含有抗原表位，能够刺激机体产生中和抗体，因此H蛋白决定病毒的宿主特异性[68]。H 蛋白还同时具有神经氨酸酶活性和血凝素活性[69]。

小反刍兽疫病毒H蛋白仅含有一个疏水结构域，位于N端35～58位氨基酸，同时具有信号肽和膜锚定结构域的作用。PPRV毒株之间在该结构域序列高度保守，仅41位氨基酸位点为变异位点。H蛋白的59～181位氨基酸区域构成胞外区的长柄，其中84～105位氨基酸区域为一个类七肽重复结构域（heptad repeat like），PPRV毒株之间在该结构域序列高度保守，每个似七肽重复的a位点都为疏水氨基酸I/V。麻疹病毒H蛋白长柄区的135～173位氨基酸区域参与同源二聚化，其中139位和154位的半胱氨酸对于H蛋白的同源二聚化至关重要[66]。PPRV的H蛋白的139位和154位都为保守的半胱氨酸，其对于H蛋白二聚体化的作用有待于进一步的研究。

H蛋白的182～609位氨基酸区域构成胞外区的球状头部。牛瘟病毒H

```
                                                                 跨膜域                                                              类七肽重复域
                                                                                                                                      a    a    a
China/Tib/Gej/07-30 MSAQRERINA FYKDNPHNKN HRVILDRERL VIERPYILLG VLLVMFLSLI GLLAIAGIRL HRATVGTSEI QSRLNTNIKL AESIDHQTKD VLTPLFKIIG [100]
India/Revati/05     .......... ...G...... .......... .......... .......... .......... .......L.. ........E. T......... .......... [100]
India/Bhopal/03     .......... ...G...... .......... .......... .......... .......... .......L.. ........E. T......... .......... [100]
India/Jhansi/03     .......... ...G...... .......... .......... .......... .......... .......L.. ........E. T......... .......... [100]
Sungri 96           .......... ...G...... .......... .......... .......... .......... .......L.. ........E. T......... .......... [100]
Turkey 2000         .......... .......... .......... .......... .......... .......... .......... ........E. T......... .......... [100]
Nigeria 76/1        .......... .......... ..I....... T......... .......... .......... .......A.. ....K...E. T......... .......... [100]
Nigeria 75/1        .......... .....L...T .......... T......... .......... .......... .......A.. ........E. T......... .......... [100]
Cote d'Ivoire 89    .......... .......... .......... T......... .......... .......... .......A.. ........E. T..V....N. ......V... [100]
RPV                 ..PP.D.VD. Y....FQF.. T..V.NK.Q. L....CM..T ..F......V .......... ...A.N.AK. NND.T.S.DI TK..EY.V.. .......... [100]
MV                  ..P..D.... .......P.G S.IVIN..H. M.D...V..A ..F....... .......... ...AIY.A.. HKS.S..LDV TN..E..V.. .......... [100]
CDV                 .LPYQDKVG. .....ARANS TKLS.VT.GH GGR..PY..F ...ILLVGIL A....T.V.F .QVSTSNM.F SRL.KEDMEK S.AVH..VI. .......... [100]
DMV                 ..SP.DKVD. ....I.RPR. N..L..N..V I....L..V. ..A......V ........V.. QK..TNSI.V NRK.S..LET TV..E.HV.. .......... [100]

                     a                                       *          *
China/Tib/Gej/07-30 DEVGIRIPQK FSDLVKFISD KIKFLNPDRE YDFRDLRWCM NPPERVKINF DQFCEYKAAV KSIEHIFESP LNKSKKLQSL TLGPGTGCLG RTVTKAHFSE [200]
India/Revati/05     .......... .......... .......... .......... .......... .......... .......... .......... ........Q. ....R..... [200]
India/Bhopal/03     .......... .......... .......... .......... .......... .......... .......... .......... ........Q. ....R..... [200]
India/Jhansi/03     .......... .......... .......... .......... .......... .......... .......... .......... ........Q. ....R..... [200]
Sungri 96           .......... .......... .......... .......... .......... .......... .......... .......... ........Q. ....R..... [200]
Turkey 2000         .......... .......... .......... .......... .......... .......... .......... .......... .......... ....R..... [200]
Nigeria 76/1        .......... .......... .......... .......... .......... .......... ..V......S ..R.EM.RL. .......... ....R.Q... [200]
Nigeria 75/1        .......... .......... .......... .......... .......... .......... ..V......S ..R.ER.RL. .......... ....R.Q... [200]
Cote d'Ivoire 89    .......... .......... .......... .......... .......... .........D .........S ..R.RR..L. ......S... .A..R.Q... [200]
RPV                 ....LT..R. T..T...... ........K. .....IN..I .....I..DY ..Y.AHT..E DL.TMLVN.S .TGTTV.RTS LVNL.RN.T. P.T..GQ..N [200]
MV                  ....LT..R. T......... .......... ......T..I .....I.LDY ..Y.ADV..E ELMNALVN.T .LEARATNQF LAVSKGN.S. P.TIRGQ..N [200]
CDV                 ..I.LL.... LNEIKQ..LQ .TN.F..N.. F.....H..I ...ST..V.. TNY..SIGIR .A.ASAANPI .LSALSGGRG DIF.PHR.S. A.TSVGKVFP [200]
DMV                 ....LM.... LTEIMQ...N .......... ...N..H..V ...DQ...DY A.Y.NHI..E EL.VTK.KEL M.H.LDMSKG RIF.PKN.S. SVI.RGQTIK [200]

China/Tib/Gej/07-30 LTLTLMDLDL EMKHNVSSVF TVVEEGLFGR TYTVWRSDAR DPSTDLGIGH FLRVFEIGLI RDLGLGPPVF HMTNYLTVNM SDDYRRCLLA VGELKLTALC [300]
India/Revati/05     .......... .......... .......... .......... .....P.... .........V .......... .......... .......... .......... [300]
India/Bhopal/03     .......... .......... .......... .......... .....P.... .........V .......... .......... .......... .......... [300]
India/Jhansi/03     .......... .......... .......... .......... .....P.... .........V ........A. .......... .......... .......... [300]
Sungri 96           .......... .......... .......... .......... .....P.... .........V .......... .......... .......... .......... [300]
Turkey 2000         .......... .......... .......... .......... .......... .........V .......... .......... .......... .......... [300]
Nigeria 76/1        .......... .......... .......... ........TG K...SP.... .........V ...E..A.I. .......... .....S.... .......... [300]
Nigeria 75/1        .......... .I........ .......... ........TG K...SP.... .........V ...E..A.I. .......... .....S.... .......... [300]
Cote d'Ivoire 89    .....L.... ...N...... .......... ..I...P.VG N..I.S.A.. .........V ......A..L ...H.A.... ..G..S.... ......A... [300]
RPV                 IS...SGIYS GRGY.I..MI .ITGK.MY.S ..L.GKYNQ. ARRPSIVWQQ DY....V.I. .E..V.T... ......ELPR QPELET.M.. L..S..A... [300]
MV                  MS.S.L..Y. SRGY....IV .MTSQ.MY.G ..L.GKPNLS SKGSE.SQLS MH....V.V. .NP...A... .....FEQPV .N.FSN.MV. L....FA... [300]
CDV                 .SVS.SMSLI SRTSE.INML .AISD.VY.K ..LLVPD.IE REFDT----R EI......F. KRWLNDM.LL QT...MVLPK NSKAKV.TI. ....T.AS.. [300]
DMV                 PG...VNIYT TRNFE..FMV ..ISG.MY.K ..FLKPPEPD ..----FEFQ AF.I..V..V ..V.SRE..L Q...FMVIDE DEGLNF...S ....R.A.V. [300]

China/Tib/Gej/07-30 TSSETVTLSE RGAPKREPLV VVILNLAGPT LGGELYSVLP TSDLMVEKLY LSSHRGIIKD DEANWVVPST DVRDLQNKGE CLVEACKTRP PSFCNGTGSG [400]
India/Revati/05     .......... ..V...K... .......... .......... .......... .......... .......... .......... .......... .......... [400]
India/Bhopal/03     .......... ..V...K... .......... .......... .......... .......... .......... .......... .......... .......... [400]
India/Jhansi/03     .......... ..V...K... .......... .......... .......... .......... .......... .......... .......... .......... [400]
Sungri 96           .......... ..V...K... .......... .......... .......... .......... .......... .......... .......... .......... [400]
Turkey 2000         S.......G. ..V....... .......... .......... .......... .......... .......... .......... .......... .......... [400]
Nigeria 76/1        .P........ ..I....... .......... .......... .......... .......... N......... .......... .......... ........I. [400]
Nigeria 75/1        .P........ S.V....... .......... .......... .T.PT..... .......... N......... .......... .......... ........I. [400]
Cote d'Ivoire 89    .P........ ..V....... .......... .......... ....T....H .......... N......... .......... .......... ........V. [400]
RPV                 LADSP.A.HY GRVGDDNKIR F.K.GVWASP ADRDTLAT.S AI.PTLDG.. ITT.....AA GT.I.A..V. RTD.QVKM.K .RL...RD.. .P...S.DWE [400]
MV                  HREDSI.IPY Q.SG.GVSFQ L.K.GVWKSP TDMRSWVP.S .D.PVIDR.. ......V.A. NQ.K.A..T. RTD.KLRMET .FQQ...GKN QAL.ENPEWA [400]
CDV                 VEES..L.YH DSSGSQDGIL ..T.GIFWA. PMDHIEE.I. VAHPSMK.IH ITN...F... SI.T.M..AL ASEKQEEQKG ..ES..QRKT YPM..QASWE [400]
DMV                 VRGRP.VTKD I.GY.D..FK ..T.GII.GG .SNQKTEIY. .I.SSI.... IT......RN SK.R.S..AI RSD.KDKMEK .TQAL..S.. .PS..SSDWE [400]

China/Tib/Gej/07-30 PWSEGRIPAY GVIRVSLDLA SDPDVVITSV FGPLIPHLSG MDLYNNPFSR AIWLAVPPYE QSFLGMINTI GFPNRAEVMP HILTTEIRGP RGRCHVPIEL [500]
India/Revati/05     .......... .......S.. ...G...... .......... .......... .V........ .......... .......... .......... .......... [500]
India/Bhopal/03     .......... .......S.. ...G...... .......... .......... .V........ .......... .......... .......... .......... [500]
India/Jhansi/03     .......... .......S.. ...G...... .......... .......... .V........ .......... .......... .......... .......... [500]
Sungri 96           .......... ......NS.. ...G...... .......... .......... .V........ .......... .......... .......... .......... [500]
Turkey 2000         .......... .......... ...G...... .......... .......... .V........ .......... .......... .......... .......... [500]
Nigeria 76/1        .......... .......... ...G...... .......... .......... .A........ .......... ..D.V..... .......... ....I..... [500]
Nigeria 75/1        .......... .......... ...G...... .......... .......... .A........ .......... ..D....... .......... .......... [500]
Cote d'Ivoire 89    .......... .......... ....I..... .......... ........S. .V........ .......... .L........ .......K.. .......... [500]
RPV                 .LEA...... ..LTIK.G.. DE.K.D.I.E .....T.D.. ....TSFDGT KY..TT..LQ N.A..TV..L VLEPSLKIS. N...LP..SG G.D.YT.TY. [500]
MV                  .LKDN...S. ..LS.N.S.T VELKIK.A.G .....T.G.. ....KTNHNN VY..TI..MK NLA..V...L EWIP.FK.S. NLF.VP.KEA GED..A.TY. [500]
CDV                 .FGGRQL.S. .RLTLP..AS V.LQLN.SFT Y..V.LNGD. ..Y.ES.LLN SG..TI..KD GTIS.L..KA .RGDQFT.L. .V..FAP.ES S.N.YL..QT [500]
DMV                 .LTSN..... AY.ALEIKED .GLELD...N Y....I.GA. ..I.EG.S.N QD...I..LS ..V..V..KV D.TAGFDIK. .T...AVDYE S.K.Y..V.. [500]

China/Tib/Gej/07-30 SRRVDDDIKI GSNMVILPTM DLRYITATYD VSRSEHAIVY YIYDTGRSSS YFYPVRLNFK GNPLSLRIEC FPWRHKVWCY HDCLIYNTIT DEEVHTRGLT [600]
India/Revati/05     .......... .......... .......... ...R...... ......L... .Y........ .......... .......... .......... .......... [600]
India/Bhopal/03     .......... .......... .......... ...R...... ......L... .Y........ .......... .......... .......... .......... [600]
India/Jhansi/03     .......... .......... .......... ...R...... ......L... .Y........ .......... .......... .......... .......... [600]
Sungri 96           .......... .......... .......... ...R...... ......L... .Y........ .......... .......... .......... .......... [600]
Turkey 2000         .......... .........I .......... .......... .......... .......... .......... .......... .......... .......... [600]
Nigeria 76/1        ...I...... .....V...K .......... .......... .......... .........R .......... ...Y...... .......... N....M.... [600]
Nigeria 75/1        .S.I...... .....V...K .......... .......... .......... .........R .......... ...Y...... .......... N......... [600]
Cote d'Ivoire 89    ...I...... .....V...K ..K....... .......... .......A.. .......... .......... ...H...... .......... N....K...I [600]
RPV                 .D.A...V.L S..L....SR ..Q.VS.... I..V...... H..S...L.. .Y..FK.PI. .D.V..Q... ...DR.L..H .F.SVIDSG. G.Q.THI.VV [600]
MV                  PAE..G.V.L S..L....GQ ..Q.VL.... T..V...V.. .V.SPS..F. ....F..PI. .V.IE.QV.. .T.DK.L..R .F.VLADSES GGHITHS.MV [600]
CDV                 .QIR.R.VL. E..I.V...Q SI..VI.... I...D..... .V..PI.TI. .TH.F..TT. .R.DF..... .V.DDNL..H QFYRFEAD.A NSTTSVEN.V [600]
DMV                 .GAK.Q.L.L E..L.V...K .FG.V..... T......... .V...A.... ..F.F.IKAR .E.IY..... ...SRQL..H .Y.M.NS.VS N.I.VVDN.V [600]

China/Tib/Gej/07-30 GIEVTCNPV- ------- [617]
India/Revati/05     .........- ------- [617]
India/Bhopal/03     ..K......- ------- [617]
India/Jhansi/03     ......IQS- ------- [617]
Sungri 96           .........- ------- [617]
Turkey 2000         .........- ------- [617]
Nigeria 76/1        .........- ------- [617]
Nigeria 75/1        .........- ------- [617]
Cote d'Ivoire 89    .......SA- ------- [617]
RPV                 ...I...GK- ------- [617]
MV                  .MG.S.TVTR EDGTNRR [617]
CDV                 R.RFS..R-- ------- [617]
DMV                 S.NMS.SR-- ------- [617]
```

图 2-10 PPRV Tibet/2007 株与其他毒株及同属其他病毒间 H 蛋白氨基酸序列比对

（包静月绘）

蛋白的球状头部存在多个抗原中和表位，其中383～387位（^{383}R/L–E–A–C–R^{387}）和587～592位（^{587}D–S–G–T–G–F^{592}）氨基酸序列区为免疫优势表位[68]。麻疹病毒疫苗株和野生毒株都利用CD150，即信号转导淋巴细胞激活分子（SLAM）作为细胞表面受体，而适应组织培养的疫苗株还可利用CD46作为细胞表面受体[70–72]。犬瘟热病毒也利用CD150作为细胞表面受体[12]。麻疹病毒H蛋白球状头部区451位和481位氨基酸位点是疫苗株和野生毒株之间表型改变尤其是与细胞表面受体CD46之间作用特性改变的关键位点[73]。

第六节 感染与增殖过程

副黏病毒在细胞质中进行增殖，病毒增殖过程如下。

一、病毒吸附与进入

在麻疹病毒属病毒的感染过程中，病毒首先由其吸附蛋白H与敏感细胞表面的受体结合。由于PPRV具有血凝素活性，能够凝集鸡、羊、猪红细胞，提示PPRV的H蛋白可能利用细胞表面的唾液酸（通过2–3糖苷键链接）作为受体[74]。研究表明麻疹病毒疫苗株和野生毒株都利用CD150，即信号转导淋巴细胞激活分子（SLAM）作为细胞表面受体，而适应组织培养的疫苗株还可利用CD46作为细胞表面受体[70–72]。研究表明犬瘟热病毒也利用CD150作为细胞表面受体[12]。Pawar等利用小分子干扰RNA（siRNA）抑制B95a细胞系中信号转导淋巴细胞激活分子（SLAM）的表达，然后接种PPRV，结果病毒复制降为原来的

1/143~1/12，在抗SLAM抗体中和的细胞系中，病毒滴度降为原来的1/100。这一研究证明，SLAM可能是PPRV的细胞表面受体[75]。又有证据证明，表达绵羊和山羊SLAM分子的猴CV1细胞对PPRV敏感，能用于病毒的分离[76]。最近研究表明，表达绵羊细胞黏附因子Nectin–4的非宿主来源的上皮细胞系能够有效提高PPRV的增殖，该基因在羊上皮组织中优势表达，这一研究提示绵羊Nectin–4可能是PPRV的另一个受体[77]。通过H蛋白与细胞表面受体的结合作用，可引起F蛋白构象发生改变，于是F蛋白的融合肽被释放出来，在中性pH条件下，病毒包膜与细胞膜发生融合，释放螺旋化的核衣壳到胞质中。

二、病毒转录

在病毒核衣壳释放到胞质中后，即在胞质中开始病毒的转录。此时，L蛋白作为依赖于RNA的RNA聚合酶（RdRp）启动mRNA的合成。所有副黏病毒的RdRp只能与病毒RNA的GP区相结合，启动转录，沿着病毒基因组，以“终止–起始”的模式依次进行各个基因的转录，每一个转录本由三核苷酸的基因间隔区进行间隔。也就是说，RdRp先从56位开始转录，终止于*N*基因的转录终止序列，释放出*N*基因的mRNA。然后，病毒RNA聚合酶进入下一个基因起始位点，重新合成下一个mRNA。病毒RNA聚合酶在基因间隔区重新起始下一个mRNA转录的效率要比上游基因低，因此，病毒基因组RNA从3’端到5’端的转录呈逐级下降，这就导致基因距离基因组3’端越远，其mRNA丰度越低，这是与病毒复制过程中各种病毒蛋白所需要的量相适应的。N蛋白需要量最大，所以其基因距离GP最近，转录的mRNA的丰度最高，而L蛋白的需要量最少，所以距离GP最远，转录的丰度最低[78, 79]。在麻疹病毒感染的细胞中，如果*N*基因mRNA的丰度为100%，则*P*、*M*、*F*和*H*基因的丰度分别为81%、67%、49%和39%，*L*基因mRNA的丰度太低而无法准确测量[80]。如果病毒的转录在基因间隔区未能有效终止，就产生了异常的双顺反子

mRNA，在大多数情况下，仅有上游的顺反子被正常翻译，而下游的顺反子往往不被表达[4]。转录出来的裸露RNA，在病毒聚合酶的作用下，在其5’端加帽，在其3’端加PolyA尾巴，成为稳定的mRNA，从而能被宿主细胞的核糖体识别并有效翻译。麻疹病毒属病毒的mRNA加帽及加尾机制尚不清楚。

三、基因组复制

在副黏病毒感染的某个阶段，病毒RdRp停止转录mRNA而合成全长反基因组RNA。此时，病毒RdRp同样以病毒基因组RNA为模板，复制生成全长互补RNA，即正链反基因组RNA。因为GP区和AGP区都含有核衣壳化信号，所以该反基因组也被N蛋白核衣壳化。在副黏病毒感染的细胞中，反基因组的数量相当大，在仙台病毒中占基因组RNA的10%～40%。反基因组RNA的唯一功能是基因组复制的中间产物。

转录模式和复制模式之间转变的机制尚不清楚。20世纪80年代，研究者提出了自身调节模式。根据这一模式，病毒的转录和复制受到游离N蛋白的调节。当游离N蛋白数量有限时，病毒RdRp优先转录合成mRNA，细胞内所有病毒蛋白（包括N蛋白）的量升高。当游离N蛋白的量充足时，病毒RdRp转为复制模式，N蛋白单体结合到基因组RNA形成核衣壳，从而降低N蛋白的量[4]。

现在通常认为多种不同蛋白调节RdRp实现转录酶和复制酶的功能转变。研究者分别基于仙台病毒和水疱性口炎病毒的研究，提出病毒有两种不同形式的RdRp，一种用于转录，另一种用于复制[81, 82]。在Gupta等提出的模型中，病毒转录酶复合体由L–$P_{同源聚合体}$和宿主细胞因子组成，而复制酶复合物则由L–（N–$P_{同源聚合体}$）三组分组成。在Kolakofsy等提出的模型中，转录酶复合体由L–$P_{同源聚合体}$和游离的$P_{同源聚合体}$组成，而复制酶复合物则由L–$P_{同源聚合体}$和N–$P_{同源聚合体}$组成。两种模型都认为N蛋白在复制酶活性中发挥主要作用。

四、病毒粒子装配与释放

副黏病毒在细胞质中进行核衣壳的装配。首先N蛋白与病毒基因组RNA结合形成螺旋化的核衣壳结构，然后，与P–L蛋白复合体结合。F蛋白前体在其N端信号肽的引导下进入内质网内腔，在其中信号肽被细胞信号肽酶切除，从而产生不成熟的F_0前体，F_0前体在内质网中形成同源三聚体[54]。然后，F_0同源三聚体在高尔基体中发生糖基化，并且裂解成相互间由二硫键连接的F1和F2亚基，即以寡聚体形式存在的F蛋白[55]。H蛋白在内质网中完成二聚体化、糖基化和构象折叠，然后通过高尔基体定位到细胞膜[67]。M蛋白可能在病毒囊膜糖蛋白（H和F蛋白）和病毒核衣壳蛋白之间起桥梁作用，把核衣壳引导到细胞膜的相应位置，进而从质粒表面出芽，形成完整的病毒粒子[4]。

致病性分子基础

一、反向遗传操作技术

反向遗传操作技术一般是指通过构建病毒的基因组cDNA克隆，在培养细胞或易感宿主中重新“拯救”病毒，通过基因插入或缺失等方法修饰病毒的基因组cDNA序列，“拯救”重组病毒，研究重组病毒的特性变化，来进行病毒的基因功能研究和新型疫苗的研制等。麻疹病毒属病毒的拯救过程一般是将构建的全基因组cDNA 克隆（转录载体）和分别含*N*、*P* 与*L*基因的辅助质粒（表达载体）共转染细胞，在辅助质粒提供有关酶的作用下，cDNA 克隆进行转录和各基因的表达，最终组装成有感染性的病毒粒子，然后通过接种细胞来大量扩增病毒而获得拯救的病毒。在有些情况下，也可先构建微型基因组，即构建基因组GP–外源报告基因–AGP区克隆（转录载体），与分别含*N*、*P* 与*L*基因的辅助质粒（表达载体）共转染细胞，在辅助质粒提供有关酶的作用下，微型基因组进行转录和外源报告基因的表达。对麻疹病毒属其他成员如牛瘟病毒和麻疹病毒等都已成功构建了反向遗传操作系统，并应用于病毒蛋白功能的研究和标记疫苗的研制[83–88]。关于小反刍兽疫病毒反向遗传的研究开展得较晚。2007年，Bailey等报道构建了小反刍兽疫病毒Turkey 2000株的微型基因组并验证了其功能[21]。此后，国内外研究者陆续开展了小反刍兽疫病毒的反向遗传操作研究，用于进行标记疫苗的研究，也用于进行H蛋白和非结构蛋白的作用研究。我国研究者成功拯救了PPRV疫苗株Nigeria 75/1并进行外源蛋白的表达[89]。

二、致病性分子基础

关于PPRV致病性分子基础的研究刚刚起步，而牛瘟病毒的相关研究可以提供一定的参考。研究牛瘟病毒在细胞传代致弱过程中发生的突变，可以探究病毒致弱的分子机制。比较牛瘟病毒致弱疫苗株（Kabete O株）和亲本株基因组，发现仅87个核苷酸位点发生变异，这些位点分布于*N*、*P*、*L*、*F*、*H*基因及基因组启动子区。利用反向遗传操作技术，分别构建两株病毒的全长cDNA感染性克隆，并拯救病毒，分别替换各个基因，结果，*L*基因前半部分、*N*基因、*P*基因和*F*基因都在致弱过程中发挥作用，而*L*基因的后半部分和*H*基因与病毒致病性无关。GP区和AGP区对于病毒的致弱有贡献，但是不是唯一的决定因素还有待进一步研究[90–92]。

参考文献

[1] GIBBS E P, TAYLOR W P, LAWMAN M J, et al. Classification of peste des petits ruminants virus as the fourth member of the genus Morbillivirus [J]. Intervirology, 1979, 11(5): 268–274.

[2] KING A M, ADAMS M J, CARSTENS E B, et al, eds. Virus taxonomy. Ninth report of the international committee on taxonomy of viruses[M]. London, San Diego: Elsevier Academic Press,2011.

[3] ADAMS M J,CARSTENS E B. Ratification vote on taxonomic proposals to the International Committee on Taxonomy of Viruses (2012) [J]. Arch Virol, 2012,157(7): 1411–1422.

[4] LAMB R A,KOLAKOFSKY D, Paramyxoviridae: The Viruses and Their Replication[M] // D.M. Knipe, P.M. Howley. Fields Virology, Philadelphia: Lippincott Williams & Wilkins,2001, 1305–1343.

[5] DUROJAIYE O A, TAYLOR W P,SMALE C. The ultrastructure of peste des petits ruminants virus [J]. Zentralbl Veterinarmed B, 1985,32(6): 460–465.

[6] LAMB R A, MAHY B W,CHOPPIN P W. The synthesis of sendai virus polypeptides in infected cells [J]. Virology, 1976,69(1): 116–131.

[7] OSMAN N A, ME A R, ALI A S, et al. Rapid detection of Peste des Petits Ruminants (PPR) virus antigen in Sudan by agar gel precipitation (AGPT) and haemagglutination (HA) tests [J]. Trop Anim Health Prod, 2008,40(5): 363–368.

[8] LANGEDIJK J P, DAUS F J,VAN OIRSCHOT J T. Sequence and structure alignment of Paramyxoviridae attachment proteins and discovery of enzymatic activity for a morbillivirus hemagglutinin [J]. J Virol, 1997,71(8): 6155–6167.

[9] 徐耀先，周晓峰，刘立德. 分子病毒学 [M]. 武汉：湖北科学技术出版社 ,2002.

[10] DEVIREDDY L R, RAGHAVAN R, RAMACHANDRAN S, et al. The fusion protein of peste des petits ruminants virus is a hemolysin [J]. Arch Virol, 1999, 144(6): 1241–1247.

[11] SREENIVASA B P, SINGH R P, MONDAL B, et al. Marmoset B95a cells: a sensitive system for cultivation of Peste des petits ruminants (PPR) virus [J]. Vet Res Commun, 2006,30(1): 103–108.

[12] SEKI F, ONO N, YAMAGUCHI R, et al. Efficient isolation of wild strains of canine distemper virus in Vero cells expressing canine SLAM (CD150) and their adaptability to marmoset B95a cells [J]. J Virol, 2003,77(18): 9943–9950.

[13] BUNDZA A, AFSHAR A, DUKES T W, et al. Experimental peste des petits ruminants (goat plague) in goats and sheep [J]. Can J Vet Res, 1988,52(1): 46–52.

[14] KUL O, KABAKCI N, ATMACA H T, et al. Natural peste des petits ruminants virus infection: novel pathologic findings resembling other morbillivirus infections [J]. Vet Pathol, 2007,44(4): 479–486.

[15] GALBRAITH S E, MCQUAID S, HAMILL L, et al. Rinderpest and peste des petits ruminants viruses exhibit neurovirulence in mice [J]. J Neurovirol, 2002,8(1): 45–52.

[16] BAILEY D, BANYARD A, DASH P, et al. Full genome sequence of peste des petits ruminants virus, a member of the Morbillivirus genus [J]. Virus Res, 2005, 110(1–2): 119–124.

[17] MAHAPATRA M, PARIDA S, EGZIABHER B G, et al. Sequence analysis of the phosphoprotein gene of peste des petits ruminants (PPR) virus: editing of the gene transcript [J]. Virus Res, 2003,96(1–2): 85–98.

[18] TAKEDA M, OHNO S, SEKI F, et al. Long untranslated regions of the measles virus M and F genes control virus replication and cytopathogenicity [J]. J Virol, 2005, 79(22): 14346–14354.

[19] KOLAKOFSKY D, PELET T, GARCIN D, et al. Paramyxovirus RNA synthesis and the requirement for hexamer genome length: the rule of six revisited [J]. J Virol, 1998, 72(2): 891–899.

[20] CALAIN P,ROUX L. The rule of six, a basic feature for efficient replication of Sendai virus defective interfering RNA [J]. J Virol, 1993,67(8): 4822–4830.

[21] BAILEY D, CHARD L S, DASH P, et al. Reverse genetics for peste-des-petits-ruminants virus (PPRV): promoter and protein specificities [J]. Virus Res, 2007,126(1–2): 250–255.

[22] HOFFMAN M A,BANERJEE A K. Precise mapping of the replication and transcription promoters of human parainfluenza virus type 3 [J]. Virology, 2000,269(1): 201–211.

[23] MURPHY S K,PARKS G D. RNA replication for the paramyxovirus simian virus 5 requires an internal repeated (CGNNNN) sequence motif [J]. J Virol, 1999,73(1): 805–809.

[24] TAPPAREL C, MAURICE D,ROUX L. The activity of Sendai virus genomic and antigenomic promoters requires a second element past the leader template regions: a motif (GNNNNN)3 is essential for replication [J]. J Virol, 1998,72(4): 3117–3128.

[25] EGELMAN E H, WU S S, AMREIN M, et al. The Sendai virus nucleocapsid exists in at least four different helical states [J]. J Virol, 1989,63(5): 2233–2243.

[26] MIOULET V, BARRETT T,BARON M D. Scanning mutagenesis identifies critical residues in the rinderpest virus genome promoter [J]. J Gen Virol, 2001,82(Pt 12): 2905–2911.

[27] MITRA-KAUSHIK S, NAYAK R,SHAILA M S. Identification of a cytotoxic T-cell epitope on the recombinant nucleocapsid proteins of Rinderpest and Peste des petits ruminants viruses presented as assembled nucleocapsids [J]. Virology, 2001, 279(1): 210–220.

[28] DIALLO A, BARRETT T, BARBRON M, et al. Cloning of the nucleocapsid protein gene of

peste-des-petits-ruminants virus: relationship to other morbilliviruses [J]. J Gen Virol, 1994,75 (Pt 1): 233–237.

[29] 包静月，王志亮，李林，等．我国西藏小反刍兽疫病毒 China/ Tib/ Gej/ 07–30 核衣壳蛋白基因和基因组启动子区的分子特征分析 [J]. 病毒学报，2008,24(6): 464–471.

[30] BANKAMP B, HORIKAMI S M, THOMPSON P D, et al. Domains of the measles virus N protein required for binding to P protein and self-assembly [J]. Virology, 1996,216(1): 272–277.

[31] BOURHIS J M, RECEVEUR-BRECHOT V, OGLESBEE M, et al. The intrinsically disordered C-terminal domain of the measles virus nucleoprotein interacts with the C-terminal domain of the phosphoprotein via two distinct sites and remains predominantly unfolded [J]. Protein Sci, 2005,14(8): 1975–1992.

[32] ZHANG X, GLENDENING C, LINKE H, et al. Identification and characterization of a regulatory domain on the carboxyl terminus of the measles virus nucleocapsid protein [J]. J Virol, 2002,76(17): 8737–8746.

[33] CHOI K S, NAH J J, KO Y J, et al. Characterization of immunodominant linear B-cell epitopes on the carboxy terminus of the rinderpest virus nucleocapsid protein [J]. Clin Diagn Lab Immunol, 2004,11(4): 658–664.

[34] KARLIN D, FERRON F, CANARD B, et al. Structural disorder and modular organization in Paramyxovirinae N and P [J]. J Gen Virol, 2003,84(Pt 12): 3239–3252.

[35] CURRAN J. Reexamination of the Sendai virus P protein domains required for RNA synthesis: a possible supplemental role for the P protein [J]. Virology, 1996,221(1): 130–140.

[36] RAHAMAN A, SRINIVASAN N, SHAMALA N, et al. Phosphoprotein of the rinderpest virus forms a tetramer through a coiled coil region important for biological function. A structural insight [J]. J Biol Chem, 2004,279(22): 23606–23614.

[37] KAUSHIK R,SHAILA M S. Cellular casein kinase II-mediated phosphorylation of rinderpest virus P protein is a prerequisite for its role in replication/transcription of the genome [J]. J Gen Virol, 2004,85(Pt 3): 687–691.

[38] DEVAUX P, VON MESSLING V, SONGSUNGTHONG W, et al. Tyrosine 110 in the measles virus phosphoprotein is required to block STAT1 phosphorylation [J]. Virology, 2007,360(1): 72–83.

[39] CURRAN J, MARQ J B,KOLAKOFSKY D. An N-terminal domain of the Sendai paramyxovirus P protein acts as a chaperone for the NP protein during the nascent chain assembly step of genome replication [J]. J Virol, 1995,69(2): 849–855.

[40] SHAJI D,SHAILA M S. Domains of Rinderpest virus phosphoprotein involved in interaction with itself

and the nucleocapsid protein [J]. Virology, 1999,258(2): 415–424.

[41] NAKATSU Y, TAKEDA M, OHNO S, et al. Translational inhibition and increased interferon induction in cells infected with C protein-deficient measles virus [J]. J Virol, 2006,80(23): 11861–11867.

[42] TAKEUCHI K, TAKEDA M, MIYAJIMA N, et al. Stringent requirement for the C protein of wild-type measles virus for growth both in vitro and in macaques [J]. J Virol, 2005,79(12): 7838–7844.

[43] ESCOFFIER C, MANIE S, VINCENT S, et al. Nonstructural C protein is required for efficient measles virus replication in human peripheral blood cells [J]. J Virol, 1999,73(2): 1695–1698.

[44] ULANE C M, KENTSIS A, CRUZ C D, et al. Composition and assembly of STAT-targeting ubiquitin ligase complexes: paramyxovirus V protein carboxyl terminus is an oligomerization domain [J]. J Virol, 2005,79(16): 10180–10189.

[45] PRECIOUS B, CHILDS K, FITZPATRICK-SWALLOW V, et al. Simian virus 5 V protein acts as an adaptor, linking DDB1 to STAT2, to facilitate the ubiquitination of STAT1 [J]. J Virol, 2005,79(21): 13434–13441.

[46] ANDREJEVA J, YOUNG D F, GOODBOURN S, et al. Degradation of STAT1 and STAT2 by the V proteins of simian virus 5 and human parainfluenza virus type 2, respectively: consequences for virus replication in the presence of alpha/beta and gamma interferons [J]. J Virol, 2002,76(5): 2159–2167.

[47] CAIGNARD G, GUERBOIS M, LABERNARDIERE J L, et al. Measles virus V protein blocks Jak1-mediated phosphorylation of STAT1 to escape IFN-alpha/beta signaling [J]. Virology, 2007,368(2): 351–362.

[48] DAVIDSON D, SHI X, ZHANG S, et al. Genetic evidence linking SAP, the X-linked lymphoproliferative gene product, to Src-related kinase FynT in T(H)2 cytokine regulation [J]. Immunity, 2004,21(5): 707–717.

[49] TAKEUCHI K, KADOTA S I, TAKEDA M, et al. Measles virus V protein blocks interferon (IFN)-alpha/beta but not IFN-gamma signaling by inhibiting STAT1 and STAT2 phosphorylation [J]. FEBS Lett, 2003,545(2–3): 177–182.

[50] NANDA S K,BARON M D. Rinderpest virus blocks type I and type II interferon action: role of structural and nonstructural proteins [J]. J Virol, 2006,80(15): 7555–7568.

[51] TAHARA M, TAKEDA M,YANAGI Y. Altered interaction of the matrix protein with the cytoplasmic tail of hemagglutinin modulates measles virus growth by affecting virus assembly and cell-cell fusion [J]. J Virol, 2007,81(13): 6827–6836.

[52] SHIOTANI M, MIURA R, FUJITA K, et al. Molecular properties of the matrixprotein(M) gene

of the lapinized rinderpest virus [J]. J Vet Med Sci, 2001,63(7): 801–805.

[53] SETH S,SHAILA M S. The fusion protein of Peste des petits ruminants virus mediates biological fusion in the absence of hemagglutinin-neuraminidase protein [J]. Virology, 2001,289(1): 86–94.

[54] PLEMPER R K, HAMMOND A L,CATTANEO R. Measles virus envelope glycoproteins hetero-oligomerize in the endoplasmic reticulum [J]. J Biol Chem, 2001, 276(47): 44239–44246.

[55] BOLT G,PEDERSEN I R. The role of subtilisin-like proprotein convertases for cleavage of the measles virus fusion glycoprotein in different cell types [J]. Virology, 1998, 252(2): 387–398.

[56] MORRISON T G. Structure and function of a paramyxovirus fusion protein [J]. Biochim Biophys Acta, 2003,1614(1): 73–84.

[57] DE LEEUW O S, KOCH G, HARTOG L, et al. Virulence of Newcastle disease virus is determined by the cleavage site of the fusion protein and by both the stem region and globular head of the haemagglutinin-neuraminidase protein [J]. J Gen Virol, 2005,86(Pt 6): 1759–1769.

[58] SERGEL T,MORRISON T G. Mutations in the cytoplasmic domain of the fusion glycoprotein of Newcastle disease virus depress syncytia formation [J]. Virology, 1995, 210(2): 264–272.

[59] BRANIGAN P J, DAY N D, LIU C, et al. The cytoplasmic domain of the F protein of Human respiratory syncytial virus is not required for cell fusion [J]. J Gen Virol, 2006,87(Pt 2): 395–398.

[60] COLMAN P M,LAWRENCE M C. The structural biology of type I viral membrane fusion [J]. Nat Rev Mol Cell Biol, 2003,4(4): 309–319.

[61] MATTHEWS J M, YOUNG T F, TUCKER S P, et al. The core of the respiratory syncytial virus fusion protein is a trimeric coiled coil [J]. J Virol, 2000,74(13): 5911–5920.

[62] RAHAMAN A, SRINIVASAN N, SHAMALA N, et al. The fusion core complex of the peste des petits ruminants virus is a six-helix bundle assembly [J]. Biochemistry, 2003, 42(4): 922–931.

[63] BISSONNETTE M L, DONALD J E, DEGRADO W F, et al. Functional analysis of the transmembrane domain in paramyxovirus F protein-mediated membrane fusion [J]. J Mol Biol, 2009,386(1): 14–36.

[64] DOYLE J, PRUSSIA A, WHITE L K, et al. Two domains that control prefusion stability and transport competence of the measles virus fusion protein [J]. J Virol, 2006,80(3): 1524–1536.

[65] LAMBERT D M, BARNEY S, LAMBERT A L, et al. Peptides from conserved regions of paramyxovirus fusion (F) proteins are potent inhibitors of viral fusion [J]. Proc Natl Acad Sci USA, 1996,93(5): 2186–2191.

[66] PLEMPER R K, HAMMOND A L,CATTANEO R. Characterization of a region of the measles virus hemagglutinin sufficient for its dimerization [J]. J Virol, 2000, 74(14): 6485–6493.

[67] HU A, CATTANEO R, SCHWARTZ S, et al. Role of N-linked oligosaccharide chains in the processing and antigenicity of measles virus haemagglutinin protein [J]. J Gen Virol, 1994,75 (Pt 5): 1043–1052.

[68] SUGIYAMA M, ITO N, MINAMOTO N, et al. Identification of immunodominant neutralizing epitopes on the hemagglutinin protein of rinderpest virus [J]. J Virol, 2002, 76(4): 1691–1696.

[69] SETH S,SHAILA M S. The hemagglutinin-neuraminidase protein of peste des petits ruminants virus is biologically active when transiently expressed in mammalian cells [J]. Virus Res, 2001, 75(2): 169–177.

[70] TATSUO H, ONO N, TANAKA K, et al. SLAM (CDw150) is a cellular receptor for measles virus [J]. Nature, 2000,406(6798): 893–897.

[71] HSU E C, SARANGI F, IORIO C, et al. A single amino acid change in the hemagglutinin protein of measles virus determines its ability to bind CD46 and reveals another receptor on marmoset B cells [J]. J Virol, 1998,72(4): 2905–2916.

[72] NANICHE D, VARIOR-KRISHNAN G, CERVONI F, et al. Human membrane cofactor protein (CD46) acts as a cellular receptor for measles virus [J]. J Virol, 1993, 67(10): 6025–6032.

[73] LECOUTURIER V, FAYOLLE J, CABALLERO M, et al. Identification of two amino acids in the hemagglutinin glycoprotein of measles virus (MV) that govern hemadsorption, HeLa cell fusion, and CD46 downregulation: phenotypic markers that differentiate vaccine and wild-type MV strains [J]. J Virol, 1996,70(7): 4200–4204.

[74] RENUKARADHYA G J, SINNATHAMBY G, SETH S, et al. Mapping of B-cell epitopic sites and delineation of functional domains on the hemagglutinin-neuraminidase protein of peste des petits ruminants virus [J]. Virus Res, 2002,90(1–2): 171–185.

[75] PAWAR R M, RAJ G D, KUMAR T M, et al. Effect of siRNA mediated suppression of signaling lymphocyte activation molecule on replication of peste des petits ruminants virus in vitro [J]. Virus Res, 2008,136(1–2): 118–123.

[76] ADOMBI C M, LELENTA M, LAMIEN C E, et al. Monkey CV1 cell line expressing the sheep-goat SLAM protein: a highly sensitive cell line for the isolation of peste des petits ruminants virus from pathological specimens [J]. J Virol Methods, 2011,173(2): 306–313.

[77] BIRCH J, JULEFF N, HEATON M P, et al. Characterization of ovine Nectin–4, a novel peste des petits ruminants virus receptor [J]. J Virol, 2013,87(8): 4756–4761.

[78] BARRETT T, PASTORET P-P,TAYLOR W P.Rinderpest and Peste des Petits Ruminants: Virus Plagues of Large and Small Ruminants[M]. P.-P. Pastoret. Biology of Animal Infecrions,

London: Academic Press, 2006.

[79] MUNIR M, ZOHARI S,BERG M. Molecular Biology and Pathogenesis of Peste Des Petits Ruminants Virus[M]. Heidelberg New York Dordrecht London: Springer,2013.

[80] HORIKAMI S M,MOYER S A. Structure, transcription, and replication of measles virus [J]. Curr Top Microbiol Immunol, 1995,191: 35–50.

[81] GUPTA A K, SHAJI D,BANERJEE A K. Identification of a novel tripartite complex involved in replication of vesicular stomatitis virus genome RNA [J]. J Virol, 2003, 77(1): 732–738.

[82] KOLAKOFSKY D, LE MERCIER P, ISENI F, et al. Viral DNA polymerase scanning and the gymnastics of Sendai virus RNA synthesis [J]. Virology, 2004, 318(2): 463–473.

[83] PARIDA S, MAHAPATRA M, KUMAR S, et al. Rescue of a chimeric rinderpest virus with the nucleocapsid protein derived from peste-des-petits-ruminants virus: use as a marker vaccine [J]. J Gen Virol, 2007,88(Pt 7): 2019–2027.

[84] PARIDA S, MAHAPATRA M, HAWES P, et al. Importance of the extracellular and cytoplasmic/transmembrane domains of the haemagglutinin protein of rinderpest virus for recovery of viable virus from cDNA copies [J]. Virus Res, 2006,117(2): 273–282.

[85] WALSH E P, BARON M D, RENNIE L F, et al. Recombinant rinderpest vaccines expressing membrane-anchored proteins as genetic markers: evidence of exclusion of marker protein from the virus envelope [J]. J Virol, 2000,74(21): 10165–10175.

[86] BARON M D,BARRETT T. Rinderpest viruses lacking the C and V proteins show specific defects in growth and transcription of viral RNAs [J]. J Virol, 2000, 74(6): 2603–2611.

[87] BARON M D,BARRETT T. Rescue of rinderpest virus from cloned cDNA [J]. J Virol, 1997,71(2): 1265–1271.

[88] RADECKE F, SPIELHOFER P, SCHNEIDER H, et al. Rescue of measles viruses from cloned DNA [J]. Embo J, 1995,14(23): 5773–5784.

[89] HU Q, CHEN W, HUANG K, et al. Rescue of recombinant peste des petits ruminants virus: creation of a GFP-expressing virus and application in rapid virus neutralization test [J]. Vet Res, 2012,43(1): 48.

[90] BANYARD A C, BARON M D,BARRETT T. A role for virus promoters in determining the pathogenesis of Rinderpest virus in cattle [J]. J Gen Virol, 2005,86(Pt 4): 1083–1092.

[91] BARON M D, BANYARD A C, PARIDA S, et al. The Plowright vaccine strain of Rinderpest virus has attenuating mutations in most genes [J]. J Gen Virol, 2005,86(Pt 4): 1093–1101.

[92] BROWN D D, RIMA B K, ALLEN I V, et al. Rational attenuation of a morbillivirus by modulating the activity of the RNA-dependent RNA polymerase [J]. J Virol, 2005, 79(22): 14330–14338.

第三章

临床症状与病理变化

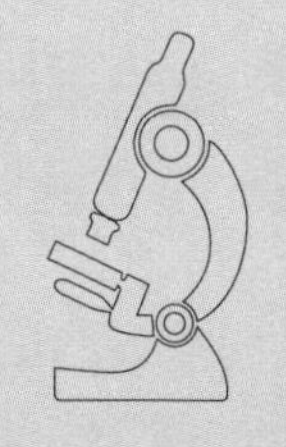

小反刍兽疫（PPR）是由小反刍兽疫病毒（PPRV）引起的一种烈性接触性动物传染病，主要感染家养和野生的偶蹄小反刍兽，但山羊比绵羊易感。羔羊死亡率比成羊高，绵羊康复率比山羊高。小反刍兽疫的发病率和死亡率与动物的年龄、品种、体况及病毒的毒力相关，严重时可达100%。西非山羊的感染程度比欧洲山羊更为严重。根据条件因素（如品种、年龄、性别、季节等）和病毒毒力，可将小反刍兽疫的严重程度分为特急性型、急性型、亚急性型和亚临床型，通常以急性型为主[1]。临床上主要表现为突然高热、眼鼻分泌脓性黏液、咳嗽及严重腹泻。小反刍兽疫病毒首先在局部淋巴结增殖并导致病毒血症，进而感染易感上皮组织。组织学病变主要发生在口腔、呼吸道和消化道黏膜部位，可见多核合胞体细胞，表现为口炎–肺肠炎综合征病变。小反刍兽疫的特征性病理变化是盲肠、近端结肠和直肠出现斑马状条纹出血。

第一节 临床症状

一、特急性型

特急性型PPR常发生于4月龄以上的羊，原因是该年龄段的羊通过初乳获得的母源免疫力会丧失，不再保护其免受PPR的侵袭[2]。潜伏期很短，少于2d。动物突然高热，直肠温度可达40～42℃，可持续数天。病羊表现沉郁，进食停止。在此期间，各黏膜严重充血，尤其是口部和眼部，偶见黏膜溃烂。在发病期，可见因眼鼻分泌物引起的呼吸困难。病羊开始表现便秘，然后转变成严重水样腹泻。许多羔羊仅在吮吸感染母羊的初乳后几小时就死亡，有些病例则出现临床症状后几小时便死亡[3]。

多数感染动物在发病后期，也即4～5d的高热期内死亡，但未必都出现腹泻症状。死亡率可达100%。

二、急性型

急性型是PPR的经典表现型。在急性型病例中，PPR的所有临床症状均能观察到，但未必出现在同一头动物身上。急性型PPR以发热后严重眼鼻分泌物症状为特征。潜伏期为3～4d，而后发热，直肠温度为40～41℃。发热后2～3d，病羊出现腹泻或下痢（图3–1），导致脱水，进而消瘦、虚脱、皮毛暗淡无光。病羊起初勉强可以采食，随后越来越沉郁，发病后第2天食欲缺乏，可持续1周左右。

图3-1 发病羊严重腹泻
（国家外来动物疫病研究中心）

病羊眼和口腔黏膜充血（图3–2）。发病初期眼鼻分泌物严重，逐渐成脓性，可黏住眼睑或部分堵塞鼻腔（图3–3）。在此阶段，呼吸变得困难，可见明显的肺炎症状，如带有嘈杂声的呼吸、湿性和有痰咳嗽，从而引起头颈伸张、鼻孔扩张、舌头伸出、咳嗽费力等表现，因而预后不良。随着病情发展，口、鼻和眼部形成结痂。发热持续4～5d后体温便开始下降，此时口腔部位包括牙床、硬腭、脸颊内侧、舌的背部和嘴唇四周出现大量坏死病变。口腔黏膜和邻近的扁桃体表面

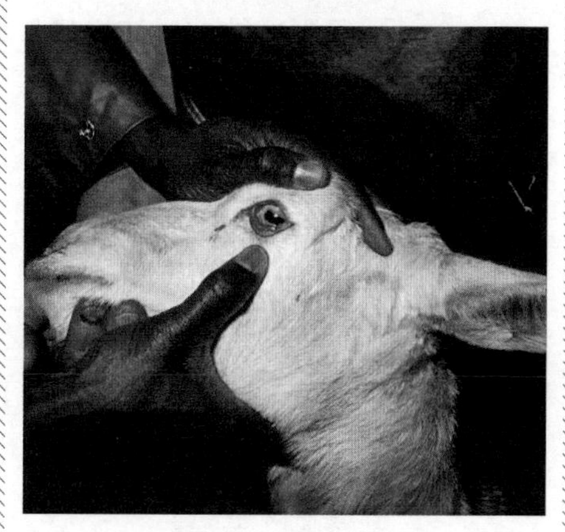

图3-2 眼黏膜充血
（引自FAO网站）

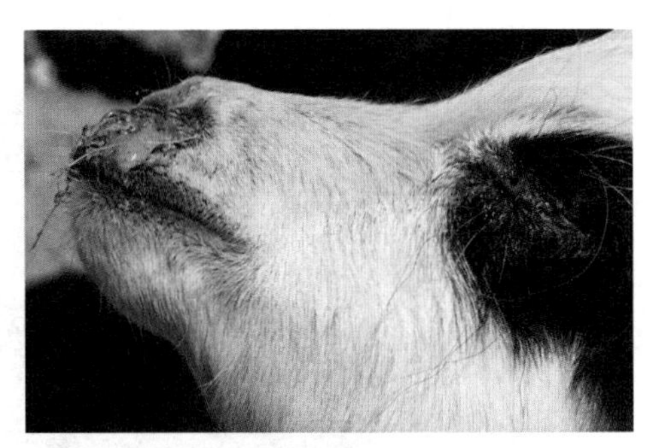

图 3-3 发病羊鼻和眼分泌脓性物质，鼻孔堵塞，眼睑粘连而难以睁开眼
（国家外来动物疫病研究中心）

覆盖有纤维素性渗出物和斑块，在重症病畜则呈干酪样物。因疼痛，病羊不愿张开嘴巴。剥离坏死组织可见浅表不规则的非出血性溃烂病变。呼吸时，病羊散发出恶心和恶臭的气味[3-5]。此外，母畜的阴户和阴道黏膜可见类似病变，怀孕母羊出现流产[3]。动物在发病后10～12d内出现死亡，死亡率70%～80%。幸存的动物可在1周或数周内完全康复，并获得坚强免疫力。

三、亚急性型

亚急性型PPR的潜伏期为6d。动物感染不严重，缺乏PPR的特征性症状，死亡率也很低，甚至无死亡。病畜出现39～40℃的中度高热，仅持续1～2d。腹泻较轻，持续2～3d。黏膜分泌物不多，在嘴唇和鼻孔周围可形成结痂，该症状与羊口疮相似[3]。病羊通常在10～14d内康复，获得足够免疫力保护其免受PPR的再次侵袭，并且康复母畜也可以为其后代提供至少分娩后前三个月的保护期。

四、亚临床型

亚临床型PPR偶见于绵羊和山羊的自然感染病例，也可见于大型反刍动物如水牛的自然感染病例。动物感染后可检测到PPRV抗体，但不表现临床症状。

第二节 剖检病变

PPR的剖检病变主要出现在口腔黏膜、呼吸道黏膜、消化道黏膜及肺部。病变严重程度与病毒毒力、动物品种、年龄等因素相关。

口腔病变由溃疡变为坏死，或者两者同时存在。常见口腔黏膜、咽、上食道、皱胃和小肠黏膜溃烂。尤其是牙床、硬腭（图3–4）、颊部乳头区和舌的背部，成为口腔内主要的病变部位。有的病例还会在舌背面形成一层黄白色的假膜病变（图3–5）。在盲肠、近侧结肠和直肠

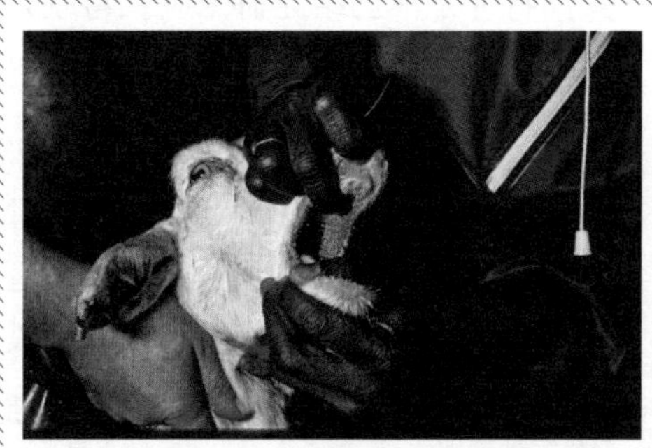

图 3-4 发病羊口腔硬腭处出现溃疡
（引自 FAO 网站）

图 3-5 发病羊舌背面形成一层黄白色的假膜
（引自 FAO 网站）

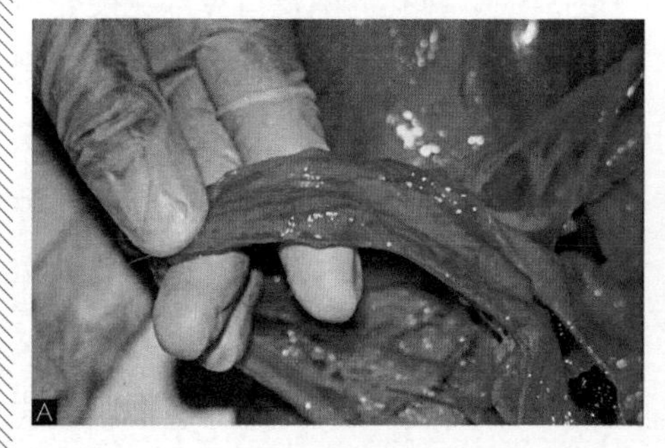

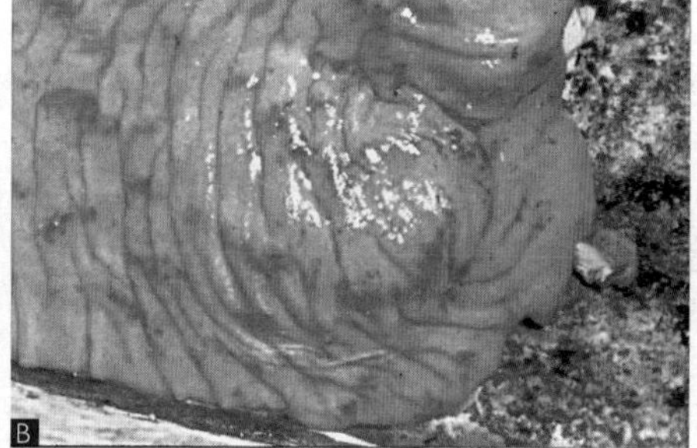

图 3-6 发病羊大肠出现斑马状条纹出血
（引自 FAO 网站）

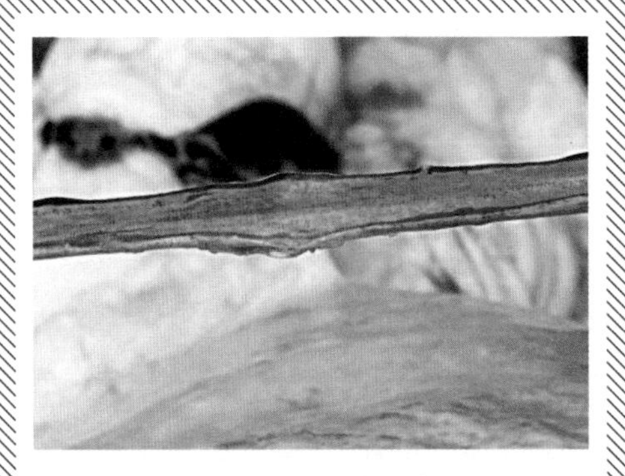

图3-7 发病羊肠道中度出血
（国家外来动物疫病研究中心）

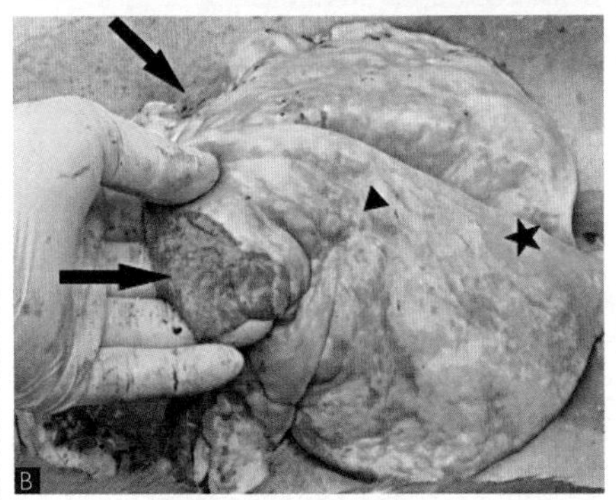

图3-8 A表示发病羊肺部严重充血和实变（黑色三角形）；B表示发病羊肺尖叶严重充血（黑色箭头），肺的其他部位也见充血（黑色五角星），且见肺实变（黑色三角形）
（国家外来动物疫病研究中心）

的纵向上出现的严重出血病变，即斑马状条纹出血（图3–6），是PPR的特征）性剖检病变。然而，有些病例并不一定出现该特征性病变，如作者参与2007年西藏PPR疫情调查发现，所有剖检病例均未出现斑马状条纹出血病变，而只见轻微或中度出血（图3–7）。这可能受到病毒毒力、动物品种等因素的影响。另外，回盲瓣出血明显，整个肠道黏膜充血、水肿和溃疡。其中PPR的一个共同特征是淋巴结充血水肿，特别是肠系膜和咽后淋巴结以及肠相关淋巴组织[3,4]。

最为共性的剖检病变是肺尖叶和心叶出现严重充血、实变以及纤维素性或化脓性肺炎（图3–8）。鼻孔和气管黏膜充血、溃烂和多灶性溃疡，并伴有泡沫样/纤维素性渗出物（图3–9）。鼻孔周围及口鼻部见硬壳结痂物和纤维素性及脓性鼻分泌物。剥离硬壳结痂物，皮肤呈溃疡和出血病变[6]。另一明显病变特征是脾脏肿大。肝偶尔见经典的灰白色局灶性坏死病变。

在发病急性期，感染动物血涂片可见白细胞增多，然后逐渐发展成白细胞减少症。

图 3-9　发病羊气管黏膜充血，黏膜上有一层纤维素性分泌物
（国家外来动物疫病研究中心）

第三节　病理变化

PPR的特征性病理变化主要位于口腔黏膜、肺和肠黏膜，这些部位的上皮细胞发生病变，形成充满多核合胞体细胞的嗜酸性包涵体。根据疫病严重程度和细菌继发感染情况，PPR病理变化形式多样[7]。

一、口腔

口腔黏膜见充血和糜烂性溃疡。溃疡区域有大量的多核细胞（细胞核2～10个）和嗜酸性胞质包涵体[6]。口腔复层扁平上皮出现局灶性变性和坏死。棘细胞层肿胀、苍白和液泡化，并可见细胞间连接松散。一些细胞出现嗜酸性核内包涵体。上皮下组织水肿、充血，并可见单核细胞浸润。舌头可见相似的病变[8]。有些严重病例的舌头、口腔、嘴唇和硬腭黏膜可出现上皮细胞坏死和水样变性病变，从而导致上皮层糜烂，伴随固有层中性粒细胞浸润。在水样变性严重的部位，上皮细胞中含有无固定形态的嗜酸性胞质内包涵体。另外，上皮组织可见多核巨细胞[3]。

二、肺脏

常见多灶性肺炎病变、溃疡和坏死，接着可见Ⅱ型肺泡细胞增生，多数情况下终归形成合胞体细胞[9, 10]。支气管上皮呈鳞状细胞化生，并见肥大变性和纤毛细胞缺失，同时伴有单核炎性细胞浸润（图3-10）。上皮巨细胞见核内包涵体。肺泡病变以出现大型肺泡巨噬细胞和不同大小的含几个至50多个核的合胞体细胞为特征。一些合胞体细胞表现为嗜酸性核内包涵体。肺泡内皮细胞（肺细胞）突出（骰状），并有增生现象[8]。肺泡间质见淋巴细胞、浆细胞和组织细胞组成的单核炎性细胞浸润，进而导致间质肥大和脱落，形成肺泡内脱落物（图3-11），最终成为呼吸道分泌物[9]。支气管上皮变性坏死，常见脱落于管腔内。恢复的支

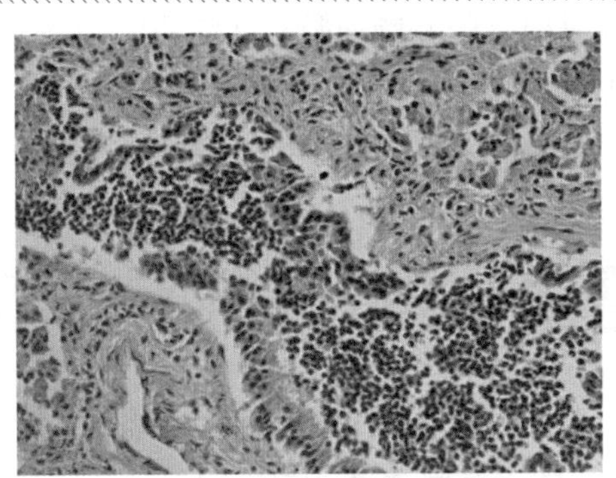

图 3-10　发病羊的肺支气管充满单核炎性细胞（200×）
（国家外来动物疫病研究中心）

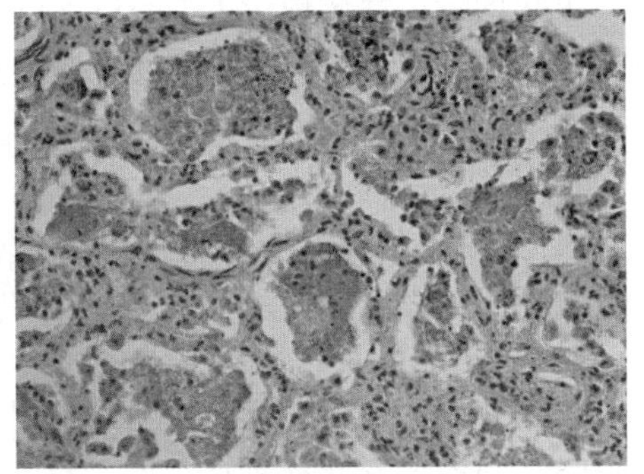

图 3-11　发病羊的肺泡腔充满浆液、炎性细胞及脱落的肺泡上皮细胞；肺泡间质见单核炎性细胞浸润，且间质增厚（200×）
（国家外来动物疫病研究中心）

气管上皮细胞呈增生性病变。多数病例见肺泡间质增生并发浆液性纤维素渗出，同时伴有大量中性粒细胞浸润。有些还可见伴有中性粒细胞浸润的扁平细胞转化现象。

三、胃肠道

有些病例瘤胃和皱胃见液泡和水样病变，同时在黏膜上皮细胞内见胞质内包涵体[6]。肠黏膜病变包括局灶性溃疡、水肿和充血。在自然感染和试验感染的PPR病例中，肠道均可见一些明显的病变现象，如肠绒毛萎缩、派伊氏淋巴小结的淋巴细胞减少、肠腺肿胀（伴有细胞碎片）、固有层巨噬细胞和淋巴细胞浸润。肠固有层出现轻度至中度的单核细胞浸润，如浆细胞浸润。肠道常见中度至重度的血管充血。杯状细胞突出，充满黏液。肠绒毛长度缩短，且成钝形。肠道黏膜下呈不同程度的水肿病变。大肠黏膜和黏膜下血管见充血和单核细胞浸润，还见局灶性溃疡区。显微镜下可见增生性息肉，主要由肥大的杯状细胞引起。另外，肠道派伊氏淋巴小结的淋巴细胞缺失，肠隐窝中有细胞脱落物[9]。

四、淋巴组织

扁桃体腺窝上皮有大量的胞质内包涵体[6]。淋巴结最为显著的病理特征是淋巴窦变大，且充满肥大的内皮细胞。皮质小结（cortical nodule）被宽大的窦状隙替代，仅见很少的淋巴细胞。在嗜酸性玻璃样斑块间，病变特征是小梁局灶性坏死，淋巴小结代以宽大的窦状隙，淋巴细胞少见。脾见急性脾炎。脾小梁和被膜见单核细胞浸润。在严重充血的脾髓内，可见网状内皮细胞增生和无定形嗜酸性胞质的巨噬细胞（macrophages with amorphous eosinophilic cytoplasm），还可见浆细胞和巨细胞。窦状隙增大，充满肥大细胞。最明显的特征是细胞呈急性坏死，以及白髓呈急性坏死，并见淋巴细胞缺失，在一些白髓的生化中心见巨噬细胞浸润[9]。电镜下可见特征性的病毒包涵体，包涵体中可清晰观察到各种生长阶段的病毒粒子（图3–12）。

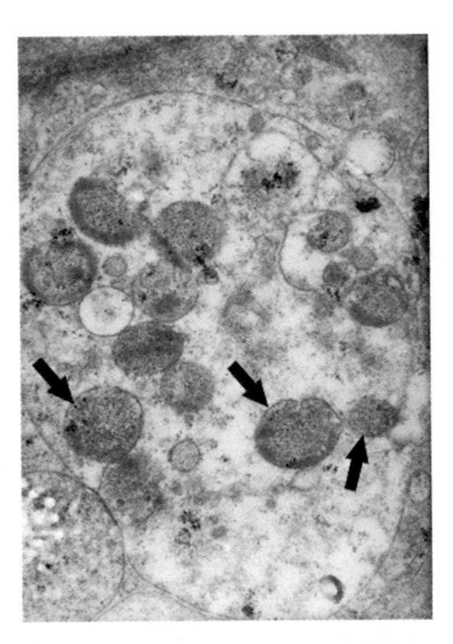

图 3-12 发病羊淋巴组织中的病毒包涵体电镜图，不同成熟阶段的病毒粒子（黑色箭头）清晰可见（25 000×）
（国家外来动物疫病研究中心）

五、肝脏

在肝脏发生病变的病例中，因肝细胞肿大而致使窦状隙变窄，肝细胞见局灶性坏死，坏死肝细胞见核固缩。肝细胞内还见嗜酸性核内包涵体。门静脉周围见纤维变性[9]。有些病例的肝细胞肿胀，呈苍白和细微颗粒性胞质变性，此外，肝索断裂和肝门区胆管出现上皮增生[8]。肝偶见广泛性门静脉周窦状腺肝细胞凝固性坏死和罕见钙化。在坏死区域，2～6个肝细胞融合形成多核细胞，肝细胞和多核细胞还可见嗜酸性核内包涵体[6]。

六、肾脏

肾近曲小管的上皮层细胞肿胀，偶见内腔闭塞。细胞质出现较多的颗粒性物质。髓质层的肾小球和肾小管未见任何明显病变[8]。肾盂的过渡型上皮细胞可见液泡变性和嗜酸性包涵体[6]。

七、心脏

有些病例可见心肌细胞断裂，呈玻璃样变性，并伴有淋巴细胞和巨噬细胞浸润[6]。

类症鉴别

当PPR首次暴发时，仅仅依靠发热和大体的临床症状，非常容易误诊为牛瘟、口蹄疫、蓝舌病、羊传染性胸膜肺炎或羊传染性脓疱病等疫病[11-13]。只有结合流行病学调查和实验室诊断，才能最终确诊疫情，进而避免因误诊而带来的损失。在实践中，PPR常常容易与下列疫病相互混淆。

一、牛瘟

2011年，世界动物卫生组织宣布全球消灭了牛瘟。然而，在过去，PPR发生国家常常也是牛瘟流行的国家，因此PPR疫情容易误诊为牛瘟。事实上，牛瘟主要感染大型反刍动物，如黄牛和水牛，而PPR主要引起小型反刍动物（绵羊和山羊等）发病。PPR会引起大型反刍动物呈亚临床感染，血清学反应呈阳性，但无明显的临床症状。

二、口蹄疫

口蹄疫（FMD）不是呼吸系统疾病，因此动物患FMD后没有呼吸系统的症状。然而，在PPR病例中，呼吸系统症状是非常明显和普遍的症状。腹泻症状在FMD通常不会出现，而在PPR则是常见的症状。口蹄疫病毒会引起感染动物的蹄部出现病变，而PPR不会引起蹄部病变。虽然两种病毒均可导致幼龄羔羊发病严重，但是FMD引起的死亡比PPR的更加强烈和突然。FMD和PPR最为共性的特征是嘴唇病变。FMD引起的嘴唇病变尺寸非常小，不会堵塞口腔，而且不会产生难闻的气味。然而，PPR的口部病变非常明显，不仅妨碍采食，而且常会产生难闻的气味。

另外，绵羊FMD比山羊的多见，而PPR正好相反。

三、蓝舌病

蓝舌病和PPR均可出现高热、口腔病变和分泌物明显的症状，但蓝舌病还常见头部水肿，以及口腔（特别是舌头）、蹄部冠状带、躯体少毛部位出现蓝变。此外，蓝舌病最终会导致严重跛行。如果小反刍动物同时患蓝舌病和PPR，临床症状变得复杂，则需要借助分子诊断技术来证实感染何种疫病。

四、羊传染性胸膜肺炎

羊传染性胸膜肺炎（CCPP）与PPR具有一些相似的症状，如呼吸困难和咳嗽，但CCPP没有口腔病变和腹泻症状。另外，CCPP主要感染山羊（绵羊通常不会感染），而PPR既感染山羊，也感染绵羊。在CCPP，肺部病变更为广泛，胸腔充满纤维素性液体，肺与胸壁粘连。在PPR，最为常见的肺部病变出现在尖叶和心叶，表现为严重充血、实变、纤维素性或化脓性肺炎，而通常看不到肺与胸腔的纤维素性粘连现象。

五、羊传染性脓疱病

羊传染性脓疱病又名羊口疮和传染性唇皮炎。它与PPR在口部形成的结痂病变比较相似，容易混淆。然而，羊传染性脓疱病缺乏口部坏死病变、腹泻和肺炎症状。

六、内罗毕羊病

在东非，PPR容易与内罗毕羊病相混淆。与PPR相比，内罗毕羊病的口腔病变要么没有，要么很轻微。此外，内罗毕羊病主要分布在具尾扇蜱出没的地方。

七、腹泻综合征

球虫或胃肠寄生虫侵染绵羊和山羊，以及大肠杆菌和沙门菌引起的小羊和羊羔的细菌性肠炎，都会导致严重腹泻，该症状会与PPR的腹泻相混淆。然而，这些腹泻病症缺乏PPR的典型症状，如呼吸系统和口腔结痂的症状。

八、肺型巴氏杆菌病

正如肺型巴氏杆菌病的名字一样，它是一种专门侵袭呼吸道的疾病，主要引起肺炎症状。肺尖叶和心叶充满暗红色斑点，触摸呈坚硬样。在正常病例中，消化道不会感染，因此口部病变和腹泻症状不会出现，而在PPR感染中是常见的。然而，在一些口部病变和腹泻不太明显的PPR病例中，会导致难以鉴别，此时需要借助分子诊断技术如PCR或细胞培养技术。此外，PPR的死亡率和发病率比肺型巴氏杆菌病的要高。

九、心水病

心水病是发生在撒哈拉沙漠以南非洲国家的一种动物疫病。与PPR一样，心水病引起消化系统和呼吸系统症状，因此难以鉴别，需考虑应用其他鉴别诊断方法。心水病既可以导致小型反刍动物（绵羊、山羊）感染发病，也会使大型反刍动物（黄牛、水牛）感染发病，而PPR只引起小型反刍动物临床发病。此外，在严重病例中，心水病可能引起神经性症状，而在PPR该症状不明显。

第五节 动物接种试验案例

一、摩洛哥野毒株动物接种试验案例[14]

（一）毒株

经过Vero细胞5次传代培养的摩洛哥野毒株，属于第Ⅳ谱系。

（二）实验动物

12只4～6月龄阿尔卑斯山羊，分成3组，每组4只。

（三）接种方法

一组为静脉接种，一组为鼻内接种，另一组为皮下接种。

（四）接种量

均为5.1 log的$TCID_{50}$（半数组织培养感染剂量）。

（五）临床症状

三组接种山羊表现出的临床症状包括高热、厌食、行为改变、鼻分泌物、流涎、腹泻，以及急性呼吸综合征如呼吸困难、咳嗽、打喷嚏。当出现非常严重的临床症状时，病羊以安乐死方法处死。

静脉接种组：在接种后第3天有3只山羊出现中等临床症状，1只表现为轻微症状；接种后第6天，有1只表现为非常严重的症状；第8天，又有2只表现为非常严重的临床症状，另1只表现为严重的临床症状，而后该病羊在第14天症状有所减轻。

鼻内接种组：在接种后第3天1只无症状，1只出现中等临床症状，其他2只出现轻微症状；在接种后第8天，有2只表现为非常严重的临床症状，另2只表现为严重的症状；2只严重症状的山羊，其中有1只在第9天发展为非常严重的临床症状，另1只在第13天发展为非常严重的症状。

皮下接种组：在接种后第3天2只无症状，2只出现轻微症状；在接种后第8天，均表现为中等临床症状；随后，症状越来越轻，在第14天时，均表现为轻微症状。皮下接种组可能通过皮肤刺激产生早期免疫反应，从而使接种羊的临床症状较轻，并逐渐康复。

无论哪种接种方式，山羊临床症状的严重程度都在接种后的6d内呈上升态势。皮下接种组的临床症状比静脉接种组和鼻内接种组的要轻微，而后两组的临床症状均很严重，且无明显差异。

二、印度Izatnagar/94毒株动物接种试验案例[8]

（一）毒株

印度PPR/Izatnagar/94毒株，属于第Ⅳ谱系。

（二）实验动物

15只12月龄的印度山羊。

（三）接种方法

皮下接种。

（四）接种量

2mL10%脾脏匀浆液（来自PPR感染动物）。

（五）临床症状

所有接种羊在接种后4～5d直肠温度几乎升高了1℃。发热一直持续到山羊死亡，且有些病羊的体温超过41℃。在此期间，病羊通常表现为无精打采、消沉和厌食，并可见黏膜充血。相关的症状还有打喷嚏、咳嗽、呼吸困难，以及鼻和口腔呈多发性糜烂。虽然后肢部位可见软粪引起的污渍，但腹泻并不明显。在接种后第9天开始出现死亡，到第13天仅有2只山羊存活，最后分别死亡在第16天和第21天。这2只山羊在生命后期，均出现直肠温度升高，直到死亡。

（六）剖检病变

几乎所有接种羊的口腔黏膜充血，大约60%的接种羊的嘴唇和舌头出现轻微糜烂。皱胃充血，偶见黏膜出血。大部分接种羊的小肠、盲肠和结肠末端呈现轻度至中度充血。超过80%的接种羊的肠系膜淋巴结肿胀和水肿。肺充血，尖叶实变，并见右心叶有明显的粘连。鼻黏膜充血，气管见血色泡沫状渗出液。

（七）组织病理

1. 消化道

口腔复层扁平上皮出现局灶性变性和坏死。棘细胞层肿胀、苍白和液泡化，并可见细胞间连接松散。一些细胞出现嗜酸性核内包涵体。上皮下组织水肿、充血，并可见单核细胞浸润。舌头可见相似的病变。大部分接种羊的肠固有层出现轻度至中度的单核细胞浸润，如浆细胞浸润。另外，还可见中度至重度的血管充血。肠道杯状细胞突出，充满黏液。肠绒毛长度缩短，且成钝形。派伊氏小结均出现淋巴细胞缺失区，与淋巴结观察到的现象类似。消化道均出现不同程度的黏膜下水肿。此外，大肠黏膜和黏膜下血管充血，并可见单核细胞浸润。

2. 淋巴器官

肠系膜淋巴结出现不同程度的淋巴细胞缺失，尤其是皮质淋巴滤泡。60%的接种羊有严重的淋巴细胞缺失现象，而20%的呈中度缺失。缺失区苍白，缺乏成熟的淋巴细胞，可见大型的网状细胞。未破坏的淋巴细胞集中在缺失区的外周。在一些接种羊可见淋巴细胞核碎裂（凋亡细胞）。淋巴器官的血管充血、水肿，并在髓质区可见大量多核细胞浸润。脾脏病变没有肠系膜的严重。

3. 肺

所有接种羊的肺出现不同程度的组织病变，包括支气管、细支气管和肺泡部。肺泡病变以出现大型肺泡巨噬细胞和不同大小的含几个至50多个核的合胞体细胞为特征。一些合胞体细胞表现为嗜酸性核内包涵体。肺泡内皮细胞（肺细胞）突出（骰状），并有增生现象。组织细胞增生导致肺泡间隔变厚。支气管上皮变性坏死，常见脱落于管腔内。恢复的支气管上皮细胞呈增生性病变。57%的接种羊肺泡间质增生并发浆液性纤维素渗出，同时伴有大量中性粒细胞浸润。

4. 其他器官

肝细胞肿胀，呈苍白和细微颗粒性胞质变性。窦状隙呈不同程度的增大，肝索断裂。肝门区胆管出现上皮增生。肾近曲小管的上皮层细胞肿胀，偶见内腔闭塞。细胞质出现较多的颗粒性物质。髓质层的肾小球和肾小管未见任何明显病变。

三、其他毒株的动物接种试验案例[15]

（一）毒株

第Ⅰ谱系的Côte d'Ivoire（CI89）、Guinea Conakry V5（GC）和Bissau Guinea RM（BG），第Ⅱ谱系的Nigeria 75/1（Nig 75/1），第Ⅲ谱系的Sudan–Sennar（SS），以及第Ⅳ谱系的India–Calcutta（IC）。

（二）实验动物

30只2～3岁的西非矮山羊。

（三）接种方法

皮下接种。

（四）接种量

1mL浓度为10^3TCID$_{50}$的病毒悬液。

（五）临床症状

无论接种哪种病毒，潜伏期2～7d后均出现发热症状，体温为39～41℃。高热状态维持4～10d。除CI89毒株组接种后第4天出现眼鼻分泌物，持续期为3～7d外，其他接种组均在第6天出现，且持续期不超过3d。CI89毒株组在第5天出现口腔溃疡和坏死病变，BG毒株组则在第6天出现。30只接种山羊中有25只出现腹泻症状，并且死亡23只。然而，Nigeria 75/1毒株组未见口腔病变，但有2只山羊出现鼻分泌物，3只出现腹泻。

CI89、GC、BG和IC毒株组的死亡率为100%，SS毒株组的为60%，而Nigeria 75/1毒株组的为0。CI89、GC和BG毒株组表现为特急性型发病特征，而IC毒株组虽然死亡率达100%，但其临床症状比其他三组的要轻一些。

（六）剖检病变

剖检发现，除Nigeria 75/1毒株组外，均有皱胃和大肠斑马状条纹出血、肺充血和支气管肺炎病变，以及口腔糜烂。

参考文献

[1] KULKARNI D D, BHIKANE A U, SHAILA M S, et al. Peste des petits ruminants in goats in India [J]. Vet Rec, 1996,138(8): 187–188.

[2] DIALLO A. Control of peste des petits ruminants and poverty alleviation? [J]. J Vet Med B Infect Dis Vet Public Health, 2006,53 Suppl 1: 11–13.

[3] ABDOLLAHPOUR G, RAOOFI A, NAJAFI J, et al. Clinical and Para-clinical Findings of a Recent Outbreaks of Peste des Petits Ruminants in Iran [J]. J Vet Med B Infect Dis Vet Public Health, 2006,53 Suppl 1: 14–16.

[4] BUNDZA A, AFSHAR A, DUKES T W, et al. Experimental peste des petits ruminants (goat plague) in goats and sheep [J]. Can J Vet Res, 1988,52(1): 46–52.

[5] HAMMOUCHI M, LOUTFI C, SEBBAR G, et al. Experimental infection of alpine goats with a Moroccan strain of peste des petits ruminants virus (PPRV) [J]. Vet Microbiol, 2012, 160(1–2): 240–244.

[6] KUL O, KABAKCI N, ATMACA H T, et al. Natural peste des petits ruminants virus infection: novel pathologic findings resembling other morbillivirus infections [J]. Vet Pathol, 2007, 44(4): 479–486.

[7] AL-DUBAIB M A. Peste des petitis ruminants morbillivirus infection in lambs and young goats at Qassim region, Saudi Arabia [J]. Trop Anim Health Prod, 2009,41(2): 217–220.

[8] KUMAR P, TRIPATHI B N, SHARMA A K, et al. Pathological and immunohistochemical study of experimental peste des petits ruminants virus infection in goats [J]. J Vet Med B Infect Dis Vet Public Health, 2004,51(4): 153–159.

[9] ARUNI A W, LALITHA P S, OHAN A C, et al. Histopathological study of a natural outbreak of peste des petitis ruminants in goats of Tamilnadu [J]. Small Rumin Res, 1998,28: 233–240.

[10] YENER Z, SAGLAM Y S, TEMUR A, et al. Immunohistochemical detection of peste des petits ruminants viral antigens in tissues from cases of naturally occurring pneumonia in goats [J]. Small Rumin Res, 2004,51(3): 273–277.

[11] ROSSITER P B. Peste des petits ruminants [M]// Coetzer JAW, Tustin RC. Infectious diseases of livestock, 2nd.ed. Cape Town: Oxford University Press,2004: 660–672.

[12] FAO. Recognizing Peste des Petits Ruminants, A field manual FAO Corporate document repository [J]. http://www.fao.org/docrep/003/x1703e/x1703e00.htm, 2008.

[13] FERNANDEZ P,WHITE W. Atlas of transboundary animal diseases [M]. Paris: The World Organisation for Animal Health (OIE), 2010.

[14] EL HARRAK M, TOUIL N, LOUTFI C, et al. A reliable and reproducible experimental challenge model for peste des petits ruminants virus [J]. J Clin Microbiol, 2012, 50(11): 3738–3740.

[15] COUACY-HYMANN E, BODJO C, DANHO T, et al. Evaluation of the virulence of some strains of peste-des-petits-ruminants virus (PPRV) in experimentally infected West African dwarf goats [J]. Vet J, 2007,173(1): 178–183.

第四章

免 疫 学

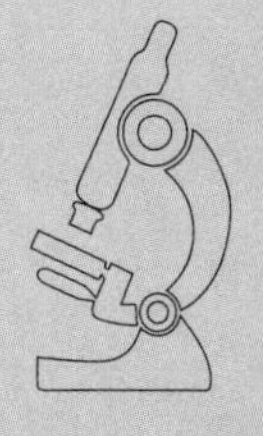

包括小反刍兽疫病毒（PPRV）在内的麻疹病毒属成员均可引起高度免疫抑制，但不论是疫苗免疫还是自然野毒感染，均可通过细胞免疫和体液免疫介导宿主产生有效的免疫应答，甚至可对动物再感染提供终生保护，很多研究表明这种保护作用与病毒的谱系有关。目前已经鉴定了一些核衣壳蛋白和血凝素–神经氨酸酶蛋白上的T细胞表位和B细胞表位，这些表位的确定为了解PPRV的体液免疫和细胞免疫机制提供了重要基础，同时也有助于建立区分疫苗免疫和野毒感染的策略和方法。目前，PPRV还缺少一个适宜的反向遗传系统来帮助理解这种机制。有一些研究介绍了在PPRV人为感染和自然感染动物中诱导的细胞凋亡、免疫抑制、细胞因子反应以及所出现的血液学和生物化学变化。本章将就上述研究内容进行回顾和讨论。

第一节 被动免疫

被动免疫是指机体通过获得外源性免疫分子（如抗体）或免疫效应细胞而获得的免疫力。包括天然被动免疫和人工被动免疫两方面。其中母源免疫是属于天然被动免疫的情况，即母源抗体在妊娠期间通过胎盘传给胎儿或新生动物通过初乳获得。由于动物在生长发育早期（如胎儿和幼龄动物），免疫系统不健全，对病原体感染的抵抗力较差，通过获取母源抗体可在一定时间内得到免疫保护。然而，母源抗体的存在也有其不利的一面，可通过干扰弱毒疫苗对幼龄动物的免疫效果而导致免疫失败。新生羔羊不能通过胎盘获得母源抗体，只能通过初乳获得。初乳中PPRV母源抗体水平的高低取决于怀孕母羊曾经受到的PPRV感染强度或疫苗接种所产生的保护力的高低。Libeau等[1]的研究表明，哺乳羔羊通过初乳获得被动免疫的保护期可维持3～4个月。通过病毒中和试验能

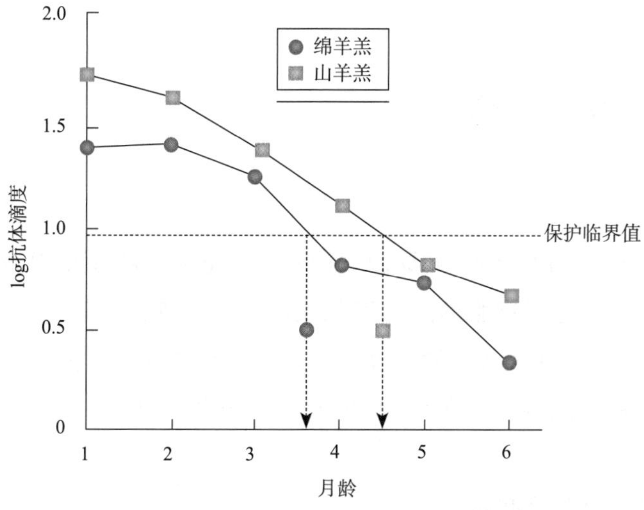

图 4-1 绵羊羔和山羊羔 6 月龄内的母源抗体水平
（来自 Awa 等，2002 年）

检测到4月龄羔羊的母源抗体，而通过竞争ELISA（cELISA）方法只能检测到3月龄羔羊的母源抗体。并且，不同品种羊的母源抗体水平也有差异。Awa等[2]利用病毒中和试验对23只山羊羔和26只绵羊羔的母源抗体水平进行检测，结果表明，绵羊羔的母源抗体保护期为3.5个月，山羊羔则在4.5个月内仍能得到有效保护（图4–1）。根据本试验结果建议绵羊和山羊PPRV疫苗的首免日龄可分别设定为4月龄和5月龄。但后来Bodjo等[3]对妊娠期进行过2次PPRV疫苗免疫的母羊产下的112只绵羊羔的母源抗体进行了cELISA检测，结果显示，分别有70%和95%的羔羊在出生后2.5个月和3个月检测为阴性，所以认为山羊和绵羊应该在2.5 ~ 3月龄免疫才能获得有效的保护力。这两个研究结果的差异可能是源于抗体检测方法的不同，前者采用的是病毒中和试验，后者采用的是cELISA试验。要正确评估新生羔羊的首免日龄，最理想的方法是使绵羊和山羊同时怀孕，以保证新生羔羊的免疫状态一致，从而在相同条件下进行抗体水平的监测。此外，应同时应用病毒中和试验和cELISA方法来分别检测中和抗体和针对PPRV的N蛋白的抗体。

主动免疫

主动免疫是由入侵的病原微生物或疫苗免疫引起的保护性反应，并通过诱导免疫记忆细胞的产生使免疫机体获得较长的免疫期。主动免疫一般包括细胞免疫和体液免疫两方面，可通过感染病原（如自然感染PPRV野毒株）或接种疫苗（如免疫PPRV弱毒苗）获得。

一、PPRV的细胞免疫

感染PPRV或免疫PPRV疫苗都可引起有效的细胞免疫和体液免疫效应。作为异源苗的牛瘟疫苗也能对PPRV感染起到良好的保护作用，反之，PPRV疫苗也可对牛瘟病毒（RPV）感染提供良好的保护力。一篇针对RPV的H蛋白和F蛋白的研究表明，这些蛋白能抵抗PPRV的攻击，但病毒中和抗体只是针对RPV[4]。Sinnathamby等[5]研究了针对PPRV的一个重组H蛋白的免疫反应，结果显示，免疫山羊针对该蛋白既能产生体液免疫，也有细胞免疫反应。而且，产生的抗体既能跟PPRV也能跟RPV发生体外中和反应。另一方面，Romero等[6]的研究表明，针对RPV的重组痘苗病毒产生的H和F蛋白不能诱导产生针对PPRV的中和抗体，但能保护PPRV的临床感染。所有这些研究结果预示针对PPRV最重要的免疫反应是细胞免疫，中和抗体是否发挥作用取决于免疫策略。Mitra–Kaushik等[7]用另外的方法对此进行了研究。他们将RPV和PPRV的重组N蛋白注射到小鼠体内，研究了其抗体产生情况和细胞免疫情况，结果显示细胞免疫既具有抗原特异性，也能引起两种病毒的交叉反应。通过对小鼠动物模型和自然感染宿主的进一步研究发现，RPV和PPRV存在一个共同的T细胞表位[7]，这个表位在所有的麻疹病毒属成员中高度保守，由此可以解释RPV和

PPRV的交叉保护作用。此外，RPV的H蛋白和PPRV的H蛋白含有保守的T细胞表位[8]，分别位于保守性很高的N–末端（123 ~137位氨基酸）和C–末端（242 ~ 609位氨基酸）。

二、PPRV的体液免疫

免疫与感染均能诱导产生高水平抗体。然而，正如前所述，抗体似乎只对同源病毒具有保护作用，这意味着B细胞表位并非在所有麻疹病毒属成员中均保守。很多学者对这一现象进行了研究。Choi等[9]确定了N蛋白上的主要B细胞表位域，提出将*N*基因分成4个主要抗原区，分别命名为A–Ⅰ、A–Ⅱ、C–Ⅰ和C–Ⅱ。Renukaradhya等[10]也通过4株单克隆抗体确定了H蛋白上的2个存在构象依赖性的B细胞表位域：263 ~ 368位氨基酸和538 ~ 609位氨基酸，通过H蛋白功能域的描述评估了这些单克隆抗体抑制神经氨酸酶活性和血凝活性的能力。这4株单克隆抗体分别代表了H蛋白上的4个区域，其中一株能与RPV出现强烈交叉反应（+++），一株出现轻微交叉反应（++），一株出现极微弱反应（+），一株无任何反应（–）。这表明PPRV与RPV的交叉反应非常弱，由此也可以说明中和抗体不发挥作用的原因。

第三节 B 细胞和 T 细胞表位

淋巴细胞是一类在保护机体抵抗病原入侵方面发挥基本作用的白细胞，并在调节细胞免疫和体液免疫中发挥重要作用。其中由骨髓多能干细胞分化而来的T、B淋巴细胞是主要的免疫细胞。来源于骨髓的T细胞的前体细胞到达胸腺，并在胸腺中分化和发育为具有功能的成熟T淋巴细胞，然后进入淋巴结、脾脏等外周免疫器官，主要参与细胞免疫，当有病原侵入时，辅助性T细胞（Th细胞）首先活化，产生细胞因子。此外，另一种类型的T细胞——细胞毒性T细胞（CTL）能产生大量毒性颗粒酶进入病毒感染的靶细胞。无论是细胞因子还是颗粒酶均能诱导感染细胞的死亡（图4-2）。另一方面，哺乳动物的B细胞的前体细胞仍然在骨髓中发育为具有功能的成熟B淋巴细胞，并进入外周淋巴器官，当受到相应抗原刺激时，能活化增殖产生针对相应病原的特异性抗体，这些抗体具有较强的中和外来病原（如PPRV）的能力。除了这些直接作用

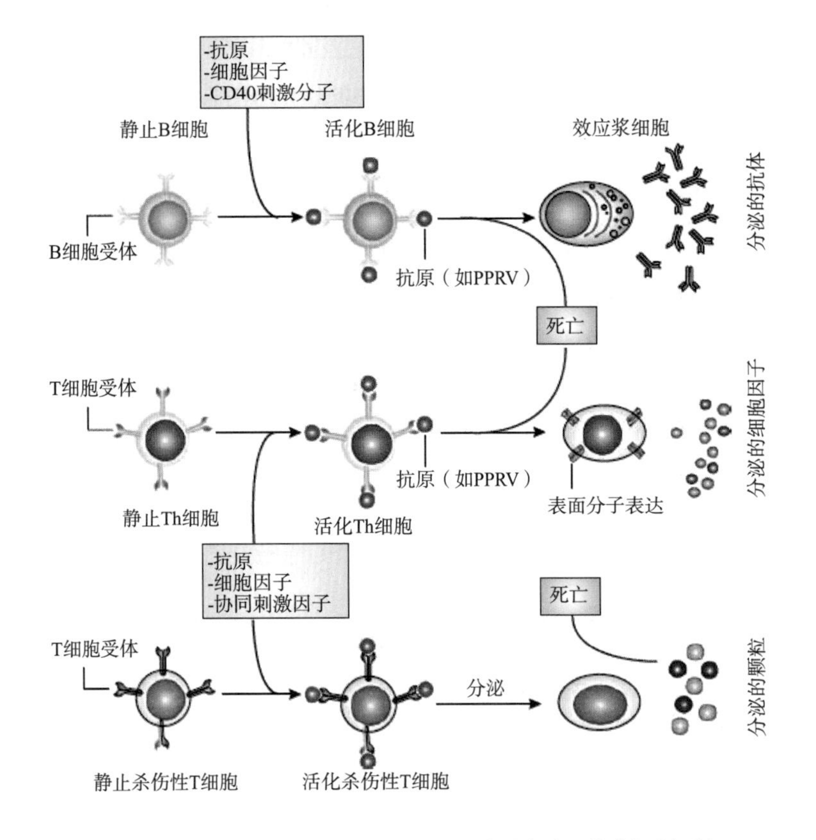

图 4-2　T、B 淋巴细胞的活化及其诱导的细胞免疫和体液免疫机制
引自：M.Munir et al. Molecular Biology and Pathogenesis of Peste des Petits Ruminants Virus，2013

外，活化的T细胞和B细胞还能形成记忆细胞，在再次接触相同病原时能激活针对该病原的快速免疫应答反应[11, 12]。因此，研究T细胞和B细胞表位的分布情况（这也是病毒蛋白上对T、B淋巴细胞具有刺激作用的最短的免疫显性序列），对设计高效的重组疫苗具有十分重要的意义。而且，鉴定PPRV的表位域可为建立适宜方法用于流行病学调查、疾病监测和监视动物免疫状态奠定良好基础，以便对疾病做出早期诊断。此外，T、B淋巴细胞表位的鉴定对DIVA（区分感染动物与疫苗免疫动物）策略的实施也是必不可少的。尽管在确定PPRV不同蛋白上的细胞表位上还有大量工作要做，但关于PPRV表位方面的研究仍然是值得去探索的。有很多报道表明PPRV的抗原表位主要位于HN、F和N蛋白上。此外，对其他麻疹病毒属成员如麻疹病毒、牛瘟病毒、犬瘟热病毒的研究表明，T、B淋巴细胞表位在麻疹病毒属中具有一定的保守性。这些研究基础对研究PPRV蛋白功能具有重要的指导意义，在了解蛋白功能的基础上也将有助于PPRV亚单位疫苗非复制型载体的设计。

一、B细胞表位

由于所有麻疹病毒属病毒的*N*基因均靠近启动子区，因此，N蛋白是表达量最高的结构蛋白，针对N蛋白的抗体也是在感染中最早检测到的抗体。其原因很可能是在抗体产生过程中，N蛋白被释放到细胞外基质并主要结合至B细胞受体[13]。因此，了解N蛋白的免疫应答机制具有重要意义。为了确定PPRV的N蛋白上的B细胞表位域，Choi等[9]应用单克隆抗体和多克隆抗体分别分析了用杆状病毒表达系统和GST融合表达系统表达的全长N蛋白和缺失N蛋白的特性。他们通过几株不同的单克隆抗体，证明PPRV疫苗株Nigeria 75/1的N蛋白上至少存在4个表位域，分别命名为A–I、A–II、C–I和C–II。与已知的麻疹病毒属其他成员如麻疹病毒[14]和牛瘟病毒[15]的表位域一致。其中A–Ⅰ和A–Ⅱ表位域位于N–末端1 ~ 262位氨基酸，C–I和C–II表位域位于C–末端448 ~ 521位氨基酸。

利用ELISA进行进一步的分析表明，与位于两末端的A–I和C–I表位域相比，A–II和C–II表位域的表位属于优势表位。已经证明牛瘟病毒N蛋白C–端含有3个B细胞抗原表位[16]，分别位于N蛋白440 ~ 452位、479 ~ 486位和520 ~ 524位氨基酸，其中520 ~ 524位（^{520}DKDLL^{524}）B细胞抗原表位能与PPRV抗血清发生交叉反应。尽管表位的确切位置还需进一步确定，但目前对这4个表位域的分析已为N蛋白在血清学检测中的应用提供了重要信息。

目前也已确定了H蛋白上B细胞表位的主要存在范围。利用单克隆抗体检测发现263 ~ 368位氨基酸和其后相隔171个氨基酸的538 ~ 609位氨基酸区域是主要的B细胞表位域[10]。单克隆抗体不但可针对这些区域发生免疫反应，而且具有中和作用，这为这些B细胞表位域参与病毒的中和作用提供了重要信息。更令人惊喜的发现是，这些B细胞表位在PPRV的H蛋白上高度保守，并且把这种保守性延续到了H蛋白的三级结构上。

已知几乎所有的麻疹病毒属成员都能引起细胞病变效应（CPE），这突显出B细胞表位在疫苗设计上的重要性，也只有B细胞表位才能激发产生中和抗体。这样的表位很可能在PPRV的F蛋白上也存在，这还有待于进一步研究证实。

二、T细胞表位

N蛋白281 ~ 289位氨基酸区域是一个Ⅰ类主要组织相容性复合体限制性T细胞表位，可致敏靶细胞，使细胞溶解产生细胞毒性T淋巴细胞（CTL）反应[7]。为了验证PPRV的N蛋白上T细胞表位的特性，Mitra–Kaushik等[7]利用大肠杆菌表达的N蛋白在BALB/c小鼠模型上进行了免疫试验，结果既能引起抗体反应也能引起CTL反应，并进一步证明PPRV和RPV的N蛋白均能诱导MHCⅠ类限制性的、抗原特异性$CD8^+$亚群T细胞的强烈交叉反应。但是，所产生的高水平抗体却不能中和病毒。用纯化的PPRV N蛋白免疫小鼠增加了小鼠体重，并显著增强了脾淋巴细胞的增殖能力。

此外，$CD4^+$亚群T细胞不但能诱导病毒特异性CTL细胞的分化，也能诱导病毒特异性B细胞的分化增殖。早期研究表明这种反应会形成一系列病毒特异性免疫记忆细胞，PPRV可能不属于这种情况，因为它是一个可引起细胞病变的病毒。但现在已研究清楚，在PPRV的早期感染中，$CD8^+$亚群T细胞在识别非结构蛋白C或V上发挥非常重要的作用，很有可能是这些细胞产生的细胞因子（如IFN-γ）或与MHC有关的细胞毒性阻断了PPRV的复制。另外，Karp等[17]在对麻疹病毒的研究中证明这种现象也可能与免疫抑制和免疫调节有关。PPRV是否也具有相同的现象还有待于进一步研究，以阐明$CD8^+$亚群T细胞与PPRV蛋白上的主要和次要T细胞表位在发挥免疫保护作用形式上的相关性。

利用只表达MHCⅠ类分子而不表达MHCⅡ类分子的皮肤成纤维细胞进行的增殖试验表明，$CD8^+$亚群T细胞不但对PPRV的N蛋白发生应答反应，也会被$H\text{-}2^d$限制性CTL表位激活，这一结果也被直接的CTL试验进一步证实[7]。并且还发现，当用PPRV N蛋白或RPV N蛋白进行转染时，自体皮肤成纤维细胞也被MHCⅠ类限制性T细胞以一种限制性方式杀死。所有这些特性表明PPRV和RPV的保守性不但是由上面所提到的功能一致性所决定，也与感染的自体皮肤成纤维细胞的交叉反应有关。

近来，生物信息学和实验数据为以N蛋白为基础建立的DIVA策略提供了支持[18]。基于几个评估标准（如较高的抗原指数和密码子偏嗜性），在PPRV N蛋白的保守区选择了7个表位，但只有454～472位的一个19肽显示能与抗体反应。兔体感染免疫试验表明，该19肽能引起强烈的免疫反应，即使增加Th抗原的量，抗体水平仍然保持不变。而且，证明了辅助性T细胞表位位于该19肽的氨基末端，而线性B细胞表位位于其羧基末端。在PPRV N蛋白上的这个短肽中存在的这两个表位将有助于诱导产生特异性抗体。针对这些抗体可用ELISA方法进行PPRV与RPV的鉴别。

除了N蛋白外，麻疹病毒属的两个表面糖蛋白——H蛋白和F蛋白因能诱导产生高度免疫保护力而具有重要意义。已证明PPRV的H蛋白能有效诱导体液免疫和细胞免疫反应。但在Shaila的团队开始研究之前，关于H蛋白的抗原位点及其免疫机制都是未知的。在最初的研究中，他们除了确定在PPRV的H蛋白、RPV和麻疹病毒的H蛋白的氨基末端（113～183位氨基酸）存在一个高度保守域外，还发现了位于PPRV的H蛋白123～137位氨基酸的一个15肽的T细胞表位[8]。在对山羊进行的研究表明，H蛋白的C–末端域（242～609位氨基酸）也存在潜在的T细胞表位[8]，但具体位置还需进一步确认。

后来，Sinnathamby等利用自体皮肤成纤维细胞鉴定了位于PPRV H蛋白上的24个氨基酸的CTL表位（400～423位氨基酸），该表位在麻疹病毒属中高度保守，尤其在PPRV和RPV中保守性更高[19]，这也是目前为止鉴定的PPRV和RPV的H蛋白上的唯一表位域。进一步用杆状病毒表达的RPV H蛋白对牛进行免疫试验，结果表明不但能有效诱导产生针对RPV H蛋白的高水平中和抗体、牛白细胞抗原（BoLA）Ⅱ型限制性Th细胞反应和BoLA Ⅰ型限制性CTL反应，针对PPRV H蛋白也可产生同样的效应。他们还在起刺激作用的区域确定了一个BoLA Ⅱ 结合域（408～416位氨基酸）。

第四节 免疫抑制

免疫抑制是动物免疫功能异常的一种表现，是指动物机体在单一或多种致病因素的作用下，免疫系统受到损害，导致机体暂时性或持久性的免疫应答功能紊乱，以及对疾病的高度易感。麻疹病毒属成员感染宿主动物后，破坏其淋巴器官正常生理功能，导致白细胞减少症及淋巴细胞减少症等免疫抑制现象，最终导致细菌等微生物的次级感染[20, 21]。麻疹病毒属成员诱导免疫抑制的机制较为复杂，如抑制α–干扰素和β–干扰素的分泌、抑制炎症反应、影响细胞因子分泌、抑制免疫球蛋白合成等。有时即使体内少量外周血细胞受到感染，免疫抑制也可持续数周，进而更严重地增加病理学损伤。RPV感染宿主后大量复制，会导致胸腺、派伊尔氏淋巴集结（peyer's patches）、脾脏及肺淋巴结内淋巴细胞减少[22]，因此推测强毒株对淋巴细胞的破坏是导致免疫抑制的主要原因之一。毒性越强的毒株诱导免疫抑制的能力通常越强，甚至弱毒疫苗株感染也会导致短暂的免疫抑制现象。Rajak等（2005）报道了PPR强毒株在体内诱导典型的免疫抑制现象，如白细胞减少症、淋巴细胞减少症及特异性和非特异性抗体的分泌。而且，上述临床表现在病毒感染后的急性感染期（感染后4～10d）尤为明显。相反，PPR疫苗株则仅仅诱导短暂的淋巴细胞减少症，且对非特异性抗原的免疫反应影响较小[23]，因此难以导致其他病原的次级感染。

细胞凋亡

当宿主细胞受到某些刺激（如病毒感染）可诱导能量依赖性细胞死亡，称之为凋亡。凋亡过程包括某些形态学变化和生物化学变化，如细胞收缩、与基质脱离、胞膜空泡化、染色质浓缩、核小体的裂解等，最后导致细胞裂解形成凋亡小体，在不引起炎症反应的情况下被吞噬细胞吞噬清除[24, 25]。

已有的研究表明，无论诱导还是抑制细胞凋亡对病毒都是有利的。病毒抑制细胞凋亡有助于阻止宿主细胞尚未成熟就发生死亡，从而最大限度地为病毒在感染细胞内的持续存在和增殖提供机会。另一方面，病毒通过诱导细胞凋亡，便于增殖的子代病毒从细胞里释放出来并去感染邻近细胞。此外，因细胞凋亡产生的毒性也促进了病毒的致病性[26]。

到目前为止，尚不清楚PPRV抑制细胞凋亡的机制。但对副黏病毒科的其他成员及其他科病毒抑制机制的深入了解表明，病毒普遍存在一个自我保护机制[26，27]。另外，关于PPRV引起凋亡的已有研究报道表明，该机制在促进病毒增殖和突破宿主防御以及抑制宿主细胞复制和杀死宿主细胞方面发挥重要作用[28]。以下研究通过对山羊外周血单核细胞的分析表明：PPRV诱导的凋亡与病毒的复制成正比（图4–3A）。另外，在病毒感染细胞中还发现一种形态学特性的凋亡——DNA片段化。通过电镜观察PPRV感染细胞发现，核染色质边缘化，并出现胞膜空泡化（图4–3B）。从这些超薄切片中也可以看到凋亡小体（图4–3C），而未感染病毒的细胞内则看不到这些缺损（图4–3D）。所有这些结果清楚表明：PPRV至少能诱导山羊外周血单核细胞发生凋亡，但凋亡的分子机制仍然

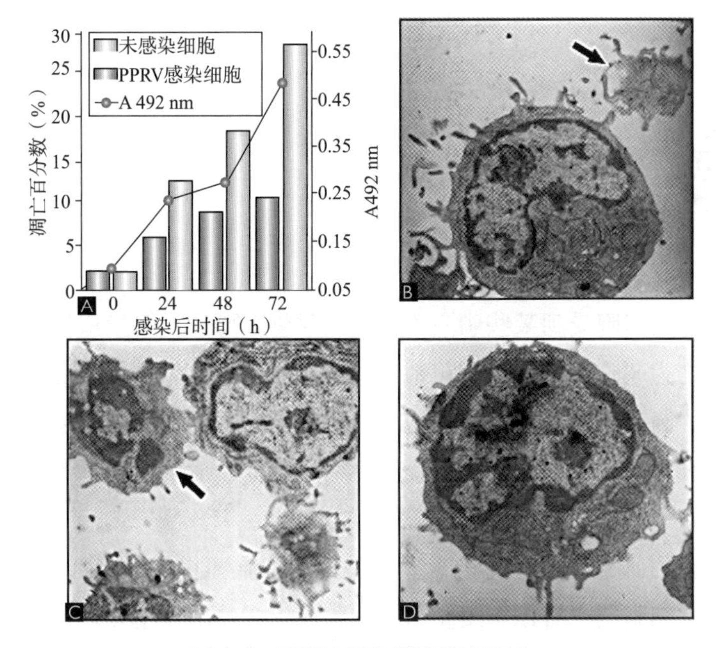

图 4-3　PPRV 病毒感染诱导的凋亡

A．PPRV 复制与凋亡水平的相关性；

B．PPRV 感染山羊细胞的变化（核染色质边缘化和胞膜空泡化）；

C．感染细胞出现的凋亡小体；

D．未感染 PPRV 的正常细胞

（Mondal et al，2001）

不清楚。需要搞清楚到底是哪种病毒蛋白在诱导过程中发挥重要作用及引起凋亡的途径。与PPRV关系密切的麻疹病毒，近来证实其核蛋白是引起凋亡的一个诱导因子[29]。基于PPRV N蛋白与麻疹病毒N蛋白的高度同源性，可认为麻疹病毒属的N蛋白均具有同样的特性。也有人认为PPRV诱导的凋亡与病毒在免疫系统中发挥的潜在免疫抑制作用有关。尽管PPRV的免疫抑制机制还不是十分清楚，但正如在麻疹病毒证实的一样，诱导凋亡与免疫抑制相关，这是已被认可的所有麻疹病毒属成员的一个基本特性[30]。

第六节　细胞因子反应

所有真核细胞都有抑制病毒复制的内在机制，参与的因素包括中和抗体、补体系统和细胞因子。干扰素（IFN）被认为是在抗病毒反应中发挥最重要作用的细胞因子。其中Ⅰ型干扰素（IFN-α 和IFN-β）可通过解除平时处于抑制状态的"抗病毒蛋白基因"，诱导细胞产生抗病毒蛋白而发挥抗病毒作用。Ⅱ型干扰素（IFN-γ）主要发挥免疫调节作用[31]。有研究表明，与未感染动物相比，感染PPRV的动物会在口腔、肺部和舌部上皮细胞诱导产生高水平的IFN-γ[32]（表4-1）。免疫印迹结果表明，口腔黏膜下层的毛细血管黏膜细胞、成纤维细胞和肌细胞染色最深。此外，肺（支气管上皮细胞）、舌和颊黏膜是诱导IFN-γ 产生的主要部位。除了这些器官外，血管内的单核细胞、合胞体细胞、单个核细胞以及唾液腺的黏膜下层也显示为免疫印迹阳性，这表明PPRV分布十分广泛，并具有诱导细胞因子产生的强大能力。IFN-γ 通过合成寡核苷酸合成酶也可以发挥抗病毒作用，此过程需要IFN-β 和 α 肿瘤坏死因子（TNF-α）

的协同作用。但关于这些细胞因子在PPRV感染动物中的相互作用尚未见报道。

TNF-α是另外一种能够针对病毒感染诱导急性期反应的细胞因子。首先，TNF-α能对某些免疫细胞产生刺激作用，诱导发热、凋亡、炎症和败血症等病理现象以达到阻止病毒复制的目的[33]。PPRV感染动物的肺、淋巴细胞间隙、合胞体细胞和肺泡巨噬细胞有高表达水平的TNF-α[32]。此外，黏膜下层的成纤维细胞、唾液腺上皮细胞也显示有高水平的TNF-α表达（表4-1）。由于PPRV对上皮细胞具有较高的亲嗜性，因此TNF-α很可能在刺激细胞介导免疫反应中发挥重要作用，该假设是否成立也需要进一步的研究来证实[34]。此外，PPRV感染过程中TNF-α水平的提高和诱导一氧化氮合成酶（iNOS）的产生可能与炎症的发生有关（表4-1）。麻疹病毒感染儿童与未感染人群产生的TNF-α和IFN-γ相比，IFN-γ水平存在显著差异，而TNF-α则无明显变化。这表明PPRV在致病性上与麻疹病毒还是有差异的[35]。与上述结果一致的是，用同属的犬瘟热病毒感染雪貂也未在外周血淋巴细胞诱导细胞因子的表达[36]。

表 4-1 PPRV 感染动物不同组织中细胞因子的表达及其统计学分析

细胞因子	组织	对照组动物		PPRV 阳性动物		统计显著性（$p > 0.05$）
		平均值	标准差	平均值	标准差	
IFN-γ	肺	0.606	0.404	2.267	2.321	0.031*
	口腔黏膜	0.007	0.001	2.798	2.702	0.003*
	舌	0.006	0.001	1.461	1.198	0.003*
TNF-α	肺	0.03	0.026 1	0.299	0.614	0.011*
	口腔黏膜	0.001	0	0.546	0.711	0.031*
	舌	0.001	0	0.445	0.588	0.048
IL-4	肺	0.010	0.004	0.010	0.002	0.880
	口腔黏膜	0.010	0	0.024	0.059	0.880

（续）

细胞因子	组织	对照组动物		PPRV 阳性动物		统计显著性（$p > 0.05$）
		平均值	标准差	平均值	标准差	
IL-10	舌	0.012	0.001	0.048	0.145	0.880
	肺	0.011	0.002	0.011	0.002	0.820
	口腔黏膜	0.010	0.002	0.010	0.002	0.704
	舌	0.010	0.004	0.015	0.006	0.120

注：$*p<0.05$ 表示差异显著。

PPRV感染动物IL–4和IL–10细胞因子的表达量在细支气管、支气管和齿槽间隙相对较高，而在健康动物中则未检测到显著升高（表4–1）。IL–4可抑制IFN–γ对单核细胞的诱导作用，而IL–10则主要抑制TNF–α和IL–1的产生。这意味着TNF–α和IFN–γ的高表达水平可能并不受IL–4和IL–10的单独或联合抑制作用的显著影响。

一项对PPRV感染山羊的研究阐明了淋巴细胞信号活化分子受体（SLAM）的分布和表达情况。SLAM，即是熟知的T细胞和B细胞表面分子CD150，也是麻疹病毒属的一些成员如麻疹病毒、犬瘟热病毒和牛瘟病毒的受体。SLAM的表达与分布跟PPRV的细胞趋向性是一致的。由于PPRV的免疫抑制特性，SLAM的mRNA表达水平在一些主要淋巴结（肠系膜淋巴结、肺门淋巴结、下颌淋巴结和颈浅淋巴结）的表达量相对较高，这也表明PPRV与这些淋巴结具有较高亲和性。在呼吸道（鼻黏膜）和消化道（十二指肠、胆囊）也检测到SLAM的表达，这两个系统也是PPRV的重要侵入门户。此外，在PPRV感染状态下，脾脏、胸腺和血液中均可检测到高水平表达的SLAM，而在PPRV易于增殖的肺、结肠、直肠部位未检测到活化的SLAM受体，这可能是因为SLAM不是PPRV感染的主要受体，从致病机制来看，PPRV的感染可能还依赖于其他受体[37]。

血液学和生物化学改变

一、针对PPRV的血液学变化

因PPRV对淋巴器官具有高度亲和性，并能引起感染动物腹泻和组织出血，因此监测由病毒感染而引起的血液组分及其他成分等参数变化就具有重要意义。正如预测的结果，感染PPRV的山羊羔会出现消化系统出血和肝脏中红细胞数量及红细胞比容的显著降低[38]（表4–2）。这种红细胞比容的降低也可能是PPRV感染引起的严重腹泻所致。尽管病毒感染也会引起中性粒细胞数量的减少，但由白细胞、单核细胞和淋巴细胞减少引起的显著免疫抑制现象是最常见的。嗜酸性粒细胞的数量没有明显变化是因为这类细胞主要在寄生虫感染中发挥作用。另一项研究探讨了体重、性别、地理位置对PPRV感染的血液学参数的影响，结果表明，这些因素都不会影响细胞压积和血红蛋白浓度，但对中性粒细胞和淋巴细胞会有影响[39]。

血小板是与凝血有关的血液的重要成分，会引起受伤部位形成血凝块。活化部分凝血活酶时间（APLTT）和凝血酶原时间（PT）分别是内源性和外源性凝血过程的衡量指标。这些因素往往决定凝血时间的长短，也间接反映了肝脏的状态，如肝脏是否受损、维生素K是否缺乏等。研究表明PPRV感染会引起血小板减少症，与未感染动物相比会有显著差异（表4–2）。而且，山羊羔感染PPRV后，APLTT和PT均会延长，这就直接说明了以下可能性：减少了血小板从骨髓中的产生，减少了血小板的消耗，外围破坏导致血小板的缺失，或者是上述原因的综合作用。但如果PPRV感染动物肝脏出现外伤，延迟的APLTT和PT则是由创伤和弥散性血管内凝血引起。

表 4-2　PPRV 感染山羊羔和健康群体的血液学和生物化学指标比较

	参数	感染组（n=12）	对照组（n=5）	显著性水平
血液学指标	白细胞（$\times 10^9$ 个/L）	2.11 ± 0.29	10.68 ± 1.25	≤0.001**
	中性粒细胞（$\times 10^9$ 个/L）	9.17 ± 0.38	1.95 ± 0.43	≤0.001**
	淋巴细胞（$\times 10^9$ 个/L）	1.88 ± 0.25	7.70 ± 0.57	≤0.001**
	红细胞（$\times 10^{12}$ 个/L）	3.29 ± 0.23	7.89 ± 0.25	≤0.001**
	单核细胞（$\times 10^3$ 个/L）	1.4 ± 0.1	1.2 ± 0.3	≤0.001**
	嗜酸性粒细胞（$\times 10^3$ 个/L）	0.3 ± 0.03	0.4 ± 0.03	>0.05
	总蛋白（g/dL）	7.2 ± 0.3	6.8 ± 0.5	≤0.05*
	白蛋白（g/dL）	2.3 ± 0.2	2.7 ± 0.4	≤0.001**
	球蛋白（g/dL）	4.9 ± 0.4	4.2 ± 0.8	≤0.001**
	白蛋白与球蛋白比值	0.48 ± 0.07	0.68 ± 0.24	≤0.001**
	血红蛋白（g/dL）	97.71 ± 4.64	82.20 ± 1.79	>0.05
	红细胞比容（%）	17.14 ± 1.22	29.85 ± 1.75	≤0.001**
	血浆凝血酶原（s）	18.65 ± 0.42	11.26 ± 0.31	≤0.001**
	活化部分凝血活酶时间（s）	34.76 ± 0.63	30.36 ± 0.67	≤0.01**
	血小板（$\times 10^{11}$ 个/L）	2.04 ± 0.02	5.18 ± 0.23	≤0.001**
生化指标	尿素氮（mg/dL）	30.75 ± 9.39	13.36 ± 0.84	≤0.01**
	血肌酐（mg/dL）	2.67 ± 0.11	1.49 ± 0.10	≤0.001**
	碱性磷酸酶（U/L）	449.00 ± 47.90	181.64 ± 42.75	≤0.01**
	谷草转氨酶（U/L）	432.00 ± 14.52	181.80 ± 30.74	≤0.001**
	谷丙转氨酶（U/L）	47.08 ± 1.98	30.79 ± 1.64	≤0.001**
	谷氨酰转肽酶（U/L）	141.58 ± 51.82	39.88 ± 5.25	>0.05
	总胆红素（mg/dL）	0.33 ± 0.12	0.22 ± 0.05	≤0.05*
	直接胆红素（mg/dL）	0.23 ± 0.08	0.16 ± 0.04	≤0.05*
	间接胆红素（mg/dL）	0.10 ± 0.05	0.05 ± 0.02	0.05*
	胆固醇（mg/dL）	108.1 ± 11.3	106.6 ± 14.3	>0.05
	血清唾液酸（mg/dL）	82 ± 8.9	62.2 ± 3.8	0.05*

注：** 差异极显著；* 差异显著。

清蛋白和球蛋白是在血液中发挥重要作用的蛋白分子。清蛋白主要通过调节结合阳离子（如Ca^{2+}、Na^{+}、K^{+}）数量、激素、胆红素和甲状腺素（T4）的高低来调节血浆胶体渗透压。球蛋白作为免疫系统的组成部分，主要是以各种类型的抗体（IgG、IgM、sIgA等）发挥作用，尤其在抗感染中发挥重要作用。与健康动物相比，PPRV感染动物体内球蛋白水平显著上升，而清蛋白水平则显著下降，从而引起血液总蛋白含量的增加和血液中清蛋白与球蛋白比例的下降[40]（表4–2）。

二、针对PPRV的生物化学变化

尿素是蛋白在肝脏中代谢产生的一种副产物，并通过血液滤过由肾脏排出体外，因而测定血氮水平可以作为检测肾功能的指标。肌酸酐是肌肉中磷酸肌酸代谢的副产物，可被肾脏从血液中滤出，感染PPRV的山羊羔与未感染者相比，血液中尿素氮和肌酸酐的含量显著升高。这表明PPRV在这些器官（肝脏、肾脏、肌肉）中增殖会引起病情恶化[38]。衡量肝功能的指标酶包括天冬氨酸转氨酶（AST）、丙氨酸转氨酶（ALT）、碱性磷酸酶（ALP）和γ–谷氨酰转肽酶（GGT）四种。Sahinduran 等的研究结果[38, 40]表明，PPRV感染动物体内上述4种酶除GGT外均有显著提高，该结果与表4–2的研究结果完全一致。

胆红素是血红蛋白的分解代谢产物。分解后存在于胆汁和尿液中，因产生副产物——尿胆素和粪胆素，分别使尿液呈黄色和粪便呈棕色，这些颜色可作为胆红素非正常存在的标志，胆红素的不正常预示疾病的存在。胆红素首先产生于脾脏（称为直接胆红素），然后是肝脏（称为间接胆红素）。与健康动物血清总胆红素水平相比，感染动物不论直接胆红素还是间接胆红素水平均有显著提高。但胆固醇水平（另一个指示疾病的指标）未有显著变化（表4–2）。

血清中唾液酸的水平与疾病密切相关，如高水平的唾液酸会引起肝脏的损害和癌症的发生。这种血清唾液酸也可作为疾病急性期的一个标志，尤其是那些寡糖侧链含有唾液酸残基的。感染PPRV的动物与未感染动物相比，血清中唾液酸水平显著升高[40]（表4–2）。这种水平与肝功检测指标相一致，表明PPRV感染能损害肝脏。此外，细胞介导免疫反应和PPRV感染后的急性期均能引起血清唾液酸水平的升高。因而血清唾液酸水平可作为诊断PPRV感染小反刍动物的一个重要生化指标。

参考文献

[1] LIBEAU G, DIALLO A, CALVEZ D, et al. A competitive ELISA using anti-N monoclonal antibodies for specific detection of rinderpest antibodies in cattle and small ruminants [J]. Vet Microbiol, 1992, 31(2–3): 147–160.

[2] AWA D N, NGAGNOU A, TEFIANG E, et al. Post vaccination and colostral peste des petits ruminants antibody dynamics in research flocks of Kirdi goats and Foulbe sheep of north Cameroon [J]. Prev Vet Med, 2002, 55(4): 265–271.

[3] BODJO SC C-H E, KOFFI MY, et al. Assessment of the duration of maternal antibodies specific to the homologous peste des petits ruminant vaccine" Nigeria 75/1" in Djallonké lambs. [J]. Biokemistri, 2006, 18(2): 99–103.

[4] JONES L, GIAVEDONI L, SALIKI J T, et al. Protection of goats against peste des petits ruminants with a vaccinia virus double recombinant expressing the F and H genes of rinderpest virus [J]. Vaccine, 1993, 11(9): 961–964.

[5] SINNATHAMBY G, NAIK S, RENUKARADHYA G J, et al. Recombinant hemagglutinin protein of rinderpest virus expressed in insect cells induces humoral and cell mediated immune responses in cattle [J]. Vaccine, 2001, 19(28–29): 3870–3876.

[6] ROMERO C H, BARRETT T, CHAMBERLAIN R W, et al. Recombinant capripoxvirus expressing the hemagglutinin protein gene of rinderpest virus: protection of cattle against rinderpest and lumpy skin disease viruses [J]. Virology, 1994, 204(1): 425–429.

[7] MITRA-KAUSHIK S, NAYAK R,SHAILA M S. Identification of a cytotoxic T-cell epitope on the recombinant nucleocapsid proteins of Rinderpest and Peste des petits ruminants viruses presented as assembled nucleocapsids [J]. Virology, 2001, 279(1): 210–220.

[8] SINNATHAMBY G, RENUKARADHYA G J, RAJASEKHAR M, et al. Immune responses in goats to recombinant hemagglutinin-neuraminidase glycoprotein of Peste des petits ruminants

virus: identification of a T cell determinant [J]. Vaccine, 2001, 19(32): 4816–4823.

[9] CHOI K S, NAH J J, KO Y J, et al. Antigenic and immunogenic investigation of B-cell epitopes in the nucleocapsid protein of peste des petits ruminants virus [J]. Clin Diagn Lab Immunol, 2005, 12(1): 114–121.

[10] RENUKARADHYA G J, SINNATHAMBY G, SETH S, et al. Mapping of B-cell epitopic sites and delineation of functional domains on the hemagglutinin-neuraminidase protein of peste des petits ruminants virus [J]. Virus Res, 2002, 90(1–2): 171–185.

[11] ABBAS AK L A, Cellular and molecular immunology[M]. 5th ed. Philadelphia: Saunders, 2003.

[12] VON ANDRIAN U H,MACKAY C R. T-cell function and migration. Two sides of the same coin [J]. N Engl J Med, 2000, 343(14): 1020–1034.

[13] LAINE D, TRESCOL-BIEMONT M C, LONGHI S, et al. Measles virus (MV) nucleoprotein binds to a novel cell surface receptor distinct from FcgammaRII via its C-terminal domain: role in MV-induced immunosuppression [J]. J Virol, 2003, 77(21): 11332–11346.

[14] BUCKLAND R, GIRAUDON P,WILD F. Expression of measles virus nucleoprotein in Escherichia coli: use of deletion mutants to locate the antigenic sites [J]. J Gen Virol, 1989, 70 (Pt 2): 435–441.

[15] CHOI K S, NAH J J, CHOI C U, et al. Monoclonal antibody-based competitive ELISA for simultaneous detection of rinderpest virus and peste des petits ruminants virus antibodies [J]. Vet Microbiol, 2003, 96(1): 1–16.

[16] CHOI K S, NAH J J, KO Y J, et al. Characterization of immunodominant linear B-cell epitopes on the carboxy terminus of the rinderpest virus nucleocapsid protein [J]. Clin Diagn Lab Immunol, 2004, 11(4): 658–664.

[17] KARP C L, WYSOCKA M, WAHL L M, et al. Mechanism of suppression of cell-mediated immunity by measles virus [J]. Science, 1996, 273(5272): 228–231.

[18] DECHAMMA H J, DIGHE V, KUMAR C A, et al. Identification of T-helper and linear B epitope in the hypervariable region of nucleocapsid protein of PPRV and its use in the development of specific antibodies to detect viral antigen [J]. Vet Microbiol, 2006, 118(3–4): 201–211.

[19] SINNATHAMBY G, SETH S, NAYAK R, et al. Cytotoxic T cell epitope in cattle from the attachment glycoproteins of rinderpest and peste des petits ruminants viruses [J]. Viral Immunol, 2004, 17(3): 401–410.

[20] DOMINGO M, VILAFRANCA M, VISA J, et al. Evidence for chronic morbillivirus infection in the Mediterranean striped dolphin (Stenella coeruleoalba) [J]. Vet Microbiol, 1995. 44(2–4):

229–239.

[21] DUIGNAN P J, DUFFY N, RIMA B K, et al. Comparative antibody response in harbour and grey seals naturally infected by a morbillivirus [J]. Vet Immunol Immunopathol, 1997, 55(4): 341–349.

[22] WOHLSEIN P, WAMWAYI H M, TRAUTWEIN G, et al. Pathomorphological and immunohistological findings in cattle experimentally infected with rinderpest virus isolates of different pathogenicity [J]. Vet Microbiol, 1995, 44(2–4): 141–149.

[23] RAJAK K K, SREENIVASA B P, HOSAMANI M, et al. Experimental studies on immunosuppressive effects of peste des petits ruminants (PPR) virus in goats [J]. Comparative Immunology Microbiology and Infectious Diseases, 2005, 28(4): 287–296.

[24] WHITE E. Life, death, and the pursuit of apoptosis [J]. Genes Dev, 1996, 10: 1–15.

[25] VAUX D L,STRASSER A. The molecular biology of apoptosis [J]. Proc Natl Acad Sci USA, 1996, 93(6): 2239–2244.

[26] ROULSTON A, MARCELLUS R C,BRANTON P E. Viruses and apoptosis [J]. Annu Rev Microbiol, 1999, 53: 577–628.

[27] LAINE D, BOURHIS J M, LONGHI S, et al. Measles virus nucleoprotein induces cell-proliferation arrest and apoptosis through NTAIL-NR and NCORE-FcgammaRIIB1 interactions, respectively [J]. J Gen Virol, 2005, 86(Pt 6): 1771–1784.

[28] MONDAL B, SREENIVASA B P, DHAR P, et al. Apoptosis induced by peste des petits ruminants virus in goat peripheral blood mononuclear cells [J]. Virus Res, 2001, 73(2): 113–119.

[29] BHASKAR A, BALA J, VARSHNEY A, et al. Expression of measles virus nucleoprotein induces apoptosis and modulates diverse functional proteins in cultured mammalian cells [J]. PLoS One, 2011, 6(4): e18765.

[30] SCHNORR J J, SEUFERT M, SCHLENDER J, et al. Cell cycle arrest rather than apoptosis is associated with measles virus contact-mediated immunosuppression in vitro [J]. J Gen Virol, 1997, 78 (Pt 12): 3217–3226.

[31] KOYAMA S, ISHII K J, COBAN C, et al. Innate immune response to viral infection [J]. Cytokine, 2008,43(3): 336–341.

[32] ATMACA H T,KUL O. Examination of epithelial tissue cytokine response to natural peste des petits ruminants virus (PPRV) infection in sheep and goats by immunohistochemistry [J]. Histol Histopathol, 2012, 27(1): 69–78.

[33] VAN RIEL D, LEIJTEN L M, VAN DER EERDEN M, et al. Highly pathogenic avian influenza virus H5N1 infects alveolar macrophages without virus production or excessive

TNF-alpha induction [J]. PLoS Pathog, 2011, 7(6): e1002099.

[34] OPAL S M,DEPALO V A. Anti-inflammatory cytokines [J]. Chest, 2000. 117(4): 1162–1172.

[35] MOUSSALLEM T M, GUEDES F, FERNANDES E R, et al. Lung involvement in childhood measles: severe immune dysfunction revealed by quantitative immunohistochemistry [J]. Hum Pathol, 2007, 38(8): 1239–1247.

[36] SVITEK N,VON MESSLING V. Early cytokine mRNA expression profiles predict Morbillivirus disease outcome in ferrets [J]. Virology, 2007, 362(2): 404–410.

[37] MENG X, DOU Y, ZHAI J, et al. Tissue distribution and expression of signaling lymphocyte activation molecule receptor to peste des petits ruminant virus in goats detected by real-time PCR [J]. J Mol Histol, 2011, 42(5): 467–472.

[38] SAHINDURAN S, ALBAY M K, SEZER K, et al. Coagulation profile, haematological and biochemical changes in kids naturally infected with peste des petits ruminants [J]. Trop Anim Health Prod, 2012, 44(3): 453–457.

[39] AIKHUOMOBHOGBE P U, ORHERUATA A M. Haematological and blood biochemical indices of West African dwarf goats vaccinated against Pestes des petit ruminants (PPR) [J]. African J Biotechnol Appl Biochem, 2006, 5(9): 743–748.

[40] YARIM G F, NıSBET C, YAZICIZ, et al. Elevated serum total sialic acid concentrations in sheep with peste des petits ruminants [J]. Medycyna Weterynaryjna, 2006, 62(12): 1375–1377.

第五章
流行和分布

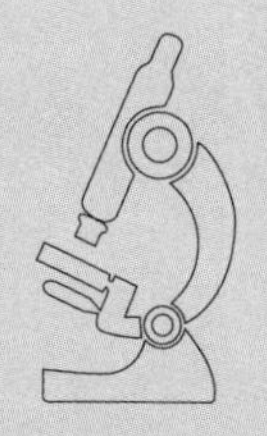

第一节 传染源和传播途径

一、传染源

病羊是小反刍兽疫的主要传染源。病羊主要通过眼、鼻、口分泌物排毒。山羊感染后在出现临床症状前2d和临床发病期都能排毒。Couacy-Hymann等将5株不同来源的PPRV毒株（感染量为10^3 $TCID_{50}$）分别经皮下注射感染西非矮山羊，结果，在感染后4d出现临床症状，感染后5d体温升高到39℃以上。病羊在出现临床症状前即排毒，在感染后3d，病毒最先从眼鼻分泌物中排出，感染后4d，病毒从口水中排出，眼、鼻、口排毒一直持续到感染后9d[1]。

Hammouchi等将高滴度PPRV强毒株Morocco（$10^{5.48}$ $TCID_{50}$）经皮下、静脉和鼻内接种阿尔卑斯山羊，结果，在感染后2d出现临床症状和体温升高，在感染后3d从血液中检测到病毒核酸[2]。

病羊尿液中含有病毒[3]，腹泻时也可经粪便排毒[4]。Ezeibe等利用血凝试验检测40只PPR康复羊粪便排毒情况，结果，所有山羊在康复后11周仍能通过粪便排毒，其中9只山羊在康复后12周仍能在粪便中检测到病毒抗原[5]。精液和胚胎中存在病毒，可通过人工繁殖途径传播本病。感染动物产的乳中存在PPRV，用这种乳饲喂小山羊或羊羔可传播感染。

污染物包括被感染动物分泌物或排泄物污染的饲料、垫料、水槽，易感动物可通过采食、舔舐污染物而感染。但是，因为病毒在宿主体外存活时间短，所以通过污染物间接接触传播不是主要的传播途径。

二、传播途径

小反刍兽疫病毒主要通过感染羊与易感羊的接触传播。将健康山羊和实验感染山羊同群饲养，健康山羊经7d潜伏期后出现急性PPR临床症状，9～10d出现严重的呼吸道症状，14d出现血性腹泻，4～5d即从眼、口、鼻分泌物中检测到PPRV核酸，6d在血液中检测到PPRV核酸[2]。PPRV大多数是通过打喷嚏和咳嗽产生的气雾短距离传播，易感动物主要通过呼吸系统感染。病毒可通过污染物传播，但是，由于病毒在体外存活力差，所以，这一途径不是主要的传播途径。

第二节 易感动物

小反刍兽疫病毒主要感染山羊、绵羊、野生小反刍兽，也可感染骆驼、水牛和牛，也有实验感染白尾鹿和猪的报道。

一、山羊和绵羊

山羊和绵羊对小反刍兽疫病毒高度易感。病程受多方面因素影响，包括品种、年龄、季节、免疫状况、并发感染、应激等。在严重暴发时，发病率可达100%。通常，羔羊病死率可达100%，幼年山羊和绵羊可达40%，成年羊高于10%[6]。在自然感染条件下，山羊比绵羊易感，病症更为严重[7]。攻毒试验表明，各个品种、性别和年龄的山羊和绵羊对PPR都易感[1, 2, 8]。Harrak等使用PPRV强毒Morocco株分别经静脉、鼻腔、皮下途径接种阿尔卑斯山羊，结果，接种3～4d都出现临床症状，但是静脉接种和鼻腔接种途径较皮下接种途径出现的病症更为严重[9]。怀孕母羊感染PPRV会导致流产。

二、牛

牛（*Bos taurus*）属于牛亚科（Bovinae）牛属（*Bos*）。牛在实验条件下能够感染PPRV，不出现临床症状，能够检测到保护性抗体[10]。在自然条件下，感染PPR的山羊和绵羊能够传染牛，使其出现血清转阳[11]。由于牛对PPR仅呈现亚临床感染，不发病，不散毒，所以在PPR传播中的意义不大。

水牛也叫印度水牛（*Bubalus bubalis*），属于牛亚科水牛属（*Bubalus*）。驯养的水牛在亚洲非常普遍。到目前为止，仅见一例关于印度水牛感染PPR的疫情报道，于1995年发生于印度东南部泰米纳德邦（Tamil Nadu）一水牛农场[12]。该农场385只水牛中，50只发病，临床症状表现为结膜充血、精神沉郁、流涎，48只死亡，病死率达96%。从发病水牛组织样本中分离到一株PPRV，将该毒株皮下接种两只3～5月龄的水牛，3～6d后体温升高，但是未出现临床症状，30～35d后死亡。2008年巴基斯坦研究者报道，在该实验室采集的89份水牛样本中，PPR抗体阳性率高达67.42%，远远高于在同一地区采集的山羊（39.02%）、绵羊（51.29%）和牛（41.86%）样本。由于该地区未开展牛瘟或PPR免疫，该抗体水平被认为是感染抗体水平，但是，未见水牛发病[13]。Balamurugan等报道，在2009—2010年从印度南部采集的1 001份水牛血清样本中，PPR抗体阳性率为 4.39%[14]。关于水牛在PPR传播中的作用，还有待进一步的研究。

三、牛科野生动物

多种牛科野生动物能够自然感染PPR，目前已知牛科中对PPRV易感的属和种、亚种见表5-1。

表 5–1　小反刍兽疫牛科易感动物汇总表

学名	俗名	分布	报道感染国家	参考文献
高角羚亚科 Aepycerotinae				
高角羚属 *Aepyceros*				
A. melampus	黑斑羚 Impala	非洲、中东	阿联酋	Kinne, 2010
狷羚亚科 Alcelaphinae				
狷羚属 *Alcelaphus*				
A. *buselaphus*	狷羚 Bubal hartebeest	非洲	科特迪瓦	Couacy-Hyman, 2005
羚牛亚科 Antilopinae				
跳羚属 *Antidorcas*				
A. *marsupialts*	跳羚 Springbuck	非洲、中东	阿联酋	Kinne, 2010
瞪羚属 *Gazella*				
G. dorcas	小鹿瞪羚 Dorcas gazelle	北非、阿拉伯、印度东部	阿联酋、沙特阿拉伯	Furley, 1987; Elzein, 2004
G. thomsont	汤普森瞪羚 Tomson's gazelle	非洲	沙特阿拉伯	Elzein, 2004
G. subgutturosa	波斯瞪羚 Persian gazelle	中东、中亚	土耳其	Gur, 2010
G. subgutturosa marica	细角瞪羚 Rheem gazelle	中东、中亚	阿联酋	Kinne, 2010
G. gazelle cora	阿拉伯山瞪羚 Arabian mountain gazelle	中东	阿联酋	Kinne, 2010
G. gazella	阿拉伯瞪羚 Arabian gazelle	中东	阿联酋	Kinne, 2010
牛亚科				
水牛属 *Bubalus*				
B. bubalis	印度水牛 Indian buffalo	南亚	印度	Govindarajan, 1997
牛属 *Bos*				
Bos taurus	牛 Cattle			
非洲水牛属 *Synceros*				
S. caffer	非洲水牛 African buffalo	非洲	科特迪瓦	Couacy-Hyman, 2005
蓝牛羚属 *Boselaphus*				
B. tragocamelus	蓝牛羚 Nigai or bull	印度	阿联酋	Furley, 1987

（续）

学名	俗名	分布	报道感染国家	参考文献
林羚属 *Tragelaphus*				
T. scriptus	树羚 Bushbuck	非洲	阿联酋	Kinne, 2010
鹿羚（小羚羊）亚科 Cephalophinae				
普通小羚羊属 *Sylvicapra*				
S. grtmmia	非洲灰麂羚 African grey duiker	非洲	尼日利亚	Ogunsanmi, 2003
马羚亚科 Hippotraginae				
长角羚属 *Oryx*				
O. gazella	南非长角羚 Gembok	非洲	阿联酋	Furley, 1987
羊亚科 Caprinae				
鬣羊属 *Ammotragus*				
A. lervia	獭羊 Barbary sheep	北非	阿联酋	Kinne, 2010
山羊属 *Capra*				
C. aegagrus	野山羊 Wild goat	欧洲、亚洲、中东	伊拉克	Hoffmann, 2012
C. aegagrus hircus	山羊 Goat	世界各地	各疫区	
C. aegagrus blythi	土库曼野山羊 Sindh ibex	巴基斯坦南部	巴基斯坦	Abubakar, 2011
C. nubiana	努比亚獗羊 Nubian ibex	中东、北非	阿联酋	Furley, 1987
C. falconeri	阿富汗捻角山羊 Afghan Markhor goat	中亚	阿联酋	Kinne, 2010
盘羊属 *Ovis*				
O. aries	绵羊 Sheep	世界各地	各疫区	
O. gmelini laristanica	拉雷斯坦盘羊 Laristan mouflon	欧洲	阿联酋	Furley, 1987
岩羊属 *Pseudois*				
P. nayaur	岩羊 Bharal, Blue sheep	喜马拉雅山麓	中国西藏	Bao, 2011
苇羚亚科 Reduncinae				
水羚属 *Kobus*				
K. ellipsiprymnus	非洲水羚 Waterbuck	非洲	科特迪瓦	Couacy-Hyman, 2005
K. kob	赤羚 Kob	非洲	科特迪瓦	Couacy-Hyman, 2005

（一）羊亚科（Caprinae）

已知羊亚科中山羊属（*Capra*）、盘羊属（*Ovis*）、岩羊属（*Pseudois*）、鬣羊属（*Ammotragus*）成员能自然感染PPR。据报道，该亚科中成员感染PPR多为最急性或急性感染，死亡率可达100%。最急性感染病例中病羊出现严重腹泻后几小时或几天后死亡，急性感染病羊临床症状与家羊相似。

Furley等最早于1987年报道阿联酋阿莱茵动物园中1只努比亚羱羊（*Capra nubiana*）自然感染PPR死亡[15]。根据Kinne等的报道，阿联酋分别于2005年和2008年发生半放养野生动物PPR疫情，6只送检的死亡努比亚羱羊样品中，1只为PPRV核酸阳性。在该报道中，1只阿富汗捻角山羊（*C. falconeri*）样品经病理剖检和免疫组化试验，证明可能为PPRV感染。Abubakar等报道，2009年在巴基斯坦西南部凯撒尔国家公园（Kir Thar）发生土库曼野山羊（*C. aegagrus blythi*）PPR疫情，在1个月内发现36只野羊死亡，表现为最急性和急性发病，病羊在出现临床症状后数小时到1周内死亡。病羊临床症状为发热、眼鼻有大量脓性分泌物、乏力、腹泻、厌食。一只病羊样品经检测为PPRV核酸阳性[16]。伊拉克北部库尔德斯坦自治区于2010年8月至2011年2月发生野山羊（*C. aegagrus*）PPR疫情，共有762只野山羊病死。羊临床症状为消瘦、共济失调、眼鼻有大量脓性分泌物、乏力等。4只病羊经检测为PPRV核酸阳性，其中一只病羊为PPR抗体阳性[17]。

目前仅有一起野生盘羊感染PPR的报道，1983年阿联酋阿莱茵动物园中发生野生动物PPR疫情，疫情涉及两个圈中80只拉雷斯坦盘羊（*Ovis gmelini laristanica*），公羊圈中35只盘羊有19只发病死亡，死亡率为54.3%，种羊圈中45只母羊和羔羊有29只发病死亡，死亡率为64.4%[15]。康复盘羊在2年后仍可检测到高水平（中和滴度达$10^{2.8}$）的PPRV中和抗体。

包静月等报道2008年西藏阿里地区野生岩羊（*Pseudois nayaur*）PPR疫情，发现19只岩羊尸体，在附近发现一只发病岩羊，临床症状为眼鼻有大量脓性分泌物、腹泻和跛行，经检测为PPR抗体阳性，PPRV核酸阳性[18]。

在Kinne等报道的阿联酋野生动物PPR疫情中，送检的8只死亡阿联酋鬣羊（*Ammotragus lervia*）样本中，2只为PPRV核酸阳性[19]。

（二）羚羊亚科（Antilopinae）

瞪羚属（*Gazella*）多个成员能感染PPR并发病死亡。Furley等最早于1987年报道阿联酋阿莱茵动物园中小鹿瞪羚（*Gazella dorcas*）感染PPR死亡，8只瞪羚中3只急性死亡，另外4只表现为厌食、颤抖、流涎、腹泻，出现症状后17d内死亡，仅1只康复。从病变组织中分离到的PPRV毒株，经动物攻毒试验证明为高致病性毒株[15]。Elzein等报道沙特阿拉伯一农场中小鹿瞪羚和汤普森瞪羚（*G. thomsoni*）感染PPR死亡[20]。5只汤普森瞪羚感染发病后全部死亡，死亡率达100%。230只小鹿瞪羚中，138只发病并死亡，死亡率60%，病死率100%。患病动物表现为厌食、呆滞，而后发热，体温高达41.5℃，出现流泪、流出大量鼻分泌物、流涎、呼吸沉重和腹泻，最后死亡。从患病瞪羚组织样本中分离到一株PPRV。在Kinne等报道的阿联酋野生动物PPR疫情中，4只细角瞪羚（*G. subgutturosa marica*）、7只阿拉伯山瞪羚（*G. gazelle cora*）、2只阿拉伯瞪羚（*G. gazella*）被发现死亡，病理剖检和免疫组化证明可能为PPRV感染[19]。从位于土耳其东南的Ceylanpinar波斯瞪羚（*G. subgutturosa*）繁育农场采集的82份波斯瞪羚血清样品中，10份为PPR抗体阳性，阳性率为12%[21]。

尚没有确切证据证明跳羚（*Antidorcas*）属成员能感染PPR。在Kinne等报道的阿联酋野生动物PPR疫情中，1只跳羚（*Antidorcas marsupialis*）被发现死亡，病理剖检和免疫组化证明可能为PPRV感染[19]。

（三）牛亚科（Bovinae）

目前未见牛亚科野生动物感染PPRV发病的确切报道。Couacy-Hymann等开展了西部非洲野生动物PPR的监测，结果，在采集的56只非洲水牛（*Synceros caffer*）样本中，1份为PPR抗体阳性，3份混样鼻棉拭子样本（每份混样5个样本）为PPRV核酸阳性[22]。在Kinne等报道的阿联酋野生动物PPR疫情中，3只树羚（*Tragelaphus scriptus*）被发现死亡，病理剖检和免疫组化证明可能为PPRV感染[19]。在Furley等报道的阿联酋阿莱茵动物园PPR疫情中，1只蓝牛羚（*Boselaphus tragocamelus*）经检测为PPR中和抗体阳性，但是没有任何临床症状[15]。

（四）其他亚科

在Couacy–Hymann等开展的西部非洲野生动物PPR监测中，采集的39只非洲水羚（*Kobus ellipsiprymnus*）样本中，1份为PPR抗体阳性，1份混样鼻棉拭子样本（每份混样5个样本）为PPRV核酸阳性；113份赤羚（*K. kob*）样本中，未检测到PPR抗体阳性，1份混样鼻棉拭子样本（每份混样5个样本）为PPRV核酸阳性；19份狷羚（*Alcelaphus buselaphus*）样本中，未检测到PPR抗体阳性，1份混样鼻棉拭子样本（每份混样5个样本）为PPRV核酸阳性[22]。

在Kinne等报道的阿联酋野生动物PPR疫情中，1只黑斑羚（*Aepyceros melampus*）死亡，病理剖检和免疫组化证明可能为PPRV感染[19]。

在Furley等报道的阿联酋阿莱茵动物园PPR疫情中，4只南非长角羚（*Oryx gazella*）中1只幼年羚羊出现腹泻后于当天急性死亡，2只成年羚羊分别出现腹泻症状后4d和13d死亡，1只怀孕母羚羊康复并产下一幼仔[15]。

Ogunsanmi等从尼日利亚采集38份非洲灰麂羚（*Sylvicapra grimmia*）血清样品，检测结果表明其中4份为PPR抗体阳性，提示非洲灰麂羚可能感染PPR[23]。

四、骆驼

Haroun等最早于2002年报道，在100份采自苏丹西部Darfur地区的骆驼血清中，14份经ELISA检测为PPR抗体阳性[24]。2005年，Abraham等报道其于2001年采自埃塞俄比亚北部Afar地区的400份骆驼血清样品中，

10份为PPR抗体阳性，在其他地区采集的228份样品则为阴性[25]。Saeed等对2008年在苏丹采集的392份血清样本进行PPR抗体检测，结果仅1份样品为阳性，阳性率仅为0.3%[26]。2010年，Khalafalla等报道2004年8~10月在苏丹东部Kassala地区暴发骆驼PPR疫情，共有516只骆驼死亡，死亡率为0~50%。临床症状主要为急性死亡、腹泻和流产。一些病例出现温和症状，如皮下水肿、颌下肿胀、胸部疼痛和间歇性咳嗽、产奶量下降、体重下降、摄水量增加，症状持续10~14d。病死动物主要为产后母骆驼和怀孕母骆驼[27]。

五、其他动物

白尾鹿在实验条件下能够感染PPRV，表现为亚临床感染或严重发病，临床症状与山羊相似，康复后可检测到保护性抗体[28]。猪在实验条件下能通过接种和接触感染PPRV，不出现临床症状，但是没有证据表明猪能传播病毒[29]。

第三节 分布特征

一、群体分布

（一）年龄分布

不同年龄羊对PPR都易感。新生羔羊的母源抗体在3~4月龄即下降。Khan等对巴基斯坦旁遮普地区（Punjab）开展PPR流行病学调查，结果表明，不论山羊还是绵羊，PPR抗体阳性率随年龄增长递增，绵羊为0～12月龄47.52%、1～2岁59.09%、2岁以上78.67%，山羊为0～12月龄42.44%、1～2岁50.68%、2岁以上66.15%。2岁以上绵羊和山羊可能经历过数次PPR感染，所以普遍有PPR抗体[13]。

（二）种和品种分布

山羊比绵羊易感。Abubakar等对427份疑似样品进行PPRV抗原检测，结果山羊阳性率为46.36%（102/220），而绵羊阳性率为35.27%（73/207）[30]。Singh对印度2001—2003年暴发的PPR疫情进行分析，结果58起确诊的疫情中，32起仅涉及山羊，13起仅涉及绵羊，5起山羊和绵羊都发病[31]。临床观察表明，山羊感染PPR后临床症状更为严重，死亡率更高。而绵羊则病症较温和，康复率更高。

山羊和绵羊感染PPR后的抗体阳性率存在差异。在埃塞俄比亚、突尼斯和约旦，血清学流行病学调查结果显示，山羊PPR抗体阳性率高于绵羊。而土耳其、印度、巴基斯坦等的调查结果表明，绵羊PPR抗体阳性率高于山羊。在巴基斯坦，也有研究表明，山羊PPR抗体阳性率高于绵羊。导致这一差异的主要原因可能为：

一是采样偏差。上述调查中，山羊和绵羊的采样数量比例为1∶5到5∶1不等，这种采样偏差可能导致结果有偏差。值得注意的是，在埃塞俄比亚开展的大规模血清学调查结果显示，4 211份绵羊血清和4 585份山羊样品PPR抗体阳性率分别为8.3%和9.4%，差异较小[32]。同样，印度一项调查显示，108份绵羊血清和108份山羊血清PPR抗体阳性率分别为29.16%和28.7%，差异较小[33]。

二是饲养模式不同。在印度，山羊主要为肉用，通常一年出栏，而绵羊用于剪毛和肉用，饲养期更长，绵羊群中感染耐过动物所占比例高，所以群体抗体阳性率高。

不同品种的羊对PPR易感性有差异。西非矮山羊比西非长腿羊易感。在同一次PPR疫情中，41只西非矮山羊全部急性发病，其中30只死亡；

而31只西非长腿羊中，3只表现为温和型病症，仅1只死亡[34]。Guinean矮山羊比Sahelian羊易感，而Alpine羊对PPR高度易感[35]。

（三）性别分布

母羊和公羊对PPR都易感。母羊和公羊感染PPR后的抗体阳性率存在差异。Khan等研究表明，在巴基斯坦东部旁遮普地区（Punjab）母羊（59.24%）比公羊（41.18%）PPR抗体阳性率高[13]。而Mahajan的研究表明，在印度西北部查漠–克什米尔邦（Jammu and Kashmir）公羊（33.33%）的抗体阳性率高于母羊（24.53%）[33]。这种差异可能与不同的养殖模式有关。

二、时间分布

PPR疫情暴发频率与季节相关。在印度，在炎热而干旱的夏季（3～6月），由于草料不足，羊营养状况差，免疫力下降，导致PPR高发；而在雨季（6～9月），牧草充足，PPR疫情较少[31]。在巴基斯坦，冬季（10月至次年3月）为PPR高发的季节，主要是因为冬季草料缺乏，羊营养状况差，导致PPR高发[30]。

三、地区分布

在PPR流行国家，不同地区的流行率不同。在印度，南部和西南地区PPR抗体阳性率达30%～60%，北部地区为10%～30%，而东北部仅不到2.1%[31]。这与不同地区羊的饲养量有关，南部地区绵羊饲养量高，PPR自1987年传入后一直在该地区流行。而北部地区尤其是东北部地区，羊的饲养量少，PPR流行时间短。

养殖模式对PPR流行率也有影响。在印度西北部山区，每年进行季节性转场的羊群PPR抗体阳性率比不转场的羊群高1.61倍。可能是因为在转场过程中，羊群传播疫病的概率增加，而且由于应激等原因，羊群易感性增加[33]。

第四节　分子流行病学

依据小反刍兽疫病毒*F*基因和*N*基因片段序列，可将PPRV分为4个谱系。研究PPRV谱系与地区分布之间的关系，对于疫病溯源和防控具有重要意义。

一、谱系划分

Shaila等于1996年首次提出PPRV分子分型[36]。作者对19株不同来源的PPRV毒株进行*F*基因3’端部分序列的扩增和序列测定，对长度为322bp的序列进行比对，利用PHYLIP软件进行遗传进化分析。结果，19株毒株可以分为4个不同的谱系（Lineage），第Ⅰ谱系包括20世纪70年代初期分离自非洲尼日利亚、塞内加尔和苏丹的毒株（如Nigeria75/1等），第Ⅱ谱系包括1990年前后分离自科特迪瓦和几内亚的毒株，第Ⅲ谱系包括1972—1992年分离自苏丹、阿曼和印度南部的毒株，第Ⅳ谱系包括1993—1995年分离自伊朗、沙特阿拉伯、巴基斯坦、孟加拉国、尼泊尔、印度等亚洲国家的毒株。这一结果提示PPRV通过独立进化成为4个不同的谱系，在非洲存在3个不同的谱系，而在亚洲存在2个不同的谱系。第Ⅲ谱系含有来自非洲和亚洲的毒株，提示非洲和亚洲之间传统的小反刍兽贸易可能导致病毒的洲际传播。

2007年，Kwiatek等报道基于*N*基因的PPRV分子分型研究[37]。他们对43株不同来源的PPRV毒株进行*N*基因3’端部分序列的扩增和序列测定，对长度为255bp的序列进行比对，利用“Neighbor–Joining”方法进行遗传进化分析。结果，43个毒株同样可以分为4个谱系，第Ⅰ谱系包括1968—1994年分离自塞内加尔、布基纳法索、几内亚、科特迪瓦、几内亚比绍的毒株，第Ⅱ谱系包括1975—1999年分离自尼日利亚、加纳和马里的毒株，第Ⅲ谱系包括1972—1996年分离自苏丹、阿曼、阿联酋、埃塞俄比亚的毒株，第Ⅳ谱系包括1993—2004年分离自以色列、印度、土耳其、伊朗、沙特阿拉伯和塔吉克斯坦的毒株。

根据PPRV *N*基因谱系自西方向东方传播的假设，把分离自西非的毒株所属的谱系定义为第Ⅰ谱系，而把分离自东非的毒株所属的谱系定义为第Ⅱ谱系。与*F*基因谱系相比，*N*基因谱系更倾向于把毒株按照地理来源进行聚类，如1972年分离自苏丹的两个毒株，在*N*基因谱系中同属于第Ⅲ谱系，而在*F*基因谱系中两个毒株分别属于第Ⅰ谱系和第Ⅲ谱系。

二、谱系与地区分布的关系

第Ⅳ谱系分布最广，分布于南亚、中东和非洲北部，第Ⅲ谱系分布于中东和东非，第Ⅰ谱系和第Ⅱ谱系仅见于非洲（图1–2）。

（一）第Ⅳ谱系的分布

2011年前，研究者们普遍认为，第Ⅳ谱系病毒仅分布于中东和南亚，包括分离自以色列、印度、土耳其、伊朗、沙特阿拉伯和塔吉克斯坦的毒株。2011年，Kwiatek等对2000—2009年在苏丹采集的骆驼、绵羊和山羊PPR疑似样品和2008年摩洛哥PPR疫情绵羊病料进行PPRV检测和分子流行病学分析[38]。结果，绝大多数苏丹PPRV毒株属于第Ⅳ谱系，分别属于两个分支，一个分支与沙特阿拉伯1999年分离株高度同源，而另一个分支与喀麦隆1997毒株和中非共和国2004毒株同源。只有少数苏丹毒株属于第Ⅲ谱系，与Sudan Sinnar 72毒株相近。摩洛哥2008所有毒株都属于第Ⅳ谱系，属于沙特阿拉伯来源毒株分支。这一研究表明，第Ⅳ谱系毒株已经从中东传入北非和中非，成为主要流行毒株。

（二）其他谱系的分布

第Ⅰ谱系包括1968—1994年分离自塞内加尔、布基纳法索、几内亚、科特迪瓦、几内亚比绍的毒株。第Ⅱ谱系包括1975—1999年分离自尼日利亚、加纳和马里的毒株。第Ⅲ谱系包括1972—1996年分离自苏丹、阿曼、阿联酋、埃塞俄比亚的毒株。

第五节 分布

PPR是一种地方性流行疫病，先后在非洲、中东和亚洲发生和流行。小反刍兽疫最早于1942年发现于西非。1970—1972年，PPR首次在东非国家苏丹发生，1983年传至阿拉伯半岛，1987年传至印度南部。在非洲，PPR流行于中部和北部。在亚洲，PPR在中东和南部的大部分国家流行。

一、非洲

（一）西非

西非是指非洲西部地区，包括西撒哈拉、毛里塔尼亚、塞内加尔、冈比亚、马里、布基纳法索、几内亚、几内亚比绍、佛得角、塞拉利昂、利比里亚、科特迪瓦、加纳、多哥、贝宁、尼日尔、尼日利亚17个国家和地区。在上述国家中，西撒哈拉和利比里亚为非OIE成员，疫情情况不清，其他所有国家都报告发生过PPR（图5–1）。

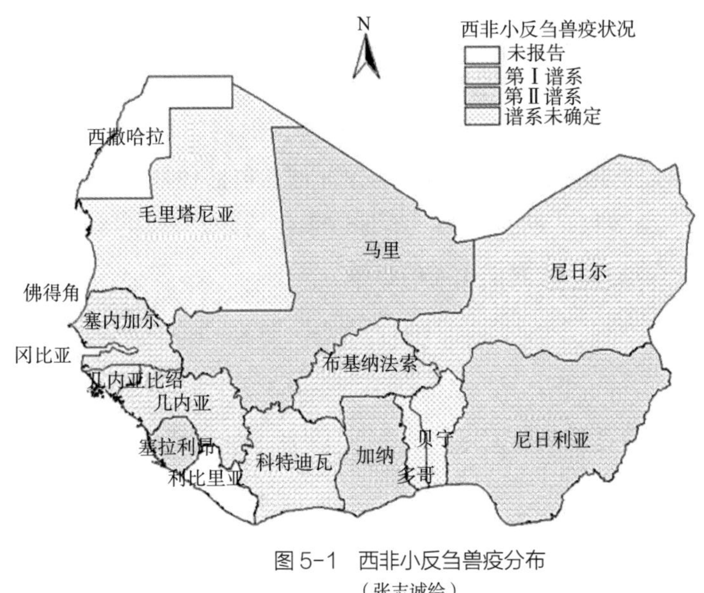

图 5-1　西非小反刍兽疫分布
（张志诚绘）

科特迪瓦是首次确认发生PPR的国家。1940—1941年，科特迪瓦发生山羊和绵羊的严重疫病，症状与牛瘟相似，但是同群牛并不发病。1942年，研究者将该病命名为“小反刍兽疫”[39]。1955年，塞内加尔报告发生山羊和绵羊PPR疫情[40]。1967年，尼日利亚报告发生山羊的口炎–肺肠炎综合征，直到1976年，才确定其病原为PPRV[41]。该分离株被用于研制减毒活疫苗，获得的疫苗株Nigeria 75/1是目前最为广泛应用的PPRV疫苗。Opasina和Putt于1985年报道尼日利亚发生的PPR疫情，发病率为13.7%～42.4%，病死率为41%～86.9%[42]。Goossens等于1998年开展冈比亚山羊和绵羊疫病状况调查，结果，山羊PPR抗体阳性率为39%，绵羊为49.5%[43]。根据OIE疫情报告，目前PPR在西非广泛流行。

分子流行病学研究表明，西非流行的毒株为第Ⅰ谱系和第Ⅱ谱系。尼日利亚、加纳、马里等国的流行毒株都属于*N*基因第Ⅱ谱系，而科特迪瓦、布基纳法索、几内亚比绍、几内亚等国的流行毒株都属于*N*基因第Ⅱ谱系。值得注意的是，塞内加尔1968年和1994年分离的毒株属于*N*基因第Ⅰ谱系，但是2010年分离的毒株属于*N*基因第Ⅱ谱系。Luka等对尼日利亚2007年和2009年发生的两起PPR疫情进行分子流行病学研究，结果表明，这些流行毒株与Nigeria 76毒株高度同源，都属于*F*基因第Ⅰ谱系（即*N*基因第Ⅱ谱系）[44]。Munir等对2009年塞拉利昂PPRV毒株进行分子流行病学分析，结果该流行毒株属于*N*基因第Ⅱ谱系[45]。

（二）东非

东非指非洲东部地区，包括苏丹、埃塞俄比亚、厄立特里亚、吉布提、索马里、肯尼亚、乌干达、卢旺达、布隆迪和坦桑尼亚。东非小反刍兽疫分布见图5-2。

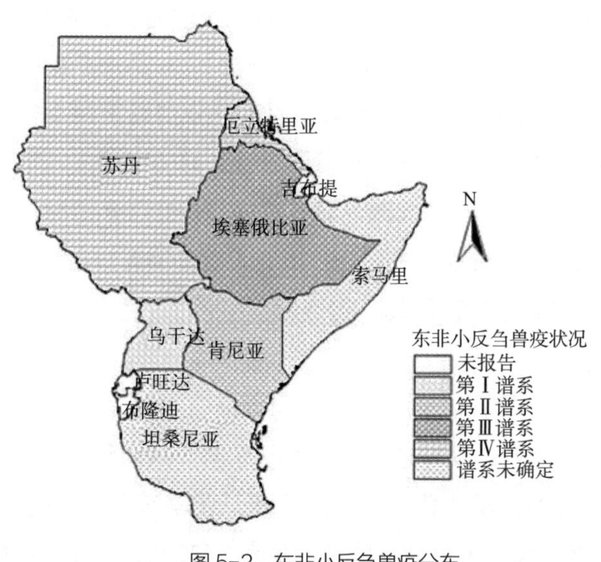

图5-2 东非小反刍兽疫分布
（张志城绘）

1. 苏丹

苏丹是东非地区最早发现PPR的国家。1971—1972年，在苏丹中部地区发生两起山羊牛瘟疑似疫情，经临床症状、抗原检测和牛瘟血清中和试验，诊断为牛瘟。但是研究者后来对该两株毒株进行血清学鉴定和动物攻毒试验，确定为PPRV[46]。此后，PPR在苏丹蔓延并持续流行。2009年，Osman等对采自苏丹6个不同地区的519份山羊和绵羊血清进行PPR抗体检测，结果，PPR抗体阳性率高达50%以上[47]。Saeed等对2008年采自苏丹11个不同地区的500份绵羊和306份山羊血清样品进行PPR抗体检测，结果，绵羊PPR抗体阳性率为67.2%，山羊抗体阳性率为55.6%[26]。

苏丹是最早报道骆驼感染PPR的国家。早期的报道仅提供了血清学阳性证据[24，26]。直到2010年，Khalafalla等报道2004年8~10月在苏丹东部Kassala地区暴发骆驼PPR疫情，死亡率为0 ~ 50%，临床症状、病理剖检、病毒分离和RT–PCR检测结果表明为PPR感染，这是首次关于骆驼感染PPR的临床报道[27]。

早期分子流行病学研究表明，苏丹流行的PPRV毒株属于第Ⅲ谱系[48]。2011年，Kwiatek等对2000—2009年在苏丹采集的骆驼、绵羊和山羊PPR疑似样品进行PPRV检测和分子流行病学分析[38]。结果，绝大多数苏丹骆驼、绵羊和山羊PPRV毒株属于第Ⅳ谱系，分别属于两个分支，一个分支与沙特阿拉伯1999年分离株高度同源，而另一个分支与喀麦隆1997毒株和中非共和国2004毒株同源。只有两株苏丹2000年毒株属于第Ⅲ谱系，与Sudan Sinnar 72毒株相近。这一研究表明，第Ⅳ谱系毒株已经从中东传入苏丹，成为主要流行毒株。

2. 埃塞俄比亚

早在1977年，就有埃塞俄比亚研究者报道当地发生羊小反刍兽疫临床疑似病例，但是，没有进一步的诊断证据。1994年，Roeder等报道了埃塞俄比亚首例小反刍兽疫疫情的诊断。在埃塞俄比亚南部的Addis Ababa地区发生一起山羊疫情，涉及同群畜1 432只，60%发病死亡。经AGID、分子探针杂交和竞争ELISA诊断，确诊为PPR[49]。1999年，埃塞俄比亚开展了大规模的PPR血清学调查，在全国11个行政区中选择7个区，共采集13 651份小反刍兽血清样品，检测PPR抗体，结果，PPR抗体阳性率平均为6.4%。不同行政区抗体阳性率差异较大，高的平均可达21.3%，而低的仅为1.7%。在行政区中不同地区抗体阳性率差异较大，最高的可达52.5%，最低的为0[32]。由于开展调查时该国未开展PPR免疫，所以这一结果提示在该国PPR的流行具有较大的地区差异性。2001年，Abraham等报道在大裂谷和Bati地区发生疑似PPR疫情，山羊发病率高达80%，绵羊不发病，经抗原ELISA检测，确诊为PPR[50]。埃塞俄比亚是最早报道骆驼感染PPR的国家之一[25]。分子流行病学研究表明，埃塞俄比亚流行的PPRV毒株属于第Ⅲ谱系[48]。

3. 厄立特里亚

1998年，Sumption等报道了厄立特里亚首例小反刍兽疫疫情的诊断。在Asmara地区东部发生PPR疑似疫情，经PPR特异的免疫荧光抗体试验确诊为PPR[51]。此后，PPR在该国呈地区性流行。Cosseddu等对厄立特里亚2002—2011年山羊和绵羊病例进行分子流行病学研究，结果，所有流行毒株都属于第Ⅳ谱系，但是分别属于两个分支，一个分支与沙特阿拉伯1999、苏丹2008、摩洛哥2008、埃及2011毒株高度同源，而另一个分支与苏丹2000毒株和喀麦隆1997毒株同源。这一结果提示厄立特里亚可能是PPRV第Ⅳ谱系从中东传入非洲的门户[52]。

4. 肯尼亚

2007年1月，肯尼亚首次向OIE报告，该国于2006年8月在裂谷省Turkana地区暴发两起山羊和绵羊PPR疫情。疫情逐步蔓延至裂谷省北部的16个地区，其中疫情最为严重的为Samburu West、Samburu East、Pokot、Marakwet、Baringo和Keiyo六个地区。随后，疫情进一步蔓延至东部省、东北省、海岸省的46个地区。据统计，2006—2008年，该国超过500万只羊感染PPR，死亡数量超过250万只，造成的损失每年超过1 500万美元[53]。目前，PPR仍是威胁该国养羊业生产的重要疫病之一[54]。尚不清楚该国PPRV流行毒株的基因谱系情况。

5. 索马里

2006年，索马里中部地区Hiran、Middle Shabelle和Galgadud报告发生PPR。经调查，疫情并未发生扩散。该国随后在疫区周边构建了免疫带。2009年，在Gedo地区进行了PPR免疫[53]。

6. 乌干达

2007年4月，乌干达Moroto地区首次报告发生PPR疫情，随后，疫情在该国呈蔓延趋势。该国于2008年8月开展了PPR免疫。Luka等对2007—2008年在Karamoja地区采集的样品进行PPRV检测和分子流行病学分析。结果，3株毒株与尼日利亚来源毒株相近，属于第Ⅰ谱系，2个毒株与科特迪瓦来源毒株相近，属于第Ⅱ谱系，一个毒株属于第Ⅳ谱系。这一研究表明，在乌干达流行的PPRV毒株差异性大，可能来自于周边不同的国家[55]。

7. 坦桑尼亚

Wambura于1998年在坦桑尼亚开展了全国范围的PPR血清学监测，结果显示，采集的3 000份山羊和绵羊血清样品全部为PPR抗体阴性，证明该国当时未有PPR传入。2008年12月，该国Arusha区Ngorongoro报告发生PPR。Swai等开展了坦桑尼亚北部Ngorongoro、Monduli、Longido、Karatu、Mbulu、Siha和Simanjiro七个地区的PPR血清学调查，共采集了657份山羊血清和892份绵羊血清，结果PPR抗体阳性率为45.8%，其中山羊抗体阳性率为49.5%，明显高于绵羊（39.8%）[56]。

（三）中非

中非包括安哥拉、中非共和国、乍得、喀麦隆、赤道几内亚、加蓬、刚果（布）、刚果（金）、圣普9个国家。中非小反刍兽疫分布见图5–3。

喀麦隆是中非地区最早报道发生PPR的国家。早在20世纪80年代，该国就有发生PPR的报道。Ndamukong等在该国西北部开展调查，结果显示PPR是危害小反刍兽健康的重要疫病之一[57]。遗传进化分析表明，Cameroon 1997毒株属于第Ⅳ谱系，与Sudan 2000毒株属于一个分支[58]。

乍得于1993年开展PPR血清学流行病学调查，结果显示，在采集的475份血清中，34%为PPR抗体阳性。Bidjeh等对1993—1994年PPR疫情进行调查，首次从发病的萨赫勒山羊中分离到PPRV，并通过动物试验进行验证[59]。

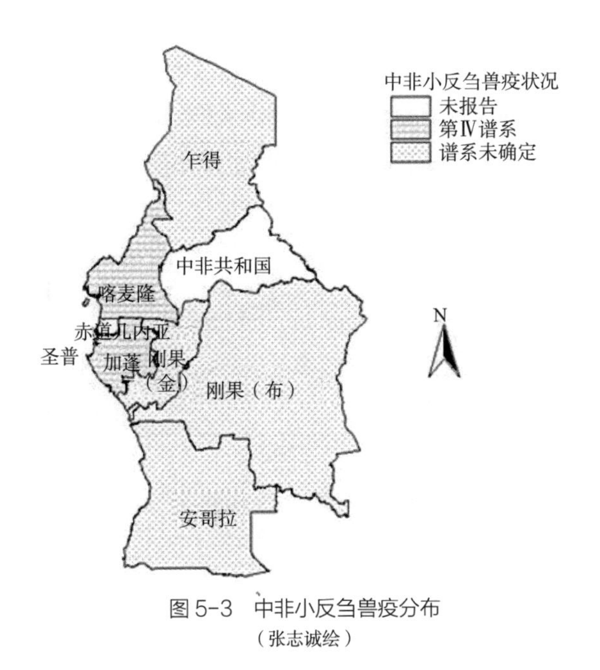

图 5-3 中非小反刍兽疫分布
（张志诚绘）

加蓬于1993年报告发生PPR疫情，通过临床症状和血清学检测进行了确诊。据报道，1996年该国发生一起大规模的PPR疫情。2011年9月加蓬东南部Aboumi镇发生PPR疫情，病羊表现典型的PPR临床症状，Maganga等通过RT–PCR进行了确诊，遗传进化分析显示该毒株属于第Ⅳ谱系，与Cameroon 1997毒株属于同一个分支。

刚果（布）于2006年7月向OIE报告Plateaux地区发生PPR疫情，疫情迅速蔓延至全国其他地区。2007年底至2008年，该国开展了全国范围的PPR免疫。

刚果（金）于2012年暴发大规模PPR疫情，导致75 000只山羊死亡。该国PPR疫情可追溯到1999年。

安哥拉于2012年10月向OIE报告Cabinda地区于2012年7月发生PPR疫情，系由刚果（金）引进的羊群发病。

（四）北非

从地理政治学上，联合国定义北非地区包括阿尔及利亚、埃及、利比亚、摩洛哥、突尼斯、苏丹和西撒哈拉七国。其中，西撒哈拉也属于西非，而苏丹属于东非。而埃及地跨非、亚两洲，大部分位于非洲东北部，只有苏伊士运河以东的西奈半岛位于亚洲西南角。北非小反刍兽疫分布见图5-4。

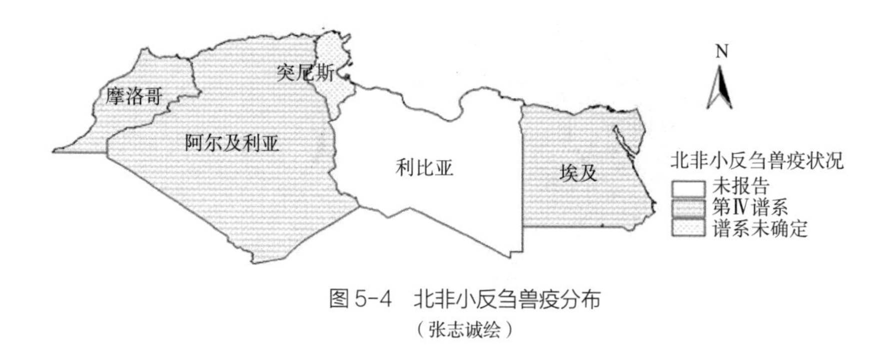

图5-4　北非小反刍兽疫分布
（张志诚绘）

1. 埃及

Ismail和Hous报道埃及于1987年发生首例山羊PPR疫情，发病率达90%，死亡率约为30%，他们通过临床症状、剖检、实验室诊断进行疫情确诊，并分离到了PPRV毒株（Egypt 87）[60]。他们进一步利用该分离株对埃及山羊和Boscat兔进行了动物攻毒试验，观察到轻微临床症状，检测到中和抗体水平的升高，同群山羊出现接触感染[61]。2006年，在埃及Kalubia省发生大规模的山羊和绵羊PPR疫情，发病率为26.1%，病死率为40.2%，山羊临床症状更为严重，临床症状、剖检变化、血清学检测和病原学检测结果证明为PPRV感染[62]。2012年6月，埃及向OIE报告Al Qahirah和Al Isma' iliyah省分别发生PPR疫情[63]。遗传进化分析表明，Egypt 2009毒株属于第Ⅳ谱系。

2. 摩洛哥

除了埃及以外，北非各国长期以来无PPR。2008年6月12日，摩洛哥中北地区Moulay Yacoub省Ain Chkef镇Douar Ouled M' hamed村发生PPR疫情，疫情迅速扩散，到2008年9月10日，共发生257起疫情，涉及61个省中的36个省。5 628只山羊和绵羊患病，2 609只死亡。2008年9月22日至11月26日该国开展大规模的PPRV免疫，完成了2 000万只绵羊和山羊的免疫[64]。疫情来源不详。但是，普遍认为是由于引入受感染的活动物引起的。在北非各国之间，活动物的跨境移动难以控制，尤其在南部地区，生活着撒哈拉游牧民族。而且，在一些盛大的传统节日期间，北非各国之间的绵羊交易激增，由于缺乏有效的跨境动物移动控制措施，易导致疫病传播[65]。遗传进化分析研究表明，摩洛哥2008所有毒株都属于第Ⅳ谱系，属于沙特阿拉伯来源毒株分支[38]。

3. 阿尔及利亚

2011年2月，阿尔及利亚向OIE报告在其西南地区5个省份发生7起PPR疫情，患病动物呈亚临床感染，经cELISA检测为PPR抗体阳性。2010年1月和5月，阿尔及利亚西部撒拉威领地发生山羊PPR疑似疫情。为了证明是否有PPR传入，De Nardi等在阿尔及利亚西部Tindouf省的撒拉威难民营进行了调查，结果采集的9只山羊中3只为PPRV核酸阳性。遗传进化分析表明，阿尔及利亚PPRV属于第Ⅳ谱系，与Morroco 2008属于同一个分支[66]。

4. 突尼斯

突尼斯于2006年9月至2007年1月间，开展了PPR血清学调查，从6个地区采集263份绵羊和119份山羊血清样品，利用cELISA进行检测，结果PPR抗体阳性率为7.45%[67]。2013年10月，突尼斯向OIE报告Kairouan地区发生PPR疫情，这是2009年5月后该国再次暴发PPR疫情。

二、亚洲

（一）中东

1. 阿曼

1978年，阿曼开展了全国范围的家畜病毒性疫病监测工作，结果显示，存在PPR抗体阳性，这是第一次在非洲以外地区报告PPR[68]。1990年，Taylor等报道在阿曼4个地区开展了PPR流行病学调查，结果PPR抗体

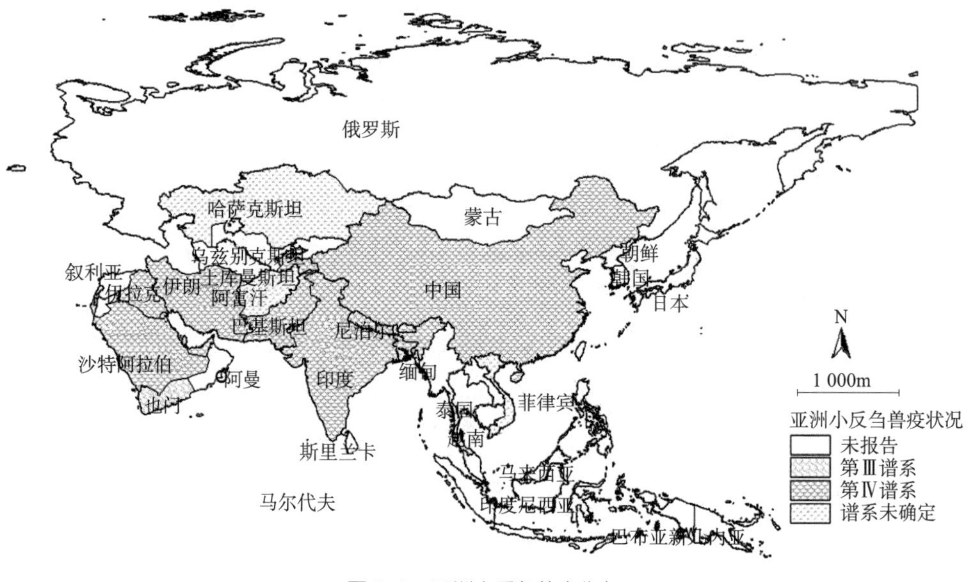

图 5-5 亚洲小反刍兽疫分布
（张志诚绘）

阳性率分别为Batina coast地区26.5%，Oman interior地区32.8%，Sharqiyah地区24.5%，Salalah地区4.8%，表明PPR在上述地区广泛流行。分离到2株毒株，动物攻毒试验和核酸杂交试验结果证明为PPRV。但是，PAGE（聚丙烯酰胺凝胶电泳）结果和病毒中和试验结果显示阿曼毒株与非洲毒株在特性上有很大差异，提示它们由于地域阻隔而独立进化[69]。Dhar等开展基于*F*基因的遗传进化分析，发现阿曼83毒株属于第Ⅲ谱系[48]。Kwiatek等进行基于*N*基因的遗传进化分析，结果同样显示阿曼83毒株属于第Ⅲ谱系，与阿联酋来源的UAE/Dorcas/1986毒株属于同一个分支[38]。

2. 也门

没有关于也门的PPR疫情报道，但是，OIE参考实验室分别于2001年和2009年分离到来源于也门的PPRV毒株，2株毒株都属于第Ⅲ谱系[48, 58]。

3. 沙特阿拉伯

在沙特阿拉伯，早在1977年就发生绵羊疑似PPR疫情，1987年发生瞪羚和鹿的疑似PPR疫情[20]。但是，这两起疫情都没能分离到

PPRV。直到1990年，首次从该国东部的艾赫萨绿洲（Al–Ahsa oasis）地区的发病山羊中分离到PPRV毒株[70]。2002年3~4月，该国东部阿哈萨（Al–Hasa）省Hofuf镇暴发山羊和绵羊疫情，发病率为43%，病死率达到100%。根据临床症状和剖检变化，经病毒分离、琼脂凝胶免疫扩散试验、病毒中和试验和间接荧光抗体实验，结果证实该疫情由PPRV引起[71]。2002年3月底，该国东部Al–Sheeyt省一私人农场中半放养的瞪羚发生PPR疫情，发病率为51%，病死率为100%[20]。2005年冬天，该国中部Qassim省发生山羊和绵羊PPR疫情，发病率为20%。进一步对周边10个省开展流行病学调查，结果绵羊PPR抗体阳性率为36.4%（363/996），而山羊阳性率为55.1%（530/962）。同群的牛和骆驼为PPR抗体阴性[72]。遗传进化研究表明，沙特阿拉伯PPRV流行毒株属于第Ⅳ谱系。

4. 阿联酋

1983年11~12月，阿联酋Al–Ain地区一大型动物园暴发野生反刍动物疫情，小鹿瞪羚、努比亚羱羊、绵羊和南非长角羚表现为严重的临床症状，蓝牛羚为亚临床感染，通过病毒分离、琼脂凝胶免疫扩散试验、病毒中和试验、ELISA、动物攻毒试验证实该起疫情为PPR[15]。Moustafa报道1987—1989年，阿联酋Al Ain地区共发生41起PPR疑似疫情，每年疫情数量分别为4（1987年）、15（1988年）、22（1989年）起，呈逐年增加的趋势[73]。遗传进化研究表明，阿联酋1986年分离自患病小鹿瞪羚的毒株UAE/Dorcas/1986属于第Ⅲ谱系，与阿曼的毒株Oman/IBRI/1983属于同一个分支[37]。2010年Kinne等报道，在2005年和2008年冬天分别在阿联酋的两个私人野生动物农场发生野生动物PPR疫情，对患病组织进行PCR检测，并对PCR产物进行序列测定和分析，结果发现病毒属于第Ⅳ谱系，与中国2007年西藏毒株关系相近，而与1999年和2002年分离自沙特阿拉伯患病瞪羚的第Ⅳ谱系毒株关系较远[19]。

5. 以色列

以色列最早于1994年报道发生PPR疫情。遗传进化研究表明，以色列PPRV毒株如Israel 94属于第Ⅳ谱系[36]。

6. 科威特

没有关于科威特PPR疫情的报道。但是，遗传进化研究表明，1999年分离自科威特的PPRV（Kuwait/99）属于第Ⅳ谱系。

7. 伊朗

1995年，伊朗靠近伊拉克边境的Ilam省暴发首例PPR疫情，经临床症状、病理性和血清学诊断确诊为PPRV感染。同年，疫情蔓延至另外8个省份，共39个羊群被感染。患病率为17.45%，病死率为27%。1995—2004年，疫情蔓延至伊朗全境28个省份，共1 433个羊群感染，患病率为7.7%，病死率为20.6%。发病率最高的为Gom省（283个羊群被感染），最低的为Semnan省（3个羊群被感染）。伊朗于1995—2004年在全境开展了绵羊和山羊的牛瘟疫苗免疫，2005年初进行了PPR疫苗免疫。但是，2005年3~9月，共19个省份报告发生PPR疫情，共93个羊群感染，在此期间，患病率为3.9%，病死率为18%。PPR给伊朗养羊业带来的直接经济损失达150万美元[74]。遗传进化研究表明，伊朗流行毒株属于第Ⅳ谱系[36, 37]。

8. 伊拉克

1998年9月，伊拉克首次向OIE和FAO报告发生山羊和绵羊PPR疫情。疫情发生于伊拉克北部的Irbil省和Dahuk省，Mosul As–Sulaimaniyah和Ta'amim等省份有疑似疫情。应该国要求，FAO于1999年底派出国际专家组赴该国指导疫情防控。FAO向该国提供了1 500万头份的疫苗，在伊拉克北部各边境省份开展了大规模的PPR免疫[75]。2000年，伊拉克暴发绵羊PPR疫情，经临床症状、免疫扩散试验和病理检查进行确诊[76]。2010年8月至2011年2月，伊拉克北部库尔德斯坦自治区发生野山羊（*Capra aegagrus*）PPR疫情，共有762只野山羊病死。经临床症状、病毒核酸检测和病毒抗体检测进行疫情确诊[17]。遗传进化研究表明该病毒属于第Ⅳ谱系，与土耳其来源的毒株关系最近。

9. 土耳其

1999年9月，土耳其首次向OIE报告发生PPR疫情。疫情发生于安纳托利亚东部的 Elazig省。47只山羊患病，6只死亡，没有绵羊患病报告。2000年1月，又报告两起新疫情，发生于西部的Isparta省和安纳托利亚东部的Mardin省，416只绵羊患病，38只死亡，没有山羊患病报告[77]。但是，有研究认为该病在此之前就已经在该国发生[78]。该国于1999—2000年在东部和西部的18个省开展PPR流行病学调查，其中11个省报告PPR临床疑似病例，9个省确诊为PPR。疫情主要涉及绵羊。采集山羊、绵羊和牛血清样品1 607份，经检测PPR抗体阳性率分别为山羊20.1%（42/209）、绵羊29.2%（315/1077）、牛0.9%（3/321）。对328份鼻棉拭子样品进行病毒分离，从2份来自Sakarya省的样品中分离到2株PPRV（Turkey 2000）[78]。2002年7月至2003年9月，该国西部Marmara地区Bursa省发生PPR疫情，发病率为8.3%~30%。疫区紧邻该国位于欧洲巴尔干半岛的东色雷斯地区[79]。随后，陆续有该国其他地区暴发PPR的报道，疫情涉及中部Kayseri省[80]、中部Kirikkale省[81]、西部Aydin省[82]以及北部黑海地区中部和东部4省[83]。宿主包括绵羊、山羊、骆驼和波斯瞪羚[21]。经遗传进化分析，该病毒属于第Ⅳ谱系，与沙特阿拉伯、伊朗等周边国家流行毒株遗传关系较近。PPR可能通过动物流动由安纳托利亚东南部传入该国[78]。

10. 黎巴嫩

黎巴嫩从未向OIE报告PPR疫情。但是，根据该国研究者报道，血清学调查结果显示，该国山羊、绵羊和牛的PPR抗体阳性率分别为52%、61.5%和5.72%[84, 85]。

11. 卡塔尔

2010年，OIE参考实验室确定卡塔尔流行的PPRV毒株为第Ⅲ谱系和第Ⅳ谱系病毒[58]。此外没有关于卡塔尔PPR疫情的报道和报告。

（二）南亚

1. 印度

印度最早于1987年在南部Tamil Nadu邦暴发绵羊PPR疫情[86]。有研究表明，可能早在20世纪70年代PPR就已经传入印度，因为早在1972年印度就有山羊和绵羊的牛瘟疫情报道，其中大部分疫情不涉及牛和水牛，临床症状和流行病学证据表明这些疫情可能由PPRV引起[87]。1992年，Tamil Nadu、Karnataka、Andhra Pradesh等邦暴发疫情。1994年7~9月，中部Maharashtra邦暴发山羊PPR疫情，发病率达63.2%～64.7%，病死率为21.7%～65.5%[88]。1994年，北部Rajasthan、Uttar Pradesh、West Bengal、Himachal Pradesh等邦陆续暴发山羊和绵羊PPR疫情[10]。1995年1月Tamil Nadu邦一水牛养殖场暴发PPR疫情，发病率为13%，病死率为96%[12]。此后，PPR在印度呈地方流行。据报道，Karnataka邦于1998—2007年共暴发624起PPR疫情，除了2001—2002年以外，每年发病[89]。2003—2006年中北部的Madhya Pradesh邦和Uttar Pradesh邦暴发3起PPR疫情[90]。Singh等对1998—2003年从16个邦采集的4 407份山羊和绵羊血清样品进行PPR抗体检测，结果PPR抗体阳性率为33%（绵羊36.3%，山羊32.4%）。因为所有样品采自PPR未免疫羊，所以该抗体阳性率反映了病毒的感染率[31]。Balamurugan等对2009—2010年从印度南部4个邦采集的2 159份（牛1 158份、水牛1 001份）血清样品进行PPR抗体检测，结果，阳性率为4.58%（牛4.75%，水牛4.39%）。而同时采集的绵羊和山羊血清样品PPR抗体阳性率分别为25.06%和10.22%[14]。到目前为止，仅有一株早期从印度南部分离的毒株India/TN/92属于第Ⅲ谱系（该毒株由位于英国的PPR OIE参考实验室分离，背景不详）[36]。此外，印度流行的PPRV毒株几乎全部属于第Ⅳ谱系[90]。

2. 巴基斯坦

巴基斯坦最早于1994年10月在其东部Punjab邦（与印度西北部接壤）暴发山羊PPR疫情，发病率为38.5%（148/384），病死率达100%[91]。2005—2006年，巴基斯坦开展全国PPR流行病学调查，结果显示，在全国6个邦中，PPR抗体阳性率为44.6%～55.2%，说明PPR已经在全国蔓延[92]。全国范围内不受控制的动物流动可能是导致PPR扩散的主要原因。2009年7月，位于巴基斯坦东南部Sindh邦Jamshoro地区的凯撒尔国家公园发生土库曼野山羊（Sindh Ibex）PPR疫情，该起野生动物疫情可能由家羊传染[16]。遗传进化分析表明，巴基斯坦PPRV属于第Ⅳ谱系，与中东和印度来源的毒株遗传关系较近[93]。

3. 孟加拉国和尼泊尔

孟加拉国最早于1993年由FAO专家组在Mymensingh地区发现当地孟加拉黑山羊PPR疫情[94]。此后该国陆续有关于PPR疫情的报道，表明PPR在该国呈地方性流行[95, 96]。遗传进化分析表明，孟加拉国PPRV流行毒株属于第Ⅳ谱系，与印度流行毒株关系较近[48]。OIE参考实验室确定尼泊尔1995年流行的PPRV毒株为第Ⅳ谱系病毒[48]。2009年9月13日《加德满都邮报》报道，尼泊尔东部与印度接壤的Mohattari地区暴发山羊PPR疫情[97]。此外，没有关于尼泊尔PPR疫情的报道和报告。

4. 阿富汗

2003年，阿富汗农业部和FAO家畜项目组在阿富汗北部省份采集患病羊羔血清样品进行流行病学分析，结果46份样品中42份为PPR抗体阳性[98]。2008—2009年，阿富汗15个省报告7 741起PPR疫情。2009年，FAO调查发现PPR在阿富汗全国范围内呈地方性流行，PPR抗体阳性率为0（Kapisa省）~ 50%（Heart省）[85]。

5. 不丹

2010年7月不丹向OIE报告，该国西南部Chhukha省于6月22日暴发山羊PPR疫情，发病率为36.5%（27/74），病死率为100%。该起疫情由于从南部边境镇Phuntsholing引进山羊而引起，该流行毒株属于第Ⅳ谱系[99]。

（三）中亚

1. 哈萨克斯坦

1997—1998年，哈萨克斯坦开展家畜疫病流行病学调查，竞争ELISA检测结果显示，少量血清样品为PPR抗体阳性，阳性率分别为牛2.2%（6/279）、绵羊0.6%（3/542）、山羊0.7%（1/137）[102]。

2. 塔吉克斯坦

2004年，塔吉克斯坦西部Gharm、Farkhror、Tavildara地区暴发PPR疫情，经竞争ELISA、RT–PCR和序列分析进行确诊，遗传进化分析表明该流行毒株属于第Ⅳ谱系[37]。

（四）东南亚

越南

Maillard等报道，在越南开展的北部山区动物疫病流行病学调查中，竞争ELISA检测结果显示，少量血清样品为PPR抗体阳性，阳性率分别为山羊1.1%（3/283）、牛1.6%（1/63）、水牛4.5%（1/22）。但是，在采样前和采样后一年都未观察到动物临床症状[103]。关于越南PPR状况还有待于进一步研究。

（五）东亚

中国

2007年7~9月，中国西藏首次暴发PPR疫情。该疫情涉及西藏阿里地区革吉县、日土县、札达县和改则县4个县、10个乡镇、13个村，共出现20个疫点，发病羊6 122只，死亡1 888只。发病率和病死率因羊群不同有较大的差异，统计分析发病率为1%～93.49%，平均为39.08%；病死率为0～100%，平均为19.5%。流行病学调查结果表明，2005年PPR可能就曾经传入与印度接壤的日土县热角村，但未被确诊。PPR可能从印度传入，在阿里境内缓慢向东扩散[100]。2008年西藏阿里地区革吉县文布当桑乡罗玛村发生野生岩羊小反刍兽疫疫情，未见家畜发病[18]。2008年6月初，在那曲地区尼玛县双湖区嘎措乡发生PPR疫情，疫情分布在双湖区嘎措乡二村的4个放牧点和双湖区多玛乡的5户牧民点，病羊及同群羊合计6 690只。2010年5月，阿里地区日土县多玛乡乌江村发生PPR疫情，疫情涉及两户同群羊共1 163只，死亡69只。此后，再无新的疫情报道。中国西藏PPRV流行毒株属于第Ⅳ谱系。

2013年11~12月，新疆发生PPR疫情，疫情涉及伊犁州、哈密地区、阿克苏地区、巴州4个地区5个县共5个疫点[101]。随后，疫情迅速蔓延，截至2014年底，我国共22省份报告发生PPR疫情，涉及261个疫点（详见第九章）。据遗传进化分析，此次疫情流行毒株属于第Ⅳ谱系，与巴基斯坦等国流行毒株遗传关系最近，与西藏流行毒株分别属于两个不同分支。此次疫情由中亚周边国家传入的可能性最大。

参考文献

[1] COUACY-HYMANN E, BODJO S C, DANHO T, et al. Early detection of viral excretion from experimentally infected goats with peste-des-petits ruminants virus [J]. Prev Vet Med, 2007, 78(1): 85–88.

[2] HAMMOUCHI M, LOUTFI C, SEBBAR G, et al. Experimental infection of alpine goats with a Moroccan strain of peste des petits ruminants virus (PPRV) [J]. Vet Microbiol, 2012, 160(1–2): 240–244.

[3] GIBBS E P, TAYLOR W P, LAWMAN M J, et al. Classification of peste des petits ruminants virus as the fourth member of the genus Morbillivirus [J]. Intervirology, 1979, 11(5): 268–274.

[4] OBI T U,PATRICK D. The detection of peste des petits ruminants (PPR) virus antigen by agar gel precipitation test and counter-immunoelectrophoresis [J]. J Hyg (Lond), 1984, 93(3): 579–586.

[5] EZEIBE M C, OKOROAFOR O N, NGENE A A, et al. Persistent detection of peste de petits ruminants antigen in the faeces of recovered goats [J]. Trop Anim Health Prod, 2008, 40(7): 517–519.

[6] BARON M D, PARIDA S,OURA C A. Peste des petits ruminants: a suitable candidate for eradication? [J]. Vet Rec, 2011, 169(1): 16–21.

[7] LEFEVRE P C,DIALLO A. Peste des petits ruminants [J]. Rev Sci Tech, 1990, 9(4): 935–981.

[8] BUNDZA A, AFSHAR A, DUKES T W, et al. Experimental peste des petits ruminants (goat plague) in goats and sheep [J]. Can J Vet Res, 1988, 52(1): 46–52.

[9] EL HARRAK M, TOUIL N, LOUTFI C, et al. A reliable and reproducible experimental challenge model for peste des petits ruminants virus [J]. J Clin Microbiol, 2012, 50(11): 3738–

3740.

[10] NANDA Y P, CHATTERJEE A, PUROHIT A K, et al. The isolation of peste des petits ruminants virus from northern India [J]. Vet Microbiol, 1996, 51(3–4): 207–216.

[11] ANDERSON J,MCKAY J A. The detection of antibodies against peste des petits ruminants virus in cattle, sheep and goats and the possible implications to rinderpest control programmes [J]. Epidemiol Infect, 1994, 112(1): 225–231.

[12] GOVINDARAJAN R, KOTEESWARAN A, VENUGOPALAN A T, et al. Isolation of pestes des petits ruminants virus from an outbreak in Indian buffalo (Bubalus bubalis) [J]. Vet Rec, 1997, 141(22): 573–574.

[13] KHAN H A, SIDDIQUE M, SAJJAD UR R, et al. The detection of antibody against peste des petits ruminants virus in sheep, goats, cattle and buffaloes [J]. Trop Anim Health Prod, 2008, 40(7): 521–527.

[14] BALAMURUGAN V, KRISHNAMOORTHY P, VEEREGOWDA B M, et al. Seroprevalence of Peste des petits ruminants in cattle and buffaloes from Southern Peninsular India [J]. Trop Anim Health Prod, 2012, 44(2): 301–306.

[15] FURLEY C W, TAYLOR W P,OBI T U. An outbreak of peste des petits ruminants in a zoological collection [J]. Vet Rec, 1987, 121(19): 443–447.

[16] ABUBAKAR M, RAJPUT Z I, ARSHED M J, et al. Evidence of peste des petits ruminants virus (PPRV) infection in Sindh Ibex (Capra aegagrus blythi) in Pakistan as confirmed by detection of antigen and antibody [J]. Trop Anim Health Prod, 2011, 43(4): 745–747.

[17] HOFFMANN B, WIESNER H, MALTZAN J, et al. Fatalities in wild goats in Kurdistan associated with Peste des Petits Ruminants virus [J]. Transbound Emerg Dis, 2012, 59(2): 173–176.

[18] BAO J, WANG Z, LI L, et al. Detection and genetic characterization of peste des petits ruminants virus in free-living bharals (Pseudois nayaur) in Tibet, China [J]. Res Vet Sci, 2011, 90(2): 238–240.

[19] KINNE J, KREUTZER R, KREUTZER M, et al. Peste des petits ruminants in Arabian wildlife [J]. Epidemiol Infect, 2010, 138(8): 1211–1214.

[20] ELZEIN E M, HOUSAWI F M, BASHAREEK Y, et al. Severe PPR infection in gazelles kept under semi-free range conditions [J]. J Vet Med B Infect Dis Vet Public Health, 2004, 51(2): 68–71.

[21] GUR S,ALBAYRAK H. Seroprevalance of peste des petits ruminants (PPR) in goitered gazelle (Gazella subgutturosa subgutturosa) in Turkey [J]. J Wildl Dis, 2010, 46(2): 673–677.

[22] COUACY-HYMANN E, BODJO C, DANHO T, et al. Surveillance of wildlife as a tool for

monitoring rinderpest and peste des petits ruminants in West Africa [J]. Rev Sci Tech, 2005, 24(3): 869–877.

[23] OGUNSANMI A, AWE E, OBI T, et al. Peste des petits ruminants (PPR)virus antibodies in African grey duiker(Sylvicapra Grimmia) [J]. African Journal of Biomedical Research, 2003, 6(1): 59–61.

[24] HAROUN M, HAJER I, MUKHTAR M, et al. Detection of antibodies against peste des petits ruminants virus in sera of cattle, camels, sheep and goats in Sudan [J]. Vet Res Commun, 2002, 26(7): 537–541.

[25] ABRAHAM G, SINTAYEHU A, LIBEAU G, et al. Antibody seroprevalences against peste des petits ruminants (PPR) virus in camels, cattle, goats and sheep in Ethiopia [J]. Prev Vet Med, 2005, 70(1–2): 51–57.

[26] SAEED I K, ALI Y H, KHALAFALLA A I, et al. Current situation of Peste des petits ruminants (PPR) in the Sudan [J]. Trop Anim Health Prod, 2010, 42(1): 89–93.

[27] KHALAFALLA A I, SAEED I K, ALI Y H, et al. An outbreak of peste des petits ruminants (PPR) in camels in the Sudan [J]. Acta Trop, 2010, 116(2): 161–165.

[28] HAMDY F M,DARDIRI A H. Response of white-tailed deer to infection with peste des petits ruminants virus [J]. J Wildl Dis, 1976, 12(4): 516–522.

[29] NAWATHE D R,TAYLOR W P. Experimental infection of domestic pigs with the virus of peste des petits ruminants [J]. Trop Anim Health Prod, 1979, 11(2): 120–122.

[30] ABUBAKAR M, JAMAL S M, HUSSAIN M, et al. Incidence of peste des petits ruminants (PPR) virus in sheep and goat as detected by immuno-capture ELISA (Ic ELISA) [J]. Small Ruminant Research, 2008, 75: 256–259.

[31] SINGH R P, SARAVANAN P, SREENIVASA B P, et al. Prevalence and distribution of peste des petits ruminants virus infection in small ruminants in India [J]. Rev Sci Tech, 2004, 23(3): 807–819.

[32] WARET-SZKUTA A, ROGER F, CHAVERNAC D, et al. Peste des petits ruminants (PPR) in Ethiopia: analysis of a national serological survey [J]. BMC Vet Res, 2008, 4: 34.

[33] MAHAJANA S, AGRAWALA R, KUMARB M, et al. Risk of seroconversion to peste des petits ruminants (PPR) and its association with species, sex, age and migration [J]. Small Ruminant Research, 2012, 104: 195–200.

[34] DIOP M, SARR J,LIBEAU G. Evaluation of novel diagnostic tools for peste des petits ruminants virus in naturally infected goat herds [J]. Epidemiol Infect, 2005, 133(4): 711–717.

[35] ALBINA E, KWIATEK O, MINET C, et al. Peste des Petits Ruminants, the next eradicated animal disease? [J]. Vet Microbiol, 2013, 165(1–2): 38–44.

[36] SHAILA M S, SHAMAKI D, FORSYTH M A, et al. Geographic distribution and epidemiology of peste des petits ruminants virus [J]. Virus Res, 1996, 43(2): 149–153.

[37] KWIATEK O, MINET C, GRILLET C, et al. Peste des petits ruminants (PPR) outbreak in Tajikistan [J]. J Comp Pathol, 2007, 136(2–3): 111–119.

[38] KWIATEK O, ALI Y H, SAEED I K, et al. Asian lineage of peste des petits ruminants virus, Africa [J]. Emerg Infect Dis, 2011, 17(7): 1223–1231.

[39] GARGADENNEC L,LALANNE A. La peste des petits ruminants. [J]. Bulletin des Services Zoo Techniques et des Epizzoties de l'Afrique Occidentale Francaise, 1942, 5: 16–21.

[40] MORNET P, ORUE J, GILLBERT Y, et al. La peste des petits Ruminants en Afrique occidentale française ses rapports avec la Peste Bovine [J]. Revue d'élevage et de Médecine Vétérinaire des Pays Tropicaux, 1956, 9: 313–342.

[41] HAMDY F M, DARDIRI A H, NDUAKA O, et al. Etiology of the stomatitis pneumoenteritis complex in Nigerian dwarf goats [J]. Can J Comp Med, 1976, 40(3): 276–284.

[42] OPASINA B A,PUTT S N. Outbreaks of peste des petits ruminants in village goat flocks in Nigeria [J]. Trop Anim Health Prod, 1985, 17(4): 219–224.

[43] GOOSSENS B, OSAER S, KORA S, et al. Abattoir survey of sheep and goats in The Gambia [J]. Vet Rec, 1998, 142(11): 277–281.

[44] LUKA P D, ERUME J, MWIINE F N, et al. Molecular characterization and phylogenetic study of peste des petits ruminants viruses from north central states of Nigeria [J]. BMC Vet Res, 2011, 7: 32.

[45] MUNIR M, ZOHARI S, SULUKU R, et al. Genetic characterization of peste des petits ruminants virus, Sierra Leone [J]. Emerg Infect Dis, 2012, 18(1): 193–195.

[46] EL HAG ALI B,TAYLOR W P. Isolation of peste des petits ruminants virus from the Sudan [J]. Res Vet Sci, 1984, 36(1): 1–4.

[47] OSMAN N A, ALI A S, ME A R, et al. Antibody seroprevalences against Peste des Petits Ruminants (PPR) virus in sheep and goats in Sudan [J]. Trop Anim Health Prod, 2009, 41(7): 1449–1453.

[48] DHAR P, SREENIVASA B P, BARRETT T, et al. Recent epidemiology of peste des petits ruminants virus (PPRV) [J]. Vet Microbiol, 2002, 88(2): 153–159.

[49] ROEDER P L, ABRAHAM G, KENFE G, et al. Peste des petits ruminants in Ethiopian goats [J]. Trop Anim Health Prod, 1994, 26(2): 69–73.

[50] ABRAHAM G,BERHAN A. The use of antigen-capture enzyme-linked immunosorbent assay (ELISA) for the diagnosis of rinderpest and peste des petits ruminants in ethiopia [J]. Trop Anim Health Prod, 2001, 33(5): 423–430.

[51] SUMPTION K J, ARADOM G, LIBEAU G, et al. Detection of peste des petits ruminants virus antigen in conjunctival smears of goats by indirect immunofluorescence [J]. Vet Rec, 1998, 142(16): 421–424.

[52] COSSEDDU G M, PINONI C, POLCI A, et al. Characterization of peste des petits ruminants virus, Eritrea, 2002–2011 [J]. Emerg Infect Dis, 2013, 19(1): 160–161.

[53] NYAMWEYA M, OUNGA T, REGASSA G, et al. Technical Brief on Pestes des Petits Ruminants (PPR), ELMT Livestock Services Technical Working Group [R]. USAID, 2008.

[54] BETT B, JOST C, ALLPORT R, et al. Using participatory epidemiological techniques to estimate the relative incidence and impact on livelihoods of livestock diseases amongst nomadic pastoralists in Turkana South District, Kenya [J]. Prev Vet Med, 2009, 90(3–4): 194–203.

[55] LUKA P D, ERUME J, MWIINE F N, et al. Molecular characterization of peste des petits ruminants virus from the Karamoja region of Uganda (2007–2008) [J]. Arch Virol, 2012, 157(1): 29–35.

[56] SWAI E S, KAPAGA A, KIVARIA F, et al. Prevalence and distribution of Peste des petits ruminants virus antibodies in various districts of Tanzania [J]. Vet Res Commun, 2009, 33(8): 927–936.

[57] NDAMUKONG K J, SEWELL M M,ASANJI M F. Disease and mortality in small ruminants in the North West Province of Cameroon [J]. Trop Anim Health Prod, 1989, 21(3): 191–196.

[58] BANYARD A C, PARIDA S, BATTEN C, et al. Global distribution of peste des petits ruminants virus and prospects for improved diagnosis and control [J]. J Gen Virol, 2010, 91(Pt 12): 2885–2897.

[59] BIDJEH K, BORNAREL P, IMADINE M, et al. First- time isolation of the peste des petits ruminants (PPR) virus in Chad and experimental induction of the disease [J]. Rev Elev Med Vet Pays Trop, 1995, 48(4): 295–300.

[60] ISMAIL I M,HOUSE J. Evidence of identification of peste des petits ruminants from goats in Egypt [J]. Arch Exp Veterinarmed, 1990, 44(3): 471–474.

[61] ISMAIL I M, MOHAMED F, ALY N M, et al. Pathogenicity of peste des petits ruminants virus isolated from Egyptian goats in Egypt [J]. Arch Exp Veterinarmed, 1990, 44(5): 789–792.

[62] ABD EL-RAHIM I H, SHARAWI S S, BARAKAT M R, et al. An outbreak of peste des petits ruminants in migratory flocks of sheep and goats in Egypt in 2006 [J]. Rev Sci Tech, 2010, 29(3): 655–662.

[63] OIE. Peste des petits ruminants, Egypt [EB/OL]. http://www.oie.int/wahis_2/public/wahid.php/Reviewreport/Review?page_refer=MapFullEventReport&reportid=13505, 2012.

[64] OIE. Peste des petits ruminants, Morocco [EB/OL]. http://www.oie.int/wahis_2/public/wahid.php/Reviewreport/Review?reportid=7570, 2008.

[65] SANZ-ALVAREZ J, DIALLO A, ROCQUE S D L, et al. Peste des petits ruminants (PPR) in Morocco [R]. Empres Watch, 2008.

[66] DE NARDI M, LAMIN SALEH S M, BATTEN C, et al. First evidence of peste des petits ruminants (PPR) virus circulation in Algeria (Sahrawi territories): outbreak investigation and virus lineage identification [J]. Transbound Emerg Dis, 2012, 59(3): 214–222.

[67] AYARI-FAKHFAKH E, GHRAM A, BOUATTOUR A, et al. First serological investigation of peste-des-petits-ruminants and Rift Valley fever in Tunisia [J]. Vet J, 2011, 187(3): 402–404.

[68] HEDGER R S, BARNETT I T,GRAY D F. Some virus diseases of domestic animals in the Sultanate of Oman [J]. Trop Anim Health Prod, 1980, 12(2): 107–114.

[69] TAYLOR W P, AL BUSAIDY S,BARRETT T. The epidemiology of peste des petits ruminants in the Sultanate of Oman [J]. Vet Microbiol, 1990, 22(4): 341–352.

[70] ABU ELZEIN E M, HASSANIEN M M, AL-AFALEQ A I, et al. Isolation of peste des petits ruminants from goats in Saudi Arabia [J]. Vet Rec, 1990, 127(12): 309–310.

[71] HOUSAWI F M T, ELZEIN E M E A, MOHAMED G E, et al. Emergence of Peste des Petits Ruminants in Sheep and Goats in Eastern Saudi Arabia [J]. Revue d'élevage et de Médecine Vétérinaire des Pays Tropicaux, 2004, 57(1–2): 31–34.

[72] AL-DUBAIB M A. Peste des petitis ruminants morbillivirus infection in lambs and young goats at Qassim region, Saudi Arabia [J]. Trop Anim Health Prod, 2009, 41(2): 217–220.

[73] MOUSTAFA T. Rinderpest and peste des petits ruminants-like disease in the Al-Ain region of the United Arab Emirates [J]. Rev Sci Tech, 1993, 12(3): 857–863.

[74] BAZARGHANI T T, CHARKHKAR S, DOROUDI J, et al. A Review on Peste des Petits Ruminants (PPR) with Special Reference to PPR in Iran [J]. J Vet Med B Infect Dis Vet Public Health, 2006, 53 Suppl 1: 17–18.

[75] FAO. Peste des petits ruminants in Iraq [R]. EMPRES Transboundary Animal Diseases Bulletin, 2000,(13): 116. http://www.fao.org /docrep/003/x7341e/x7341e01.htm#P116_20619.

[76] BARHOOM S S, HASSAN W A,MOHAMMED T A R. Peste des petits ruminants in sheep in Iraq [J]. Iraqi Journal of Veterinary Sciences, 2000, 13(2): 381–385.

[77] FAO. Peste des petits ruminants in Turkey [R]. EMPRES Transboundary Animal Diseases Bulletin, 2000,(13): 132.

[78] OZKUL A, AKCA Y, ALKAN F, et al. Prevalence, distribution, and host range of Peste des petits ruminants virus, Turkey [J]. Emerg Infect Dis, 2002, 8(7): 708–712.

[79] YESILBAG K, YILMAZ Z, GOLCU E, et al. Peste des petits ruminants outbreak in western

Turkey [J]. Vet Rec, 2005, 157(9): 260–261.

[80] CAM Y, GENCAY A, BEYAZ L, et al. Peste des petits ruminants in a sheep and goat flock in Kayseri province, Turkey [J]. Vet Rec, 2005, 157(17): 523–524.

[81] KUL O, KABAKCI N, ATMACA H T, et al. Natural peste des petits ruminants virus infection: novel pathologic findings resembling other morbillivirus infections [J]. Vet Pathol, 2007, 44(4): 479–486.

[82] ALBAYRAK H,GUR S. A serologic investigation for Peste des petits ruminants infection in sheep, cattle and camels (Camelus dromedarius) in Aydin province, West Anatolia [J]. Trop Anim Health Prod, 2010, 42(2): 151–153.

[83] ALBAYRAK H,ALKAN F. PPR virus infection on sheep in blacksea region of Turkey: epidemiology and diagnosis by RT-PCR and virus isolation [J]. Vet Res Commun, 2009, 33(3): 241–249.

[84] HILAN C, DACCACHE L, KHAZAAL K, et al. Sero-surveillance of ‘peste des petits ruminants’ PPR in Lebanon [J]. Leban Sci J, 2006, 7(1): 9–24.

[85] MUNIR M, ZOHARI S,BERG M. Molecular Biology and Pathogenesis of Peste des Petits Ruminants Virus[M]. Springer, 2013.

[86] SHAILA M S, PURUSHOTHAMAN V, BHAVASAR D, et al. Peste des petits ruminants of sheep in India [J]. Vet Rec, 1989, 125(24): 602.

[87] TAYLOR W P, DIALLO A, GOPALAKRISHNA S, et al. Peste des petits ruminants has been widely present in southern India since, if not before, the late 1980s [J]. Prev Vet Med, 2002, 52(3–4): 305–312.

[88] KULKARNI D D, BHIKANE A U, SHAILA M S, et al. Peste des petits ruminants in goats in India [J]. Vet Rec, 1996, 138(8): 187–188.

[89] HEGDE R, GOMES A R, MUNIYELLAPPA H K, et al. A short note on peste des petits ruminants in Karnataka, India [J]. Rev Sci Tech, 2009, 28(3): 1031–1035.

[90] BALAMURUGAN V, SEN A, VENKATESAN G, et al. Isolation and identification of virulent peste des petits ruminants viruses from PPR outbreaks in India [J]. Trop Anim Health Prod, 2010, 42(6): 1043–1046.

[91] AMJAD H, QAMAR UL I, FORSYTH M, et al. Peste des petits ruminants in goats in Pakistan [J]. Vet Rec, 1996, 139(5): 118–119.

[92] ZAHUR A B, ULLAH A, HUSSAIN M, et al. Sero-epidemiology of peste des petits ruminants (PPR) in Pakistan [J]. Prev Vet Med, 2011, 102(1): 87–92.

[93] MUNIR M, ZOHARI S, SAEED A, et al. Detection and phylogenetic analysis of peste des petits ruminants virus isolated from outbreaks in Punjab, Pakistan [J]. Transbound Emerg Dis,

2012, 59(1): 85–93.

[94] ISLAM M R, SHAMSUDDIN M, RAHMAN M A, et al. An outbreak of peste des petits ruminants in Black Bengal goats in Mymensingh, Bangladesh. [J]. The Bangladesh Veterinarian, 2001, 18: 14–19.

[95] BANIK S C, PODDER S C, SAMAD M A, et al. Sero-surveillance and immunization in sheep and goats agsinst peste des petits ruminants in Bangladesh [J]. Bangl. J. Vet. Med., 2008, 6(2): 185–190.

[96] RAHMAN M A, SHADMIN I, NOOR M, et al. Peste des petits ruminants virus infection of goats in Bangladesh: Pathological investigation, molecular detection and isolation of the virus [J]. The Bangladesh Veterinarian, 2011, 28(1): 1–7.

[97] 中华人民共和国商务部 . 尼泊尔东部暴发小反刍兽疫 [EB/OL]. http://www.mofcom.gov.cn/aarticle/i/jyjl/j/200909/20090906513665.html, 2009.

[98] MARTIN V,LARFAOUI F. Suspicion of foot-and-mouth disease (FMD) / peste des petits ruminants (PPR) in Afghanistan (5/05/2003) [EB/OL]. http://www.fao.org/eims/secretariat/empres/eims_search/1_dett.asp?calling=simple_s_result&publication=&webpage=&photo=&press=&lang=en&pub_id=145377, 2003.

[99] OIE. Peste des petits ruminants, Bhutan [EB/OL]. http://www.oie.int/wahis_2/public/wahid.php/Reviewreport/Review?page_refer=MapEventSummary&reportid=9496, 2010.

[100] WANG Z, BAO J, WU X, et al. Peste des petits ruminants virus in Tibet, China [J]. Emerg Infect Dis, 2009, 15(2): 299–301.

[101] 王清华 , 刘春菊 , 吴晓东 , 等 . 新疆小反刍兽疫疫情诊断 [J]. 中国动物检疫 , 2014, 31(1): 72–75.

[102] LUNDERVOLD M, MILNER-GULLAND E J, O'CALLAGHAN C J, et al. A serological survey of ruminant livestock in Kazakhstan during post-Soviet transitions in farming and disease control [J]. Acta Vet Scand, 2004, 45(3–4): 211–224.

[103] MAILLARD J C, VAN K P, NGUYEN T, et al. Examples of probable host-pathogen co-adaptation/co-evolution in isolated farmed animal populations in the mountainous regions of North Vietnam [J]. Ann N Y Acad Sci, 2008, 1149: 259-262.

第六章

实验室诊断

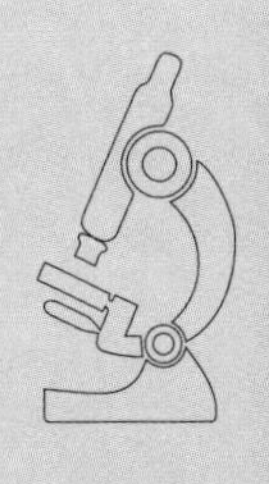

小反刍兽疫病毒（PPRV）属于副黏病毒科麻疹病毒属，抗原性和遗传关系与同一病毒属的牛瘟病毒（RPV）非常接近。山羊、绵羊和野生小反刍兽（如黄羊、岩羊、羚羊等）均易感染小反刍兽疫病毒，该病在临床上主要以发热、口鼻分泌物、腹泻和咳嗽等为特征。

小反刍兽疫的诊断可以通过临床观察、特征性症状、流行病学、死后剖检病变并结合各种血清学和分子生物学实验室诊断技术等综合判断。过去，小反刍兽疫的实验室诊断主要依靠常规技术，如琼脂凝胶免疫扩散（AGID）、对流免疫电泳、免疫捕获ELISA，在牛瘟没有被全球根除之前这些方法大多不能区分牛瘟和小反刍兽疫。近年来，随着细胞培养技术和分子生物学技术的发展，高灵敏度、高特异性、以检测病毒基因或抗原为基础的生物学技术逐步广泛应用于小反刍兽疫的检测，如RT-PCR、核酸杂交、Real-time RT-PCR、间接荧光抗体试验（IFAT）、病毒中和试验（VNT）、病毒分离、免疫组织化学检测、血清或病毒中和试验（VNT）和使用PPRV特异性单克隆抗体（MAbs）的ELISA等方法。然而，以基因组为基础的检测方法相对较麻烦，对实验室条件和检测人员的要求相对较高，并且费用较高。2013年年底至2014年上半年小反刍兽疫在中国大范围暴发，给我国的畜牧业带来巨大经济损失，开发和应用高灵敏度、高特异性和高通量的快速检测技术成为当务之急，特别是急需开发能在野外或现场应用的快速检测方法，以便迅速控制该病。

国际动物卫生组织（World Organisation for Animal Health，OIE）出版的《陆生动物诊断试验和疫苗手册》中第2.7.11章列出了当前可用于小反刍兽疫的诊断方法类型（表6-1），并且给出每种方法适用范围[1]。

值得注意的是，小反刍兽疫是我国法定报告的动物疫病，属于一类动物传染病，当开展相关试验时，如病毒分离、病原检测、血清处理、动物试验等，应当采取生物安全措施，严格按照《病原微生物实验室生物安全管理条例》进行。

表 6-1　小反刍兽疫的诊断方法和目的

方　法	目　的				
	群体无疫	个体无感染	临床病例确诊	流行率监测	个体或群体的免疫状态
竞争 ELISA	++	++	–	+++	+++
病毒中和试验	+++	+++	–	+++	+++
普通 RT-PCR	–	–	+++	–	–
Real-time RT-PCR	–	–	+++	–	–
病毒分离	–	–	++	–	–
免疫捕获 ELISA	–	–	+++	–	–
琼脂凝胶免疫扩散	–	–	+	–	+
对流免疫电泳	–	–	+	–	–

注：+++ 为推荐方法；++ 为适用的方法；+ 为在某种情况下可以使用，但成本、可靠性或其他因素限制其应用；– 为不适合该目的。尽管并非所有标记为 +++ 或 ++ 的检测方法都经过正式的标准化和验证，但它们日常的性质和已被广泛使用而无可疑结果的事实，使得这些方法可被接受。

第一节　样品采集与运送

动物疫病的实验室诊断从采样开始，样品的采集、运输和保存是小反刍兽疫诊断的重要环节，直接影响到下一步实验室检测结果的准确性与可靠性。根据不同目的，可以从动物或其环境采样，有时还需要对不同种类动物各不相同的样品进行采集。采样应明确目的，做到有的放矢，在数量上应满足统计学要求。样品采集时必须仔细谨慎，以免对动物产生不必要的刺激或损伤，还应当避免对采样者造成危险；有些样品必须无菌，而且要避免样品交叉污染。

样品应仔细包装，做好标记或标签，并以最快的运输方式送至实验室，而且根据不同样品类型做好温度控制。样品在包装、运输或邮寄时应当遵循有关规定，运输前应事先联系实验室；所有样品应带有书面材料，注明样品来源、采样人、送样单位或送样人，有关背景以及需要做的实验项目。关于小反刍兽疫采样的详细情况见下列内容。

一、流行病学方法采样

为提供科学且在统计学上有效的结果，样品应当采用流行病学方式适当采集，还应当考虑特定的调查研究目的并且保证质量、体积和数量。

为了实验室诊断而进行采样时，应该采集能得出最高灵敏性和特异性的样品，处于发病期、临床症状比较明显的发病动物，或者刚病死的动物都是比较好的样品来源。

根据所需要的结果采集不同类型和数量的样品时，应当随机采样，采集数量可以参考OIE《陆生动物诊断试验和疫苗手册》中“第1.1.1章：诊断样品的采集、提交和保存”关于流行病学方法采样部分所提出的采样量计算原则（文中分别给出了根据六种不同目的的采样量的计算方法）；也可以采用其他文献的计算公式计算得出。为了方便野外或现场情况下应用流行病学方法采样，一些能在智能手机上使用的流行病学应用程序（App）也被开发出来。如新西兰梅西大学EpiCentre开发的Epidemiology Toolbox App（Epi Tools），应用该程序可以方便、快速、准确地计算出不同情况下的采样量，它的安卓系统或苹果系统版本可在互联网上免费获取。

二、样品的采集

采样的人员应当经过适当培训，正确掌握各种动物的采样程序。检验前准备好所需的器械，如手术刀、解剖刀、钳子、镊子和剪刀；准备好足够装样品的容器，标签和记号笔。采样人员应具有采样经验、尸检技术和病理学知识，以便选择最合适的组织器官和最有价值的病灶进行采集。采样时注意防止样品之间相互污染。采样时注意采集不同动物应更换器械，若无法准备几套灭菌器械，解剖期间可以将器械放入无水乙醇中，然后进行火焰消毒。不能在组织样品上或其旁边使用消毒剂，以免影响病毒分离或后续实验。

（一）羊颈静脉采血方法

由于羊血液样品在监测中用得广泛，特以山羊为例将采血方法详细叙述如下[2,3]：

1. 羊的保定

在羊栏旁边选择平坦的场地或羊舍内进行保定，要求保定场地内不应有坑洼、乱石和尖锐物体存在，确保人和羊的安全。保定方法可分为一人站立保定法和三人放倒卧地保定法两种。① 一人站立保定法：对个体不大或性情温驯的山羊可采用一人站立保定法，具体操作方法是：首先将羊捕捉使其安静后，保定人站在羊的左侧，双手握住羊角或羊耳朵，右脚跨过羊肩部并用双腿用力挟住羊的肩胛部。然后换一只手握住羊的下颌骨，并将羊头转向一侧并稍微向后拉以方便采血操作。② 三人放倒卧地保定法：对性情比较暴躁强壮的种公羊，一定要采用此法保定。具体方法是用绳套捕住羊后，由一个体质强壮的男人先抓住羊的双角或耳朵，另外两人同时抓住羊的前后肢，同时向一侧用力将羊放倒，然后抓住羊的双脚和头等将羊保定住。

2. 采血部位选择及采血操作方法

羊颈静脉采血一般选择在颈静脉的中上部进行，羊被保定后，采血者用左手从上而下触摸颈静脉沟中的血管1/3处时，用手的虎口卡在羊的颈脖下，用拇指按住颈静脉沟中的血管。如果按对了血管会马上鼓起，肉眼可以看到较粗的血管隆起。如果未见鼓起，即说明未按对血管，应重新操作，直到找着血管为止。

右手持毛剪，在左拇指前沿静脉方向剪除羊毛，面积为2cm × 3cm，毛茬尽量剪短，依次擦涂碘酊及酒精。对于熟练采血者，也可以不用剪除羊毛，只要用手指拨开毛丛就可以了。左手拇指持续按压血管施压，使静脉血回流受阻而膨胀，采血者用眼观或用右手食指点击皮肤，确定血管隆起最高部位，右手拇指和食指持针，沿颈静脉纵向与颈呈45°角，向上刺入血管内，有回血后便说明已经刺入血管，然后再将针头在血管内向前伸入约1cm后固定，再用无菌注射器或真空采血管抽血，一般可抽5 ~ 10mL。抽血后拔出针头，左手拿干棉球压着针孔，右手把注射器拔出，左手继续按压针孔处止血1 ~ 2min。为使血清尽可能多析出，应将注射器向后拉1cm左右，并将采血管放在斜面处0.5 ~ 1h后再装箱运回[2, 3]。

3. 采血后的安全释放

采血完成后应注意山羊的安全释放，这是采血中的重要环节。应注意以下几点：如果是一人站立保定，放羊时保定人应先将右脚跨过羊背回到羊的左侧处并站稳。反手抓住羊角，稍用力向前推并尽快放开双手引导山羊往前走。大部分羊都能顺利地往前走，但也有少部分往两侧跑开。若是三人放倒卧地保定法，放羊时三人应同时放手，让山羊自然爬起走开。特别注意，在前面抓举羊角的保定人应先站到羊的左侧方，不能在正前方放羊，以防止羊往前冲而撞倒人。

4. 采血过程中可能遇到的问题及解决方法

（1）保定方法不正确或保定不稳　一般是由于保定人员的力量不足或保定方法不正确及个别神经特别敏感的山羊所造成。处理方法是应选择身强力壮和具有一定保定经验的人做保定。对个别神经特别敏感、性情暴躁的山羊应采用倒地侧卧强制保定，使其安静后方可采血。

（2）找不到静脉血管而无法采到血　出现这种情况可能的原因：一是新手操作技术不熟练，没有掌握颈静脉血管的位置；二是个别羊毛特别厚的羊也难以找到血管。解决的方法：一是平时多学习解剖学，了解颈静脉血管的位置；二是向经验丰富的兽医学习，加强实际操作训练。对于羊毛特别厚的羊应进行局部剪毛或刮净毛后使血管充分暴露，从而更方便采血。

（3）进针后抽不到血　这种情况大多数是与进针的角度和深度有关系。一是进针的角度太低或进针的深度太浅，针尖未刺入血管内而无法抽到血。二是进针的角度过大或过深，刺穿血管而造成采不到血。因此，平时采血时，应不断总结经验，提高采血技术水平。

（4）采血完毕后针孔出血或难止血　造成的原因：一是选用针头过粗、针孔过大而引起。二是山羊保定不稳，采血时羊猛烈挣扎造成血管撕裂而出血。三是采血完毕后按压针孔止血时间和压力不足、部位不对、药棉过湿等引起。四是个别山羊因为有特殊的生理因素而造成的，如血液中的血小板缺少等原因而引起血液难以凝固。处理方法：选择合适的针头，不能过粗、过长或过细；加强对山羊的保定力度使其稳定后方可进行采血；采血完毕后应用干药棉对准采血孔稍微用力按压1～2min进行止血；对出血量大而不止的羊可肌内注射维生素K或止血敏等止血药物进行止血。

（5）采血过程中常见意外事故的处理　常见易发的意外事故有：一是由于保定动作粗暴或保定方法不正确引起山羊呼吸困难或窒息休克死亡。二是意外损伤，如皮肤或肌肉损伤、出血、骨折等。处理方法：一是保定方法要正确、操作动作要轻、用力应适度，特别注意头部和颈部的保定工作，防止因保定不正确而造成羊窒息死亡。如果发生，应尽快使用肾上腺素、安钠咖注射液进行抢救。二是对于外伤引起的损伤应尽快进行外科手术治疗。如果出血较多应先止血后再包扎。骨折的应先进行固定后再止血包扎治疗。为防止细菌感染可以肌内注射青霉素加链霉素。

（二）病原学样品

动物感染发病后，病毒在动物体内各种组织脏器中繁殖扩增，在各个系统中均有分布，并不断排出体外，动物分泌物和排泄物中含有大量病毒。可以采集多种样品作为病原学样品。

棉拭子样品：对于活畜，选择处于发热期，排出水样眼分泌物，出现口腔溃疡、腹泻症状的动物进行样品采集。用1～2支棉拭子采集发病羊的眼结膜分泌物、鼻分泌物、口腔刮取物及肛门排泄物，放入2mL离心管中，管内可以添加1mL左右PBS（0.01mol/L，pH7.4）缓冲液，缓冲液中无需加甘油等保护剂。含有PBS的离心管可事先置于4℃，采样过程中置于保温盒中，盒中放冰块，冻存后备检。

全血样品：在发病早期，采集的全血中加入抗凝剂（乙二胺四乙酸或肝素，前者更有利于PCR检测）用于病毒分离，还可以用于PCR检测。采完血后应立即充分混匀样品，必要时加入抗生素以抑制细菌生长。

组织样品：选择刚被扑杀或死亡时间不超过24h的病畜采集组织样品。对病死羊剖检后，无菌采集2～3只羊的组织病料，如淋巴结，特别是肠系膜淋巴结和支气管淋巴结，以及肺、脾脏和肠黏膜，冷冻保存运送到实验室，若条件允许可以将样品放置在干冰或液氮内。每个组织样品应当单独放置在消毒过的带螺旋盖的小瓶或塑料袋中，标明样品信息。为了防止RNA降解可以将组织样品置于异硫氰酸胍（4mol/L）或TRIzol（Giboco，BRL）中。组织样品可用于病原核酸检测、病毒分离、免疫荧光检测、组织病理观察等。另外，在天气炎热的条件下，可以使用滤纸对血液或组织病料擦拭后快速采样和保存，该方法可以使病毒核酸样品在常温下保存很长时间，随后进行分子生物学检测和病毒分型。需要特别注意的是，用于组织病理学检查的组织病料样品厚度不能超过0.5cm，切成1～2cm^2，需要置于至少10倍于组织样品体积的4%～10%中性福尔马林溶液中。

（三）血清学样品

常规方法对山羊或绵羊颈静脉采集血液，然后分离血清。采血方法可以按照采血者的经验或习惯采用不同方法进行。

最好每个发病阶段的羊都采集血清，特别是发病后期的羊。血样在室温静置1～2h（温度不能过高）凝固，也可以采用带有促凝剂的采血管加速血样凝固，然后将凝固的血块挑出，再将血清至于4℃冰箱过夜，离心后吸出血清。每只羊采集的血清总量不少于1mL。进行病毒中和试验的血清应避免使用化学防腐剂，如硼酸或硫柳汞。

三、样品的运送与储存

样品采集后应尽快送至实验室检测。运输前应与接收实验室取得联系，确保发送的样品满足检测要求，并且保证该实验室有能力进行相关检测试验。若接受实验室位于国外，还应将托运单号和抵达时间等信息告知该实验室，并且附带相关说明文件（包括出入境许可证），运输包装还应该遵守国际航空运输管理条例。关于各种生物样品的包装和运输在《OIE陆生动物诊断实验和疫苗标准手册》中第1.1.2章（2013版）有详细介绍。

用于病毒分离的样品和血清样品如果能在24h内送达实验室，则可放在加冰块或冰袋的保温瓶/箱中运送；若样品不能在24h内送达实验室，则只能冷冻运送。用于组织病理学检查的福尔马林固定组织要与新鲜组织、血液和棉拭子样品分开包装。固定后，可以弃去固定液，只要将组织保持湿润（例如，可以用福尔马林浸泡的纸巾包裹，密封运送），就可送往实验室。

各种样品的保存条件如下：血清应置于–20℃长期保存；棉拭子样品、组织病料应置于–80℃保存；组织病理学样品不能冷冻，可在福尔马林溶液中室温保存。

四、生物安全

对活体动物采样时应避免对动物产生不必要的刺激或损伤，并且避免动物对采样人造成危险，必要时使用机械保定或使用镇静剂。无论在活体动物或死亡动物上采样时都要牢记人兽共患病的危险，以免使人感染。尸体剖检时必须符合操作所要求的卫生条件，避免污染环境，还要防止苍蝇或其他机械媒介、昆虫传播疾病。病料的处置也要符合要求。

采样时操作者应当穿戴防护衣、外套、乳胶手套、口罩、帽子和胶鞋，怀疑发病动物患人兽共患病时还需戴面具、护目镜，甚至正压生物安全防护服等，做好自身安全防护。

在不同群之间采样时，每进入一个畜群前都要先将衣物、鞋、器具等消毒处理，防止传播疫病；采样结束后还应妥善处理采样工具和污染物。

五、样品标记与记录

每个样品应当用适当的方法标记。标记应能承受各种条件，如潮湿和冷冻。记号笔的标记在湿润的条件下很容易被抹掉，铅笔的记录很容易被擦掉，标签贴在塑料袋上在-70℃以下很容易脱落。

采样过程中应该填写详细的采样单，采样单为一式三份，一份随样品送至实验室，一份留送检方存档，另外一份可由被检方留存。

样品采样单需包含以下必要的信息[4]：

采样地点和联系信息：畜主的姓名、采样地点（如果可能加上经度和纬度）、联系方式；采样人的联系方式（姓名、电话、邮箱和传真号码等）。

病例信息：① 怀疑的病原和所需做的实验；② 动物种类、品种、性别、年龄、被采动物的标识号；③ 采样日期和送样日期；样品名单和样品类型（所用运输培养基）；④ 病史，a）包括临床症状，持续期间患病动物的体温，口腔、眼睛、鼻腔的状况，有无腹泻；b）被检动物的描述，剖检前后的发现；c）发病动物到畜场的时间，如是刚到，来自何处；d）首个病例和继发病例的发病时间、损失，以前有无送过样品的参考数值。

流行病学信息：① 感染在群中传播的描述；② 各品种的动物数量，死亡数量、出现临床症状的数量，以及它们的年龄、性别和品种；③ 饲养类型和标准，包括生物安全措施和其他与病例出现相关的因素；④ 人员进出或从别的国家、地区引入动物的记录；⑤ 动物用药史，用药时间；⑥ 免疫史，疫苗种类和免疫时间；⑦ 该病的其他观察情况，饲养情况和出现的其他病情。

第二节　病毒分离与鉴定

检测小反刍兽疫病毒的方法有很多，以病毒分离为PPR检测的“金标准”[5]。但是病毒分离耗时长、繁琐，需要细胞培养设备，并且敏感性不如RT-PCR，因而不能作为常规的诊断方法[6]。尽管如此，仍有必要从临床样品中分离病毒，以便做进一步研究。

一、细胞的选择

PPRV能在牛和羊的原代细胞中分离和培养，同时也能在传代细胞，如Vero细胞、MDBK、BHK-21、BSC（猕猴肾）、Marmoset B-lymphoblastoid-B95a细胞[7]和CHS-20细胞[8]中增殖。由于原代细胞不易制备、质量难以保证，而且批次之间变化较大，分离PPRV已经使用传代细胞代替，特别是Vero细胞[9]。但是就像其他麻疹病毒属病毒一样，PPRV在这些细胞上分离的效率较低，病毒分离的可能性较低，即使成功也需要多次盲传，需要几周才出现细胞病变[8]。

一般病毒在接种后10～30min为吸附期，而后在第2～6小时是隐蔽期，自第24小时直到第7天病毒以出芽方式生出。当多核细胞出现芽生时即停止。根据对印度分离株PPRV/Nkp1/2012的一步生长曲线（one-step growth curve）分析，小反刍兽疫病毒的生命周期为6～8h，与流感病毒相似[9]。

淋巴细胞是麻疹病毒属病毒的一个主要目标，这一趋向性与这些细胞表面存在的信号淋巴细胞活化分子（SLAM或CD150）有关，这些分子优先被野生型的麻疹病毒属病毒结合[10]。尽管淋巴组织是小反刍兽疫病毒和许多其他麻疹病毒属的副黏病毒的主要复制部位，但同时也观察到这些病毒利用其他未鉴别的受体在另外的器官如消化道、上皮细胞、肺和肾细胞中感染并且复制，即SLAM不是唯一可以与这些病毒结合的受体。在这些细胞中的感染率为在淋巴细胞中的1/1000~1/100，但这些细胞在体外容易培养，特别适于麻疹病毒属病毒的分离[11]。近年来研究发现，绵羊Nectin-4蛋白是一种新的PPRV受体，当该蛋白在上皮细胞过量表达时，PPRV可以在这些细胞中有效复制，而Nectin-4基因主要在上皮组织中表达，全世界多倍体绵羊品种都可以编码该基因[12]。

随着SLAM被鉴定为麻疹病毒（MV）、犬瘟热病毒（CDV）和野生型牛瘟病毒（RPV）等麻疹病毒属病毒的主要受体，表达人源、犬源或牛源SLAM蛋白的Vero或CHO细胞已经广泛应用于这些病毒的分离和传代[13, 14]。采用Flp-In-CV-1技术构建的CHS-20细胞系也已经被开发出来，用于高效分离病原样品中的野生型PPRV，该细胞系是由猴源CV1细胞系改造而来，能稳定表达山羊SLAM蛋白[8]。Nigeria 75/1疫苗株可在其中生长并产生特征性的病变；使用该细胞对26份阳性病原学样品分离病毒，其中16份可以在第一代产生特征性病变，并且RT-PCR检测细胞液为阳性，而使用CV1和Vero细胞对同样的样品分离病毒，盲传4代后仍没有病变，2份样品在CV1细胞中、1份样品在Vero细胞中需要传至11～12周才有病变[8]。该细胞系能在1周之内分离出PPRV，导致的细胞病变包括细胞变圆、聚集，最后形成合胞体。

二、细胞病变

细胞在接种病毒后的第6～15天出现病变，病变的特点是出现多核细胞，细胞中央为一团细胞质，周围有一个折光环，呈“钟面”状。核的数目随所用细胞的种类而不同，在绵羊和山羊胚胎肾细胞中可达100个。细胞核内有嗜酸性包涵体（1～6个），其周围有一较亮的晕环。在没有改造的Vero细胞中，有时很难看到合胞体，即使有也很小，小的合胞体经常在使用苏木精和曙红染色后的感染Vero细胞中观察到。合胞体可以通过一圈细胞核聚集而被识别，呈“钟面”状。盖片培养可以使CPE在病毒接种后5天之内出现。一些细胞可能含有胞质内包涵体和核内包涵体，另外一些可能有液泡。相似的细胞改变可以在感染的组织病理学切片中看到。病毒接种5～6d后若仍无病变，则需要进行盲传，因为CPE出现需要些时间。

三、操作程序

在动物发病早期采集的样品较适宜用于病毒分离。常用于分离病毒的组织病料有肺脏、淋巴结、肝脏、脾、肾，口腔病变拭子或鼻/眼拭子等也能用于病毒分离。肠组织样品因可能含有细胞毒素不适合用于分离病毒。

接种细胞后可以采用血凝试验对分离的病毒进行初步鉴定，使用0.5%鸡红细胞悬液根据标准方法进行[15]。进一步鉴定病毒可以使用PPRV特异性单克隆抗体进行抗体中和试验，采用商品化的抗原捕获

ELISA试剂盒进行PPRV抗原检测，或者采用RT-PCR检测PPRV特异性基因等多种方法。由于不同分离株存在病毒抗原性或核酸序列的差异，分离的病毒可能需要使用多种方法综合鉴定。

参照《小反刍兽疫诊断技术》（GB/T 27982—2011）[16]，小反刍兽疫病毒分离的具体操作步骤如下：

1. 试验材料

非洲绿猴肾（Vero）细胞，细胞培养液，pH7.4磷酸盐缓冲液（PBS），细胞培养瓶。

2. 样品处理

将棉拭子充分捻动、拧干后弃去拭子，加入青霉素至终浓度为200IU/mL，加入链霉素至终浓度为200μg/mL。37℃作用1h。3 000g离心10min，取上清液300μL作为接种材料。

用灭菌的剪刀、镊子取大约0.5g组织样品，置于研钵中，剪碎，充分研磨，加入灭菌的0.01mol/L pH7.4磷酸盐缓冲液（含有青霉素2 000IU/mL、链霉素2mg/mL和5μg/mL两性霉素B）制成1：10悬液。37℃作用1h。3 000g离心10min，取上清液作为接种材料。

不能立即接种者，应放-70℃保存。

3. 样品接种

取样品上清液接种已长成单层的Vero细胞，37℃恒温箱中吸附2h，加入细胞培养液，置5%二氧化碳培养箱37℃培养。

4. 观察结果

接种后5d内，细胞应出现细胞病变效应（CPE），表现为细胞融合，形成多核体。如接种5～6d不出现细胞病变，应将细胞培养物盲传3代。

5. 病毒的鉴定

将出现细胞病变的细胞培养物用RT-PCR做进一步鉴定。

6. 结果判定

样品出现细胞病变，而且RT-PCR鉴定结果阳性，则判为小反刍兽疫病毒分离阳性，表述为检出小反刍兽疫病毒。否则，表述为未检出小反刍兽疫病毒。

第三节 病毒抗原检测

小反刍兽疫病毒与牛瘟病毒之间有交叉保护反应和交叉血清学反应，本病毒和犬瘟热病毒及其他麻疹病毒属病毒的种属关系已经由交叉血清中和反应和补体结合反应所证实，但反应效价较低。目前已经建立了小反刍兽疫病毒的多种抗原检测方法。

一、琼脂凝胶免疫扩散试验

琼脂凝胶免疫扩散试验（agar gel immune-diffusion test，AGID）是一种相对比较简单而且经济的检测方法，不需要昂贵的仪器设备，适于在设备条件有限的实验室或野外使用。样品可以选择口鼻分泌物、眼分泌物、肛门排泄物和组织病料，以进行病毒抗原的检测，而不必使用动物死后剖检病料[17]。但是，该方法的敏感性有限，而且所需时间相对较长。

（一）样品的制备

标准的病毒抗原可以采用感染的肠系膜和支气管淋巴结、脾脏或肺组织病料制备，使用缓冲盐水研磨成1/3（*w/v*）的悬液[18]。将组织悬液500g离心10～20min，上清液保存于–20℃。用手术刀片刮取眼、鼻棉拭子中的棉花部分放入1mL注射器。加入0.2mL PBS，样品通过反复挤压后，用注射器柱塞将PBS注入Eppendorf 离心管中。从组织病料或眼鼻棉拭子提取的样品溶液保存在–20℃备用，可以保存1～3年。阴性对照可以采用相似的方法使用正常健康的动物组织制备。标准抗血清通过每隔1周免疫一次1mL 1个滴度的10^4 $TCID_{50}$的病毒液，连续免疫4周，最后一次免疫后的5～7d后采血[19]制备。

阳性抗原对照可以采用生长于Vero细胞中的疫苗株Nigeria 75/1制备[17]。当CPE最大时，收获细胞和上清培养基，以2 000r/min离心10min，然后将细胞沉淀用冷的PBS洗涤，再次离心，弃去上清液。细胞沉淀用原悬液1/250体积的PBS重悬，反复冻融3次，然后2 000r/min离心10min。收集上清液，置于–20℃冷冻，作为阳性抗原备用。

（二）实验步骤[1]

1．使用正常的生理盐水制备1%琼脂，其中含硫柳汞（0.4g/L）或叠氮钠（1.25g/L）的抑菌剂，倒入琼扩平板中（直径5cm的平板加6mL）。

2．用打孔器在琼脂中打孔，中间一个孔周围6个孔，每个孔直径5mm，间距5mm。

3．中间孔加阳性血清，周围3个孔加阳性抗原，一个孔加阴性抗原，剩下的2个孔加待检抗原，要将待检抗原和阴性对照，抗原与阳性对照抗原交叉设置。

4．通常情况下，室温18～24h内血清和抗原之间会出现1～3条沉淀线。可以使用5%冰醋酸洗涤琼脂5min以增强效果（该步骤应当在所有貌似阴性的结果被记录之前进行操作）。如果与阳性对照抗原沉淀线相同，则判为阳性反应。

结果在1d之内获得，但该方法在检测野生型PPRV时不够灵敏，因为病毒抗原量排出较少。

二、对流免疫电泳

对流免疫电泳（counter immune electrophoresis，CIEP）是最快的病毒抗原检测方法。Majiyagbe于1984年建立了该方法[20]。整个试验使用合适的电泳槽在一个水平面上进行，用一个合适的电泳槽，通过一个桥连接2个部分组成。该设备连接到高压电源上。将琼脂或琼脂糖（1%～2%，*w/v*）溶解于0.025mol/L巴比妥醋酸缓冲液中，取3mL倾倒在载玻片上，凝固后打孔5～9对，将孔内的琼脂挑出，然后封底。所用试剂与AGID中使用的相同。电泳槽中注入0.1mol/L巴比妥醋酸盐缓冲液。成对的反应孔中加入反应物，血清加入到阳极一侧孔，抗原加入阴极一侧孔。载玻片放置于电泳装置中，末端使用浸有缓冲液的滤纸与电泳槽内的缓冲液连接起来，电流为每张玻片10～12mA，电泳30～60min。关掉电流后通过强光观察玻片，如果成对的反应孔中间出现1～3条沉淀线则为阳性反应；阴性对照孔应没有出现沉淀线[1]。

通过对比AGID和CIEP可以明显观察到，CIEP的敏感性要显著高于前者，并且有些样品最短30min就可以观察到结果[21]。

三、ELISA检测病毒抗原

小反刍兽疫病毒的核蛋白（N）在病毒蛋白中最丰富和抗原性最强，因此针对蛋白进行抗原诊断非常理想。

免疫捕获ELISA使用多种单克隆抗体（MAb），可以快速鉴别PPRV和RPV。小反刍兽疫和牛瘟两种病在地理分布上相同，并且均可以感染山羊和绵羊，因此，鉴别诊断在牛瘟未被根除之前就显得尤为重要。目前已建立了几种不同形式的ELISA（免疫捕获ELISA和夹心ELISA）检测病毒抗原，这些方法都使用了单克隆抗体与PPRV的N蛋白反应。

Libeau等使用针对N蛋白单克隆抗体建立了免疫捕获ELISA，用来检测感染细胞和田间样品上清液中的病毒，由于使用的单克隆抗体是对小反刍兽疫病毒N蛋白的非重叠抗原结构域，具有非常高的灵敏性（检测下限为每孔$10^{0.6}$$TCID_{50}$），使用预包被板可以在1h内完成检测，检测牛瘟病毒和小反刍兽疫病毒时没有交叉反应，在常温存放一周细胞上清液中的N蛋白仍能检测出来[22]。

Singh等使用针对N蛋白的单克隆抗体4G6，建立了夹心ELISA。该方法使用多克隆抗体血清捕获临床样品中的抗原（拭子或组织），然后加入单抗检测。该方法对PPRV特异，不能检测牛瘟病毒（RBOK毒株）。通过检测231份实验室样品和259份田间样品与国际普遍接受的商品化免疫捕获ELISA试剂盒（含有针对N蛋白的生物素标记单抗）对比验证，该夹心ELISA相对于商品化试剂盒的特异性和灵敏性分别为92.8%和88.9%。使用该方法对印度境内多个地方PPR疫情进行了确诊，比较适于田间诊断[23]。Mahajan等对Singh于2004年建立的夹心ELISA在临床上的应用进行了评估，并揭示了临床样品的诊断价值。从13个怀疑感染了小反刍兽疫羊群中的34只羊（13只绵羊和21只山羊）采集了162份样品（34份鼻拭子、34份口腔拭子、34份直肠拭子、26份眼拭子、26份血液样品和8份组织样品）。对于活动物的样品，阳性率由高到低依次为鼻拭子、眼拭子、口腔拭子、血液和直肠拭子；对于死亡动物的样品，阳性率由高到低依次为组织样品、鼻拭子、口腔拭子和直肠拭子[24]。

Saliki等使用单克隆抗体建立了夹心ELISA，与Vero细胞病毒分离相比，夹心ELISA具有更高的灵敏度（71.9%比65.2%，$p< 0.05$）[25]。

四、血凝试验

据报道[26, 27]，PPRV具有血凝活性，根据这一特点建立了特异性、快速和廉价的血凝试验（haemagglutination test，HA）诊断方法[26]。HA还能区分PPRV和RPV，因为RPV不能凝集红细胞。

Osman等在苏丹使用琼脂凝胶沉淀试验（agar gel precipitation，AGPT）和HA快速诊断绵羊和山羊的PPRV感染。分别采用pH为6.8和

7.0的PBS制备浓度为0.6%的鸡、山羊和猪红细胞悬液，然后在V形底微孔板中用0.05mL PBS系列稀释0.05mL抗原（浓度为10%～20%的组织悬液）；再加入0.05mL 0.6%的红细胞，同时设立红细胞对照，该对照只含有0.05mL PBS和0.05mL红细胞。检测板在4℃和37℃中孵育，HA滴度为产生红细胞凝集的抗原最高稀释度。结果发现，当使用pH6.8的PBS和4℃孵育时HA效价较高。通过检测40份疑似病例的淋巴结和脾脏样品中的病毒抗原，对HA和AGPT试验进行比较。就病毒抗原的检出率而言，HA（92.5%）比AGPT（77.5%）高，而且HA具有快速、简单、便宜的优点，并且能够区分RPV和PPRV。采用鸡、山羊和猪红细胞进行对比后发现，使用鸡红细胞检测PPRV抗原最敏感，其次是山羊红细胞，然后是猪红细胞；使用几种红细胞，HA的时间分别为：鸡红细胞为20～25min，山羊红细胞为25～30min，猪红细胞为40～45min[28]。

采用HA检测康复山羊粪便的排毒情况，对40只康复山羊的粪便连续采样监测，康复后11周内，40只山羊的粪便中均能检出病毒抗原；到康复后的第12周，仍有9只山羊的粪便可检出病毒抗原。每周病毒的平均血凝滴度与康复后的时间相关（r=−0.7504，p< 0.01）[29]。

五、免疫组织化学

免疫组织化学方法（immunohistochemistry，IHC）是利用抗原和抗体特异性结合的原理，通过化学反应使特异性标记抗体的显色剂显色来确定组织细胞内抗原，对相应抗原进行定性、定位或定量。

Kumar等研究了强毒株PPRV实验感染山羊后的致病性并应用免疫组化方法对病毒分布进行了分析。结果显示病毒分离株（PPR/Izatnagar/94）具有高毒力，能引起山羊100%死亡率，在特定器官中，如肺脏、肠和淋巴组织中具有特征性病理变化。免疫组化发现PPRV抗原存在于唇、肠和细支气管上皮细胞，肺脏中的肺泡壁细胞，巨噬细胞和细胞合胞体中，以及淋巴器官的淋巴样细胞（完整的和坏死的）和网状细胞中。该研究使用6只感染山羊和1只健康山羊的唇、舌、小肠、肠系膜淋巴结和肺脏石蜡切片，应用间接免疫过氧化物酶技术来检测病毒抗原[30]。

主要操作步骤如下[30]：先将石蜡切片裱于多聚L-赖氨酸包被的载玻片上，脱蜡和再水化后，使用含3%双氧水的80%甲醇作用30min以淬灭内源性过氧化物酶活性；切片用TBS（0.05mol/L，pH7.6）洗涤3次，每次5min；切片保存于柠檬酸盐缓冲液（0.1mol/L，pH6.0），然后用微波炉加热15～20min；切片用TBS洗涤后，再在以PBS 1∶10稀释的正常兔血清中37℃孵育1h，以封闭组织中的非特异性位点。排干封闭血清后用一抗（如山羊抗PPRV超免血清）以1∶20的稀释度（应事先优化工作浓度）或非免疫血清（对照）在4℃中孵育过夜；切片用TBS彻底洗涤3次以去除多余的抗体，使用兔抗羊IgG辣根过氧化物酶复合物（最佳工作浓度为1∶100）37℃孵育1h；在TBS中洗涤3次，然后用新鲜制备的蒸馏水稀释的3，3-二氨基联苯胺（DAB）和双氧水溶液/尿素药片溶液覆盖，37℃孵育5min或者直到切片变成亮棕色；切片用流水清洗终止反应，并且用Mayer氏苏木精复染5min；最后脱水、透明和封片。

Abu等利用金黄色葡萄球菌蛋白A（PA）与过氧化氢酶结合后检测实验感染山羊组织中的小反刍兽疫病毒抗原。山羊用致病性小反刍兽疫病毒进行实验感染，这些病毒分离自2002年在沙特阿拉伯野生瞪羚自然暴发的小反刍兽疫疫情中。该技术十分迅速，优于过氧化氢酶抗过氧化氢酶法（PAP），不需将组织中原本存在的过氧化氢酶灭活，并且可以用于检测多种动物。该技术优于其他免疫酶标记技术的一个特点是，PA可以特异吸附于IgG的Fc片段，从而使抗原与IgG的抗原结合片段（Fab）结合，使IgG分子能与抗原特异性反应。因此，它并不是与IgG分子的Fab部位竞争抗原。在这项研究中，用PA结合物检测了实验感染山羊的不同组织中的病毒抗原[31, 32]。

六、简易方法

为在野外或田间快速检测小反刍兽疫，许多简易检测方法（pen-side test）被开发出来，这些方法多根据dot-ELISA或免疫层析的原理设计。

使用抗M或抗N的单克隆抗体建立的简单dot-ELISA可检测羊组织悬液或棉拭子中的PPRV抗原，该方法对于筛选大量临床样品非常有用，并且适于田间调查，可用作小反刍兽疫的简易检测方法（pen-side test）。与夹心ELISA相比，该方法的灵敏性和特异性分别为82.5%和91%[5, 33]。

Raj等在免疫过滤试验的基础上开发了使用单价血清或单克隆抗体的快速检测方法。先将疑似动物的眼拭子洗出液包被在封装于塑料模块中的硝酸纤维膜上，使之与相应稀释的单克隆抗体或单价血清反应。在膜上形成抗原抗体复合物，然后用金黄色葡萄球菌蛋白A-胶体金酶标物检测，形成粉红色。在该检测方法中，使用单克隆抗体或单特异性血清获得了一致的结果[34]。

检测病毒抗原的免疫层析试剂条（lateral flow test）也被开发出来，该方法快速、简单易行，检测人员不需要具有太多技术或经验。英国BDSL公司已经开发出了PPRV感染的快速检测试剂卡，可以对棉拭子样品进行检测。采用加有30滴缓冲液的棉拭子在鼻腔或眼睑处采样，然后将棉拭子的棉签部分放入带有缓冲液的样品管中，振荡10～15s；弃去棉签；用吸管吸取样品管中的液体，取4滴样品液滴在检测卡的孔中；放置最多30min，直至出现反应。若对照条带和被测条带同时出现，则为阳性结果；若对照条带没有出现，则检测卡失效，或者样品没有被正确加入到检测卡的孔中，使用新检测卡重复试验。剩余样品可以送诊断实验室进行PCR或其他确诊试验。

在另外一项研究中，英国Leeds大学与瑞典Svanova Biotech 公司联合开发了基于 PPRV特异性单克隆抗体C77的快速诊断试剂条。C77针对PPRV的H蛋白，能够识别广泛的PPRV分离株，而且与其他病毒没有交叉反应。参与测试的PPRV毒株包括：第Ⅰ谱系（PPR 75/1，PPR 75/2，PPR78/1）、第Ⅱ谱系（PPR Accra）、第Ⅲ谱系（PPR Meiliq）和第Ⅳ谱系（PPR Iran），试剂条都能与这些毒株发生反应。对能引起与PPRV相似临床症状的病原，如牛瘟病毒（RPV）、蓝舌病毒（BTV）、牛病毒性腹泻病毒（BVDV）、鹿流行性出血热病毒（EHDV）、口蹄疫病毒（FMDV）和麻疹病毒（MV）也进行了测试，结果没有反应。在动物试验中，10只动物被接种了PPRV印度分离株后采集了眼拭子。用试剂条和免疫捕获ELISA检测了眼拭子中的病毒抗原。该技术能检测到实验动物眼拭子中的病毒抗原，但敏感性比免疫捕获ELISA低。该技术将在PPR根除计划中发挥作用[35]。

病毒核酸检测

近年来，随着科技的进步和实验室条件的改善，分子生物学技术得到广泛的应用，建立了一系列针对病毒核酸进行检测的新型方法。这些方法具有简便快捷，灵敏度和特异性高，能够实现高通量检测的优点，得到逐步推广。小反刍兽疫病毒属于副黏病毒科麻疹病毒属，是单股负链病毒，病毒基因组从3’端至5’端依次排列着*N–P/C/V–M–F–H–L* 8个基因。随着学者们对小反刍兽疫病毒基因组的解析，各种分子生物学方法逐步建立起来，其中以各种RT–PCR方法应用最为广泛。该领域发展很快，许多检测方法相继被报道。目前OIE推荐方法和被引用较多的核酸检测方法见表6–2。

表 6-2　常用 PPRV 核酸检测特性和形式比较

序号	引物或探针名称	检测形式	序列	目的基因	对应基因位置	产物大小	参考文献
1	NP3 NP4	RT-PCR	5’-GTCTCGGAAATCGCCTCACAGACT-3’ 5’-CCTCCTCCTGGTCCTCCAGAATCT-3’	*N*	1 232 ~ 1 255 1 583 ~ 1 560	351 bp	Couacy-Hymann et al（2002）[38]
2	F1b F2d	RT-PCR	5’-AGTACAAAAGATTGCTGATCACAGT-3’ 5’-GGGTCTCGAAGGCTAGGCCGAATA-3’	*F*	760 ~ 784 1 183 ~ 1 207	448 bp	Forsyth & Barrett（1995）[39]
3	F1 F2	RT-PCR	5’-ATCACAGTGTTAAAGCCTGTAGAGG-3’ 5’GAGACTGAGTTTGTGACCTACAAGC-3’	*F*	777 ~ 801 1 124 ~ 1 148	371 bp	
4	Fr2 Re1	多重 RT-PCR	5’-ACAGGCGCAGGTTTCATTCTT-3’ 5’-GCTGAGGATATCCTTGTCGTTGTA-3’	*N*	1 270 ~ 1 290 1 584 ~ 1 606	337bp	Balamurugan et al（2006）[40]
5	MF-Morb MR PPR3		5’-CTTGATACTCCCCAGAGATTC-3’ 5’-TTCTCCCATGAGCCGACTATGT-3’	*M*	477 ~ 497 646 ~ 667	191 bp	
6	PPRNF PPRNR PPRNP	Real-time RT-PCR（TaqMan 探针）	5’-CACAGCAGAGGAAGCCAAACT-3’ 5’-TGTTTTGTGCTGGAGGAAGGA-3’ FAM-5’-CTCGGAAATCGCCTCGCAGGCT-3’-TAMRA	*N*	1 213 ~ 1 233 1 327 ~ 1 258 1 237 ~ 1 258	94 bp	Bao et al（2008）[41]
7	NPPRf NPPRr NPPRp	Real-time RT-PCR（TaqMan 探针）	5’-GAGTCTAGTCAAAACCCTCGTGAG-3’ 5’-TCTCCCTCCTCCTGGTCCTC-3’ FAM-5’-CGGCTGAGGCACTCTTCAGGCTGC-3’-BHQ1	*N*	1 438 ~ 1 461 1 516 ~ 1 534 1 472 ~ 1 495	96 bp	Kwiatek et al（2010）[42]

（续）

序号	引物或探针名称	检测形式	序列	目的基因	对应基因位置	产物大小	参考文献
8	PPRVFOR Probe PPRVREV	Real-time RT-PCR（TaqMan探针）	5'-AGAGTTCAATATGTTRTTAGCCTCCAT-3' FAM-5'CACCGGAYACKGCAGCTGACTCAGAA-3'-TAMRA 5'-TTCCCCARTCACTCTYCTTTGT-3'	*N*	483 ~ 508 551 ~ 576 603 ~ 624	94 bp	Batten et al（2011）[43]
9	N_2F N_2R	Real-time RT-PCR（SYBR Green I 染料）	5'-GACGGCATCAGGTTCAGGAG-3' 5'-GCCAATCTGACAAGCCTGTCG-3	*N*	57 ~ 76 156 ~ 177	121 bp	Abera T et al（2014）[44]

一、前言

目前已经建立了许多分子生物学方法检测PPRV基因组，这些方法具有非常高的特异性和敏感性。这些基因组检测技术包括从cDNA探针到各种核酸扩增技术，实施这些方法也需要具有各种设备并具备相关知识。现在的方法主要建立在PCR技术与其他杂交方法之上，特异性检测PPRV基因组，以提高检测试验的敏感性。任何特异性检测PPRV样品的技术的最终目标应符合以下原则：高敏感性和高特异性，便于日常实施，花费时间少，可以高通量用于大量样品诊断。

尽管与常规技术如病毒分离、抗原检测相比，分子生物学技术有诸多优点，然而，检测结果是否可靠极大地依赖于所采集的临床样品。在病原核酸检测中，样品类型的选择对于RT-PCR检测非常重要。因此，实验室技术人员和负责采样的基层兽医应当接受充分的培训，如关于样品采集、保存和运输。PPRV主要在淋巴和上皮组织中繁殖，导致严重的白细胞减少和免疫抑制，引发继发感染和机会感染。因此，当检测PPRV时，选择淋巴细胞和组织（如血棕黄层、淋巴结等样品）的检出率可能会比较高，这一点同样适用于病毒抗原检测。在动物发病期间，临床症状比较明显的动物口鼻眼分泌物中同样含有大量的病原，临床上使用棉拭子采集这些样品非常容易，大大方便了后续检测。这在该病呈地方流行而死亡率相对较低的国家或地区非常重要，因为剖检后的样品不容易获得。对于保存不当的样品而言，PCR方法已被证明非常重要。

检测引物的特性和目标区域的选择对于RT-PCR检测效果也很重要。研究认为麻疹病毒和牛瘟病毒在感染细胞中从含量最丰富的3’端*N*基因到含量最少的5’端*L*基因每种基因的mRNA急剧递减[36]。在感染组织细胞中*N*基因转录量比*F*基因要高很多，*F*基因主要与病毒黏附和在上皮组织中传递有关。因而，理论上来讲，在建立检测麻疹病毒属病毒基因的PCR方法时，选择靠近病毒基因组3’端的病毒基因可能比F蛋白基因作为目的基因更适合，因为PPRV的*F*基因比*N*基因、*M*基因离3’端更远。根据以前的报道，使用*N*基因引物比*F*基因引物敏感。但也有些研究发现，在检测棉拭子样品时，*F*基因引物比*N*基因引物敏感；对所有样品检测的结果显示，*F*基因引物比*N*基因引物总阳性率高，这可能是样品数量上的差异造成的。

此外，所用引物的检测效果还受到感染所处的阶段和样品采集时间的影响。Luca等使用两套引物分别检测不同类型的样品，对检测方法进行了比较。所使用的引物分别为针对*N*基因*NP*3/*NP*4和针对*F*基因的*F*1/*F*2，样品有血棕黄层、组织和口鼻拭子。通过分析发现，血棕黄层是最适合PPRV诊断的样品，而同时使用两套引物能提高阳性数量[37]。

由于病毒经常发生变异，核酸检测方法中的引物或探针需要经常同新的毒株序列进行比对，及时更新，不断提高检测的灵敏性和特异性。

分子生物学检测实验室的设置和组织对于以病毒基因组为基础的检测非常重要，每个实验室均应该制定合理的规范和管理办法对实验人员的操作进行严格要求。缺乏专业经验可能导致产生假阳性结果。同时，实验室需要科学划分为几个工作房间或区域进行不同的反应。例如，实施PCR至少需要3个独立的工作房间（4个更好）。每个房间应当使用专门的材料。为防止气溶胶的污染，含有PCR产物的管子绝对不能在别的房间内打开。PCR过程中应当设置阳性对照和阴性对照。微量移液器应当经常用紫外灯照射以降解DNA污染物，工作区域应经常使用10%漂白剂清洁。PCR检测实验室的具体要求可以参照相关管理办法和规定。

二、病毒RNA提取

以检测小反刍兽疫病毒基因组为目标的方法都需要在反应前提取病毒RNA。目前有许多商品化的试剂盒可供选择，根据提取方式的不同主要可以分为：酚–氯仿抽提法、离心柱（滤芯/膜）法和磁珠法等。每个实验室根据习惯不同可能选择的试剂盒或纯化方法不同，但各种提取方法需要进行比对和标准化。

经典的核酸纯化方法采用酚–氯仿抽提法，其中以一步法总RNA提取试剂TRIzol应用最为广泛，酚和异硫氰酸胍的均相溶液可以直接用于从动物组织、细胞、体液等多种类型样品中提取总RNA、DNA和蛋白质。样品经过处理后分为水相和有机相，通过酒精离心沉淀水相中核酸，纯化后的RNA可以直接用于RT–PCR。关于该方法的具体操作步骤参见下文。除了提取RNA外，还可以从剩余溶液中提取DNA进行其他病原核酸的检测。该方法相对稳定，至今仍被广泛应用，也是其他许多提取方法的基础。

离心柱法首先将待检样品破碎、裂解或消化，然后加入能使核酸结合到纯化柱上的缓冲液，再将上述混合液加到纯化柱中，离心后核酸结合到纯化柱（硅胶膜）上，随后加入洗涤液去除蛋白质和盐等杂质，最后使用洗脱液将核酸洗脱下来。为了满足同时可以检测多种病原体，许多纯化试剂盒可将病毒核酸（DNA和RNA）同时纯化出来，方便后续检测工作。现在有许多商品化核酸提取试剂盒，可以根据不同的样品类型进行选择，具体操作步骤参见试剂盒使用说明书。离心柱法极大简化了核酸提取的操作步骤，缩短了时间，是目前大多数实验室的主流纯化方法。

磁珠法是将样品裂解后，核酸分子特异性吸附到磁珠表面，蛋白质和其他杂质留在溶液中，然后磁珠在磁场的作用下被吸附与液体分离，经过2～3次洗涤步骤后，用洗脱液将磁珠上的核酸洗脱下来。该方法简便快速，可以同时纯化RNA和DNA，纯化出的核酸质量相对较高，而且该方法容易实现自动化，适合大批量样品的核酸提取。

近年来，全自动核酸提取方法被用来提取多种类型组织中的核酸（DNA/RNA）。该方法能使实验室诊断实现高通量，这在疫情大面积暴发时的快速诊断和大规模病原学监测时尤为重要。全自动核酸提取方法能有效减少因人工操作产生的样品污染的可能性。IAH–Pirbright研究所的OIE国际PPR参考实验室已经使用BioRobot Universal（Qiagen）和MagNA Pure LC（Roche）两种系统同时提取DNA和RNA的全自动提取方法提取了超过4万份样品。使用全自动核酸提取方法配合高特异性和高灵敏性的实时荧光RT-PCR检测了流行于非洲和中东的多株小反刍兽疫病毒[43]。

滤纸作为一种新的样品保存方式已被用于样品的快速采集。对于无法使用冷冻条件运输的样品或者运输生物材料的法规比较复杂时，可以使用FTA滤纸卡（GE或Qiagen公司产品）对组织样品或血液样品进行简单处理，然后常温运输至实验室。该方法常用于可常温保存很长时间样品中病毒的分子检测和病毒分型。含有病毒的干血液滤纸片可以被剪成5mm^{2}大小的纸片直接加入常规PCR管中进行扩增，试验证明32℃保存3个月后仍能够检测出PPRV[45]；或者使用前用洗脱液洗脱下总RNA，进行下一步检测[46]。

三、普通RT-PCR

常规技术如病毒分离不能作为常规的检测方法，而且灵敏度也相对较低。随着技术的进步，RT-PCR逐步建立起来，该技术的灵敏度是常规病毒分离的1 000倍，可以在5h内得到结果，而且特异性非常好。因此，RT-PCR在病毒检测中得到了广泛应用。该技术通过体外扩增特异性DNA序列，在较短的时间内即可获得结果。用于PPRV的检测最早开始于20世纪90年代。

（一）发展历史

1995年Forsyth和Barrett等使用针对小反刍兽疫病毒*F*基因的特异性引物进行了具有重要意义的鉴别诊断和流行病学研究[47]。当时，由于病毒其他基因未知的限制和*F*基因被广泛地应用于遗传进化分析，认为*F*基因可能是最佳目标。然而，他们观察到*F*和*P*基因不同引物对性能之间的矛盾，由于引物3’端结合位点的变异，推断该检测并不能对每一个毒株、变异株或分离株都适用，可能导致假阴性的出现。RNA病毒出现高突变（核苷酸替换）错误频率较高，容易出现漏检。因此，引物设计必须选择那些在不同PPRV毒株间高度保守的基因。他们后来又提供了应用RT-PCR的大量信息，不仅有区分PPRV和RPV，还有这两种病毒的系统发育分析。进一步提出PPRV的*N*或*L*基因更适用于PPRV基因组检测，因为这两个基因的含量比其他病毒基因更多并且在麻疹病毒属中保守。后来Couacy-Hymann等成功扩增*N*基因3'末端mRNA，发现该方法比传统的Vero细胞滴定试验更灵敏[48]。

为避免在基于*F*基因的RT-PCR中出现假阳性结果，Balamurugan等提出了在单管中进行的针对*N*和*M*基因的一步多重RT-PCR[40]。比较序列显示，PPRV的M蛋白和其他麻疹病毒属*M*蛋白，有一个高度保守的蛋白序列。M蛋白是所有麻疹病毒属病毒的蛋白中最保守的，在感染细胞中合成量非常丰富。该实验的设计是当样品为PPRV阳性时产生N和M两个产物，当有RPV存在时只有*N*基因产物出现。该方法检测PPRV时的灵敏度为100fg的RNA。与夹心ELISA相比，该RT-PCR能有效扩增PPRV的*N*和*M*基因，可以从临床样品中快速辨别PPRV和RPV，提高了检测灵敏度，降低了假阳性。另外，George等于2006年发表了一种扩增*N*和*M*基因多重RT-PCR，同时还建立了*M*、*N*和*H*基因单重RT-PCR，结果发现*M*基因PCR最灵敏，其次是*N*、*H*和*F*基因PCR，分别能检测病毒滴度为10^1、10^2、10^4、10^5 $TCID_{50}$/mL。*N*和*M*基因多重PCR的灵敏性与*M*基因PCR相当，但是它具有可以鉴别PPRV和RPV的优势[49]。

目前针对*N*基因的检测方法比较多见。Couacy-Hymann等于2002年建立针对*N*基因的快速RT-PCR。该方法建立在玻璃珠法快速提取RNA然后进行RT-PCR的基础之上，使用针对*N*基因的NP3/NP4引物扩增350bp大小的片段，然后将PCR产物进行电泳分析，或者使用地高辛-11-dUTP标记的寡核苷酸探针进行杂交转印。该技术的灵敏性是常规病毒滴定方法的1 000倍。尽管现在玻璃珠法提取RNA已经较少使用，但该方法中使用的检测引物NP3/NP4依然在RT-PCR中广泛应用[38]。另外一项基于*N*基因的RT-PCR-ELISA方法也被报道，与之前不同的是该方法使用地高辛标记探针通过ELISA来分析扩增产物而不使用琼脂糖电泳。该方法可以检测出的病毒滴度低至0.1$TCID_{50}$/mL，比常规琼脂糖电泳分析的RT-PCR灵敏度高约10 000倍。通过检测临床样品，该方法与常规夹心ELISA的阳性率分别是66.2%和48.6%，因此，该技术在检测疾病早期和晚期的病毒时比夹心ELISA灵敏，而且可以鉴别区分PPRV和RPV[50]。

（二）参考操作程序

参照OIE推荐的诊断方法，以下的RT–PCR检测操作程序可供参考。

1. 试剂与材料

除另有规定外，试剂为分析纯或生化试剂。

TRIzol®试剂（Invitrogen公司产品），氯仿，异丙醇，无水乙醇，DEPC处理过的水，一步法RT–PCR试剂盒（Invitrogen或TAKARA公司产品），1.5%的琼脂糖凝胶，0.5×TBE缓冲液，溴化乙锭。

引物的靶基因、位置、序列和扩增产物的大小见表6–3。可以采用引物F1b/F2d或者NP3/NP4用于小反刍兽疫病毒核酸的检测。

表6–3 用于PPRV RT–PCR检测的引物

引物	靶基因	目的	位置	序列（5'–3'）	产物
F1b	*F*基因	正向	212 ~ 236	AGTACAAAAGATTGCTGATCACAGT	448 bp
F2d	*F*基因	反向	659 ~ 635	GGGTCTCGAAGGCTAGGCCCGAATA	
NP3	*N*基因	正向	1 181 ~ 1 204	TCTCGGAAATCGCCTCACAGACTG	351 bp
NP4	*N*基因	反向	1 531 ~ 1 508	CCTCCTCCTGGTCCTCCAGAATCT	

2. 仪器设备

DNA热循环仪，低温高速离心机，微量移液器，电泳仪和电泳槽，凝胶成像系统或者紫外检测仪。

3. 样品采集与运输

（1）样品的采集　活体采集结膜分泌物或鼻黏膜和颊部黏膜拭子，

放在含有青霉素2000IU/mL和链霉素2mg/mL的PBS溶液中。死畜无菌采集肠系膜和支气管淋巴结、脾、胸腺、肠黏膜和肺。

（2）样品的运输　样品采集后，置冰上冷藏送至实验室检测。不能立即检测的样品应放–70℃冰箱保存。

4. 检测步骤

（1）样品处理

① 棉拭子样品：将棉拭子充分捻动、拧干后弃去拭子，取200 μL样品液至一新的离心管中，加入1mL TRIzoL试剂，振荡混匀，进行RNA提取。

② 组织样品：用灭菌的剪刀、镊子取大约100mg组织样品，置于研钵中剪碎，加入1mL TRIzol试剂充分研磨后转移至1.5mL离心管中，进行RNA提取。

（2）RNA提取　经TRIzol处理的样品液12 000r/min，4℃离心10min，取上清液，静置5min。加200 μL氯仿，振荡混匀，15s，静置2 ~ 3min。12 000r/min，4℃离心15min，取400μL上层水相到新的离心管中，加400μL的异丙醇，混匀，静置10min。12 000r/min，4℃离心10min，去上清液。加入75%乙醇1mL，混匀，12 000r/min，4℃离心5min，去上清液。再加入75%乙醇1mL，混匀，12 000r/min，4℃离心5min，去上清液。干燥RNA沉淀后加入100μL DEPC处理过的水溶解。测定RNA浓度后进行RT–PCR反应或–70℃保存。

（3）RT–PCR反应　反应体系为25 μL，每个反应的成分如下：12.5μL 2 × 1step buffer，1μL正向引物（10μmol/L），1μL反向引物（10μmol/L），1μL PrimerScript En Mix，4.5μL DEPC处理过的水，5μL RNA模板。

配制反应体系时，首先根据所需进行的反应数*N*（*N*等于检测样品数加上阳性对照、阴性对照等）进行反应预混液的配制，各个组分所需体积如表6–4所示，将除模板外的各成分加入到一个离心管中，混匀，瞬时离心，然后分装到每个PCR反应管中。配制预混液应当在冰上进行。

表 6-4 反应预混液（Master Mix）的配制

反应体系成分	每个反应加入的体积
2 × 1 step buffer	12.5μL
正向引物（10μmol/L）	1μL
反向引物（10μmol/L）	1μL
PrimerScript En Mix	1μL
DEPC 处理过的水	4.5μL
总体积	20μL

RT–PCR反应条件为：50°C反转录30min；94°C，2min进行Taq酶的激活；94°C，30s，55°C，30s，72°C，30s，共35次循环；72°C延伸7min。

每次进行RT–PCR反应时均设标准阳性、阴性及空白对照。

（4）PCR产物的电泳　取PCR产物5 μL在1.5%琼脂糖凝胶中进行电泳，凝胶成像系统中观察结果。

（5）PCR产物的测序　取PCR产物50 μL送测序公司，用正反向引物进行双向测序，序列拼接后与GenBank中相关序列进行同源性比对。

5. 结果判断与表述

（1）RT–PCR扩增产物电泳检测结果　小反刍兽疫病毒*F*基因片段RT–PCR扩增产物为448bp；小反刍兽疫病毒*N*基因片段RT–PCR扩增产物为351bp。

（2）序列分析结果　*F*基因片段和*N*基因片段序列跟美国国立生物技术信息中心（NCBI）中收录的序列进行比对。

（3）结果表述　RT–PCR产物为阳性，同时序列测定结果与小反刍兽疫病毒序列相符，表述为检出小反刍兽疫病毒核酸；RT–PCR产物为阴性者，判为检出小反刍兽疫病毒核酸阴性。

四、实时荧光RT-PCR

尽管普通RT–PCR的灵敏度和特异性都较高，而且所需时间相对较短，但是它工作量相对较大，PCR产物需要凝胶电泳拍照，并且存在污染可能性较高等缺点，不太适宜用于高通量检测。

近年来实时荧光RT–PCR被开发出来，具有许多普通PCR无法比拟的优点。该技术于1996年美国Applied Biosystems公司推出，是PCR技术的一大飞跃。它可以在一个封闭的系统中扩增，避免了PCR产物的污染问题；不仅能定性检测而且可以对起始模板DNA或RNA进行定量；节省检测时间；具有更高的灵敏性和特异性；自动化程度较高，大大提高检测的通量等。使用该项技术的各种病原检测方法相继建立，并得到广泛应用。与常规方法相比，实时荧光 RT–PCR方法在检测低滴度的病毒时更加灵敏，而且该技术能够对病毒基因组定量，这对于病毒诊断和研究非常重要。

（一）常见的实时荧光 RT–PCR

最近几年来，多个检测小反刍兽疫病毒的实时荧光PCR相继建立，目前报道的有关方法见表6–2。Bao等和Balamurugan等分别建立了针对*N*基因和*M*基因的特异性实时荧光RT–PCR，检测的目标区域有*N*基因C末端的超变区和该区域的稍上游位置[41, 51]。Batten等建立了针对*N*基因的实时荧光RT–PCR，选择的区域位于*N*基因的N末端，以便能检测流行于非洲和亚洲的4个谱系的所有PPRV毒株[43]。

实时荧光RT–PCR具有较高的检测灵敏度、可重复性和扩增效率。Batten等建立的qRT–PCR，当使用体外转录的RNA标准品时，每个反应能检测到的最低下限约为10个RNA拷贝（第Ⅳ谱系），与之对应的Ct值为34.08；在$1.1 \times 10^{0} \sim 1.1 \times 10^{9}$ 拷贝/反应之间的相关系数为0.9978；相应的扩增效率为95.7%。当使用PPRV的75/1疫苗株进行试验时，最低可检测$10^{0.033}$$TCID_{50}$/mL的病毒量。Kwiatek等[43]报道了检测

4个谱系PPRV的实时荧光RT–PCR，该方法同样是针对*N*基因。对第Ⅳ谱系的检测下限为每个反应能检测到16个拷贝，对应的Ct值为35.17，说明这两种实时荧光RT–PCR在检测第Ⅳ谱系PPRV时具有相似的高灵敏度。

（二）操作程序

以下操作程序是根据《GB/T 27982—2011小反刍兽疫诊断技术》建立的，可以检测所有谱系的小反刍兽疫病毒。

1. 试验材料

TRIzol®试剂（Invitrogen公司产品），氯仿，异丙醇，无水乙醇，DEPC处理过的水，SuperScript® Ⅲ Platinum® One–Step Quantitative RT–PCR试剂盒（Invitrogen公司产品，货号为11732–020）。

引物和探针：引物和探针针对小反刍兽疫病毒*N*基因保守序列区段设计，引物和探针的位置和序列见表6–5。

表6–5 用于PPRV荧光定量RT–PCR检测的引物和探针

引物	位置		序列（5'–3'）
PPRN8a（PPRNPF）	正向	1 213 ~ 1 233	CACAGCAGAGGAAGCCAAACT
PPRN9b（PPRNPR）	反向	1 327 ~ 1 307	TGTTTTGTGCTGGAGGAAGGA
PPRN10P（PPRNPP）	探针	1 237 ~ 1 258	FAM-5'-CTCGGAAATCGCCTCGCAGGCT-3'-TAMRA

2. 仪器设备

实时荧光定量PCR仪（ABI 7500型或其他型号），低温高速离心机，微量移液器。

3. 检测步骤

（1）样品处理

① 棉拭子样品：将棉拭子充分捻动、拧干后弃去拭子，取100μL样品液至一新的离心管中，加入1mL TRIzol试剂，振荡混匀，进行RNA提取。

② 组织样品：用灭菌的剪刀、镊子取大约100mg组织样品，置于研钵中剪碎，加入1mL TRIzol试剂充分研磨后转移至1.5mL离心管中，进行RNA提取。

（2）RNA提取　经TRIzol处理的样品液12 000r/min，4℃离心10min，取上清液，静置5min。加200μL氯仿，振荡混匀，15s，静置2～3min。12 000r/min，4℃离心15min，取400μL上层水相到新的离心管中，加400μL的异丙醇，混匀，静置10min。12 000r/min，4℃离心10min，去上清液。加入75%乙醇1mL，混匀，12 000r/min，4℃离心5min，去上清液。再加入75%乙醇1mL，混匀，12 000r/min，4℃离心5min，去上清液。干燥RNA沉淀后加入100μL DEPC处理过的水溶解。测定RNA浓度后，立即进行实时荧光RT–PCR反应或–70℃保存。

（3）实时荧光RT–PCR反应　反应体系为25μL，每个反应的成分如下：12.5μL 2×1step buffer，1μL正向引物（10μmol/L），1μL反向引物（10μmol/L），1μL探针（10μmol/L），0.5μL Enzyme Mix，0.5μL ROX，5.5μL DEPC处理过的水，3μL RNA模板。

配制反应体系时，首先根据所需进行的反应数*N*（*N*等于检测样品数加上阳性对照、阴性对照等）进行反应预混液的配制，各个组分所需体积如表6–6所示，将除模板外的各成分加入到一个离心管中，混匀，瞬时离心，然后分装到每个PCR反应管中。配制预混液应当在冰上进行。

实时荧光RT–PCR反应条件为：50ºC反转录30min；95ºC，10min进行Taq酶的激活；95ºC，15s，60ºC，1min，共45次循环；每个循环在60ºC，1min时收集荧光信号。

表 6-6 反应预混液（Master Mix）的配制

反应成分	体积（μL）
2 × 1 step buffer	12.5（*N*+1）
正向引物 PPRN8a（10μmol/L）	1（*N*+1）
反向引物 PPRN9b（10μmol/L）	1（*N*+1）
探针 PPRN10P（10μmol/L）	1（*N*+1）
Enzyme Mix	0.5（*N*+1）
ROX *	0.5（*N*+1）
DEPC 处理过的水	5.5（*N*+1）
总体积	22（*N*+1）

* 注：ROX 为参比荧光，在非 ABI 公司出品的仪器中可以不添加。

每次进行实时荧光RT–PCR时均设标准阳性、阴性及空白对照。

4. 结果判断与表述

（1）实时荧光RT–PCR结果　读取每个样品的Ct值。

Ct值≤30判为小反刍兽疫病毒实时荧光RT–PCR扩增强阳性，30<Ct值≤40判为小反刍兽疫病毒实时荧光RT–PCR扩增弱阳性。

Ct值>40判为小反刍兽疫病毒实时荧光RT–PCR扩增阴性。

（2）结果表述　实时荧光RT–PCR扩增结果为强阳性或者弱阳性，表述为检出小反刍兽疫病毒；实时荧光RT–PCR扩增结果为阴性者，判为不含有小反刍兽疫病毒，表述为未检出小反刍兽疫病毒。

五、环介导等温核酸扩增

环介导等温核酸扩增（loop–mediated isothermal amplification，LAMP）是由日本科学家Notomi等发明的一种新型核酸扩增技术，该技术依赖于6个特异引物和一种具有链置换特性的DNA聚合酶，在等温条件下实现核酸序列的快速、高效、高特异性地扩增。反转录环介导等温核酸扩增（RT–LAMP）是在原反应液的基础上加入少量的反转录酶，可以在等温条件下实现RNA的一步法扩增。LAMP作为一种新发展的核酸扩增技术，尤其是在病原体的检测方面具有良好的应用前景。该技术具有很高的特异性，因为在反应体系中所用的3对特异性引物可以识别目的基因的8个特异序列，保证了LAMP反应的高特异性。目前，已经开展了应用LAMP技术对多种病原微生物的检测，包括西尼罗河热病毒、日本脑炎病毒、裂谷热病毒、口蹄疫病毒等[52]。

国内已经建立了针对小反刍兽疫病毒*N*基因和*M*基因的一步法反转录环介导等温核酸扩增技术[53, 54]，通过在保守区域设计引物，优化反应条件，在63℃条件下经Bst大片段酶的扩增，可实现目的核酸片段的大量扩增，并且由于在反应时加入了荧光指示试剂，检测结果可以用肉眼直接判定，避免了后续的电泳操作带来的污染问题，该方法的特异性和灵敏性均较高。

另外，LAMP配合使用实时检测设备，使得该技术在田间或野外具有广泛的应用前景。

六、核酸杂交（nucleic acid hybridization）

利用针对*N*基因的^{32}P标记cDNA探针，可用于PPR和RP的鉴别诊断，但其应用受到^{32}P半衰期短（14d）、要求样品新鲜及需要特殊防护装备的限制，现已基本不用。后来又有使用生物素或地高辛标记的探针鉴别诊断PPRV和RPV，该方法非常特异、快速，但灵敏性较使用放射性探针稍低[55]。遗憾的是杂交技术需要目的RNA相对较纯以去除或消除高背景，因而导致难以简化操作流程。而且，一些非放射性探针没有获得满意的灵敏度，即使使用化学发光技术来改善灵敏度，最灵敏的非同位素标记探针检测下限只能达到10^5～10^7个分子[56]。

七、纳米金标记核酸探针法

纳米金作为标记物进行生化分析的研究开始于20世纪60年代，首先用于标记细胞和免疫标记技术。纳米金由于尺寸大小不同，表现出不同的颜色特征，粒径从小到大依次呈现出淡橙黄色、葡萄酒红色、深红色和蓝紫色等变化。此外，在紫外–可见光区有强而稳定的表面等离子体共振吸收峰。由于它具有制备简单、化学性质稳定、可以实现重复标记、生物相容性好等优点，使其迅速成为生物分析和检测的有力工具[57]。随着纳米金技术的发展，已经建立了用纳米金标记寡核苷酸探针检测病原靶核酸的一系列方法。

国内的陶春爱等针对小反刍兽疫病毒*N*基因的高度保守区设计两条特异寡核苷酸探针，一条探针5’端修饰生物素，另一条探针3’端修饰巯基[58]。巯基化的探针通过Au–S键连接到纳米金颗粒上。靶核酸两端分别与两条探针结合，形成“生物素化探针–靶核酸–纳米金探针”复合物，该复合物通过生物素–亲和素系统，固定在固相载体上，最后银染放大信号。通过肉眼观察法、光镜观察法、分光光度法分析银染灰度，从而间接测定靶核酸的量。初步检测PPRV核酸最低浓度达10fmol/L，所需时间约为1.5h。该方法灵敏度高、操作简单，可以为临床检测小反刍兽疫病毒核酸提供实验数据和技术支持。

八、RT-PCR鉴别诊断

（一）PPRV疫苗株与野生毒株的鉴别

疫苗免疫易感动物是预防PPR的重要手段，但由于PPRV只有一个血清型，在没有商品化标记疫苗的情况下，血清学上无法区分自然感染和疫苗免疫，给临床监测工作带来了很大困难。根据*N*基因或*F*基因的遗传特性，可以把PPRV分为4个谱系，第Ⅰ、Ⅱ谱系于西非，第Ⅲ谱系流行于东非和阿拉伯半岛，第Ⅳ谱系分布于中东、南亚、东亚和北非。目前使用的弱毒疫苗毒株Nigeria75/1属于第Ⅱ谱系，而对我国威胁最大的毒株为第Ⅳ谱系。在病原学监测中疫苗毒株会干扰检测结果，有必要建立区分小反刍兽疫疫苗毒与野毒株的鉴别诊断方法。

国家外来动物疫病研究中心根据GenBank中公布的小反刍兽疫病毒的*H*基因序列，分别设计引物，经过优化反应条件，建立了PPRV野毒株与疫苗株鉴别诊断方法。结果建立的RT–PCR鉴别诊断方法能特异性区分疫苗株Nigeria75/1与第Ⅳ谱系的PPRV，而与第Ⅲ谱系、牛瘟病毒、犬瘟热病毒等同属病毒无交叉反应，最低可以检测到浓度为7.7×10^{-5}ng/μL或200个拷贝数的病毒RNA。该方法操作简单，耗时短，可以用于PPR的监测活动和临床鉴别诊断[59, 60]。

使用实时荧光 RT–PCR技术的鉴别方法也建立了起来。袁向芬等根据GenBank中公布的小反刍兽疫*N*基因序列分别设计引物与探针，建立了PPRV通用型与第Ⅱ谱系疫苗毒特异型二重实时荧光RT–PCR，同时建立针对PPRV第Ⅳ谱系强毒株的特异型荧光PCR。特异性试验和灵敏度试验表明：建立的二重荧光RT–PCR可特异性检测PPRV病毒，其HEX信号通道（通用型）和TAMRA信号通道（第Ⅱ谱系疫苗毒特异型）的检测灵敏度分别可达10^1 $TCID_{50}$/mL和10^2 $TCID_{50}$/mL，完全满足检测要求。用二重荧光RT–PCR对从西藏采集的14份羊血清样品进行检测，并用建立的第Ⅳ谱系强毒株特异型荧光PCR对二重荧光RT–PCR的检测效果进行评估，结果显示该方法能有效甄别PPRV强毒株和疫苗毒株，避免假阳性结果的出现[61]。

（二）与其他疫病的鉴别诊断RT–PCR

当PPRV在某地区第一次出现，或有相类似症状的疫病在同一地区流行，或该PPRV在不常见的宿主中出现时，仅靠临床症状很有可能将PPR与其他疫病相混淆，因此，需要进行实验室诊断。常见的容易与PPR混淆的疾病有牛瘟、口蹄疫、蓝舌病、传染性山羊胸膜肺炎、传染性脓疱、绵羊的内罗毕病、腹泻综合征、肺出血性败血病和心水病等。

为了与牛瘟病毒区别，Balamurugan等针对*N*基因和*M*基因分别设计了2对引物，在一个Eppendorf管内进行多重RT–PCR。若同时出现337bp的*N*基因和191bp的*M*基因片段则为小反刍兽疫病毒，若只有337bp的*N*基因片段则为牛瘟病毒。该方法可检测出低至100fg的小反刍兽疫病毒RNA；在实验感染山羊中，该方法能在感染后7～17d的鼻腔和眼拭子中，以及感染后7～15d的口腔拭子中检测出病毒；在检测的32份临床样品中，使用夹心ELISA只有18份样品为阳性，而使用该方法则有22份为阳性[40]。

许多病毒能引起牛、绵羊和山羊的黏膜病变，仅仅依靠临床表现难以区别。为了将PPR与临床症状类似的其他疾病相区别，利用新的双引物寡核苷酸（dual priming oligonucleotide，DPO）能同时检测裂谷热病毒、蓝舌病病毒、牛瘟病毒和小反刍兽疫病毒的一步法多重RT–PCR也建立了起来[62]。

九、病毒的系统发育分析（phylogenetic analysis）

对于RT–PCR检测阳性的样品，有必要进行测序，以分析病毒的分子流行病学特征，进而查找病毒可能的来源。目前常用分子生物学软件MEGA或PHYLIP进行系统发育分析，绘制系统发育树。根据*N*基因或*F*基因的部分序列，PPRV被分为4个不同的谱系（lineage Ⅰ、Ⅱ、Ⅲ和Ⅳ）。PPRV分子流行病学最常用的目的基因是长度为255nt的 *N*基因片段，其次是长度为322nt的*F*基因片段。

Forsyth和Barrett于1995年建立了针对*F*基因的RT–PCR检测方法之后，对PCR产物序列进行测序分析，以分析来自不同地理区域的新毒株和旧毒株的遗传关系。具有里程碑意义的研究是由Shaila于1996年做出的，该研究基于PCR扩增后322nt的*F*基因部分片段分析了PPRV种群内在的变异情况[63]。对19株从非洲、中东和亚洲国家分离的病毒株进行分析，结果表明，非洲有3个不同谱系（lineage），即第Ⅰ谱系（来自于20世纪70年代的中非）、第Ⅱ谱系（来自19世纪80年代的西非）、第Ⅲ谱系（来自印度南部过去20年间，还包括苏丹和阿曼的病毒株），只有最近收集的横跨中东地区（以色列和沙特阿拉伯）和亚洲（巴基斯坦、孟加拉国、尼泊尔和印度）的病毒被归类到第Ⅳ谱系。随后这一表面上的地理分布遗传稳定和区域群模型，得到对印度和土耳其的其他病毒的研究者的支持。

Kwiatek等于2007年通过基于*N*基因3’末端的255nt的系统发育分析进一步确认了前面的结果[64]。在这项研究中使用的PPRV分离株的时间跨度超过了30年，包括了20世纪60年代末期的塞内加尔毒株，20世纪70年代的尼日利亚和加纳的毒株，从20世纪80年代至2005年西非、中非、东非、中东和亚洲的分离株。在该病毒谱系划分中，疫苗株Nigeria 75/1相应地划分到了第Ⅱ谱系。

对不同基因片段进行系统发育分析所划分出的谱系略有不同。分别根据*F*基因片段和*N*基因片段进行划分，引起第Ⅰ、Ⅱ谱系间毒株的分类颠倒。根据表面上病毒从西往东的地理传播，基于*N*基因的PPRV的非洲毒株被描述为从第Ⅰ谱系到第Ⅲ谱系。根据这一命名原则，对*N*基因扩增产物遗传学上进行如下分类：西非的毒株（包括塞内加尔、几内亚、几内亚比绍、科特迪瓦和布基纳法索）属于lineage Ⅰ；在加纳、马里、尼日利亚检测到的毒株归为lineage Ⅱ；埃塞俄比亚和苏丹的毒株被归为lineage Ⅲ。除了这点不同，来自*F*或*N*基因4个谱系间的遗传分类表现相同，并且系统发育关系表现出相同的分支顺序。现在大多数研究人员把包含Nigeria75/1毒株的谱系划分为lineage Ⅱ，而此前该基因谱系（根据*F*基因划分）被划分为lineage Ⅰ。在主要结构蛋白的整个阅读框，尤其是*N*基因、*M*基因、*F*基因、*H*基因和*L*基因，也可以观察到4个谱系分支，暗示了横穿整个基因组的进化速率稳定。因而，PPRV的谱系分类不需要对整个基因组进行分析，现在多数研究依靠*N*基因序列（255nt）作为系统发育标记[65, 66]。

原来认为PPRV的4个谱系是地理限制性的，即特定的谱系只在一定区域内流行。但是近年来某些特定的谱系已经出现在新地区，使PPR成为新发病。第Ⅳ谱系（过去也曾经被称为亚洲谱系）如今已经分布于东亚到中东地区的广泛范围，并且日渐扩散到北非，再通过北非国家传播到非洲其他地区。在有的非洲国家，原来主要流行的第Ⅲ谱系逐渐被第Ⅳ谱系所取代，如在苏丹第Ⅳ谱系逐渐取代第Ⅲ谱系。第Ⅳ谱系强毒可能在20世纪90年代通过骆驼传入非洲，导致大范围的骆驼和小反刍兽发病。然而，仅仅凭借对*N*基因或*F*基因短片段的分析不能为PPRV的进化和传播或消失等提供更多有用的信息。

十、内参（或内标）系统

使用内参（internal control，IC）是RT–PCR质量控制中非常重要的一个因素。在检测中内参的存在能检验RNA提取效率，并且能确认样品中是否含有PCR抑制物而避免出现假阴性结果。同时扩增内参增加结果的可靠性，可以被用于验证阴性结果。内参系统已经被用于PPRV基因组特异性检测中[67]。

目前应用的内参系统包括以下几种：

1. 检测内源基因

包括样品中自然存在的基因。这些基因必须稳定转录不受相关检测疫病的细胞病变影响。满足这些准则的基因被称为管家基因，包括GADPH、beta–actin、18S核糖体RNA、GAD和B2–微球蛋白基因。

2. 检测外源基因

这种类型的内参可以设计成含有异源目的序列或完全异源的病毒基因组，该序列与所检测的序列不相关。外源内参在提取核酸之前或共扩增前添加到每个检测样品中。根据内参的特殊设计，对照序列的扩增需要在反应中添加额外的引物序列。另外，模拟内参（体外转录RNA、质粒或嵌合病毒）可以被设计成使用相同引物对而含有异源目的序列。而且，这些模拟内参可以含有在目的扩增序列中不存在的内部序列，以产生不同长度的扩增产物，这些可用第二个特异性探针进行野生型的鉴别。由于这些内参使用特异性引物扩增，这种对照的好处是可以直接监视诊断引物的性能，确保正确的PCR成分被添加。

第五节　血清学检测方法

小反刍兽疫作为一种危害十分严重的接触性传染病，对经济影响非常大，许多国家通过使用弱毒疫苗免疫来控制该病。自然感染后康复的动物和免疫后的动物均可以产生坚强的终身免疫，即动物感染小反刍兽疫病毒以后能够终身产生抗体，持续产生抗体反应，对再次感染可以产生完全保护，因此，抗体是一个很好的指标[48]。大规模监测小反刍兽疫主要由血清学方法完成。

尽管小反刍兽疫被认为是牛瘟根除之后下一个要根除的疫病，但是目前国际上还没有建立相应的国际控制/根除计划。目前还有可能超过10亿只羊处在高风险中，养羊业对于许多国家来说非常重要，因而，许多国家单独实施血清学监测以清楚地了解该病的流行率和更好地控制该病。另外一些国家正在制订计划以应对可能会出现的紧急情况。这些都急需更敏感和更特异性的诊断工具和特异性免疫学试剂来快速诊断PPRV。

抗体的存在是宿主免疫保护的标记，不论该抗体是由野毒感染还是疫苗引起的。因而，经典的ELISA方法和病毒中和试验可以在免疫后或确定疾病暴发时检测特异性抗体。在牛瘟未被根除以前，由于普通间接ELISA检测抗体时无法区别牛瘟病毒和小反刍兽疫病毒产生的抗体，限制了其应用，人们转而开发了多种竞争ELISA。许多国家为控制该病，实行了大规模免疫策略，在被监测动物的免疫背景不清楚和没有标记疫苗（marker vaccine）的情况下，目前还无法使用血清学检测方法区分自然条件下的野毒感染和主动的疫苗免疫。

现在常用于检测PPRV抗体的方法包括病毒中和试验和酶联免疫吸附法（ELISA）。其他方法如血凝抑制（HI）和间接免疫荧光试验（IFA）也被用于PPRV血清学检测中，但是近年来，为了改进和简化控制PPR，这些方法已经逐渐地被现代血清学方法所替代。各种血清学方法的概述详见表6–7。

表 6–7　检测 PPRV 感染的各种血清学检测方法

方法	抗原	检测抗体	特异性	参考文献
VNT	滴定的活病毒	抗 H，抗 F	高特异性（非常特异的检测 PPRV 的血清学方法）	OIE[1]，Taylor[11，68]
HI	鸡红细胞	抗血清 / 多抗	低特异性	Dhinakar et al[69]
IFA	感染的单层细胞	抗血清 / 多抗	低特异性，适宜使用感染的单层细胞改进特异性	Libeau and Lefevre[70]
间接 ELISA	整个重组 N 蛋白，昆虫细胞 - 杆状病毒表达系统	抗 N	与麻疹病毒属内的其他病毒有较高的交叉反应性	Ismail et al[71]
间接 ELISA	整个重组 N 蛋白，大肠杆菌表达系统	抗 N		Zhang et al[72]
间接 ELISA	整个重组 H 蛋白，转基因细胞	抗 H		Balamurugan et al[73]
bELISA	PPRV 全病毒，疫苗	抗 H	高特异性，因位阻与牛瘟抗体有低交叉反应	Saliki et al[25]

（续）

方法	抗原	检测抗体	特异性	参考文献
cELISA	PPRV 全病毒，疫苗	抗 H		Anderson and McKay[74]
cELISA	整个重组 N 蛋白，昆虫细胞 - 杆状病毒表达系统	抗 N		Libeau et al[75]，Choi et al[76]
cELISA	部分和整个重组 N 蛋白，大肠杆菌表达系统	抗 N		Yadav et al[77]
多肽 - ELISA	N 蛋白合成多肽	抗 N	高特异性，与牛瘟抗体有低交叉反应	Dechamma et al[78]
抗原表位 - cELISA	N 蛋白合成多肽抗原表位	抗 N	高特异性	Zhang et al[79]

近年来，研究主要集中在简单、快速、自动化和环境稳定的诊断技术，以使这些方法可在许多实验室作为常规技术使用。通过ELISA检测小反刍兽疫抗体的方法在许多国家得到应用，出现了许多各式各样的商品化试剂盒。这些血清学工具将极大地改进和简化PPR流行国家对该病的控制。但由于有些ELISA试剂盒的成本过高，可能不适合用于大规模筛选检测，除非使用国可以开发和生产该试剂盒。在这种情况下，作为普通实验室需要采用可靠的血清学诊断方法来进行试验，因此，需要评估各种方法的性能表现（如Kappa值、相对检测灵敏度和特异性）以替代昂贵的检测方法[48]。另外，运用各种表达系统表达病毒抗原的不断出现，也更新了对血清学检测方法的认识。

一、血清学检测的基础

高水平的体液免疫反应是动物控制病毒的初始复制、消灭病毒和保障宿主存活的首要条件。自然感染或者由弱毒疫苗激发的中和抗体与保护宿主抵抗PPRV诱发的疾病相关。麻疹病毒属病毒感染的普遍特征是免疫抑制瞬变。相似地，尽管目前的疫苗非常有效并且不会导致临床症状，但疫苗会导致短期的免疫抑制。因而，在一定程度上可以证明，终身免疫与瞬变免疫抑制有关仍是一个表面的悖论，因为病毒导致的免疫抑制不会阻止长期抗病毒免疫的产生。

PPRV是单股负链RNA病毒，编码8种已知蛋白，其中6种为结构蛋白，分别为核衣壳蛋白（N）、磷蛋白（P）、基质蛋白（M）、大蛋白（L）、血凝素蛋白（H）和融合蛋白（F）。大多数血清学检测技术是针对小反刍兽疫病毒的核蛋白和血凝素蛋白而建立的[48]。

1. N蛋白

大多数的单链RNA病毒，包括PPRV在内，N蛋白高度保守，免疫原性也较高。由于接近病毒基因组的3'末端，N蛋白的含量比其他结构蛋白都要高。虽然针对N蛋白的抗体不能保护动物免受该病侵害，但由于抗原性较好而且含量丰富，N蛋白仍然是PPRV诊断工具最易接受的目标[80]。另外，N蛋白似乎既有型特异性，又有交叉反应表位。N蛋白被分为4个区域，Ⅰ区（aa 1～120）、Ⅱ区（aa 122～145）、Ⅲ区（aa 146～398）和Ⅳ区（aa 421～445）。免疫原性高的表位见于Ⅰ区和Ⅱ区，Ⅲ区和Ⅳ区的免疫原性差[81]。

在重组杆状病毒感染的昆虫细胞或幼虫中表达[71]的N蛋白或在大肠杆菌[77]表达的N蛋白作为包被抗原已经成功用于ELISA检测。细胞培养的减毒活PPRV在竞争ELISA（cELISA）或夹心ELISA（sELISA）中用作抗原[23, 82]。

2. H蛋白

小反刍兽疫病毒的H蛋白在所有麻疹病毒属中是最多样的。比较麻疹病毒属中关系最为接近的牛瘟病毒和小反刍兽疫病毒，二者H蛋白的相似度仅有50%。H蛋白高度变异的自然属性可能反映了该蛋白在种属特异性中的角色。

3. 免疫或自然感染后抗体的消长规律

将国内野毒分离株China/Tib/07和疫苗株Nigeria 75/1分别感染山羊，

然后使用N、F和H蛋白作为包被抗原进行间接ELISA检测8个月内针对每种蛋白的抗体水平变化。结果表明，针对N蛋白的抗体在野毒感染组中10dpi（dpi指感染后的天数）开始转阳，而疫苗组是在14dpi转阳，感染后8个月两组抗体检测仍为阳性。间接ELISA和竞争ELISA的检测结果一致。针对F蛋白的抗体，野毒感染组在12dpi开始转阳，疫苗组则在18dpi转阳，至感染后8个月两组针对F蛋白的抗体均已转为阴性。针对H蛋白的抗体野毒感染组在12dpi转阳，疫苗组在16dpi转阳，至感染 8个月，野毒感染组抗体仍为阳性，而疫苗组则转为阴性。在整个感染期间，N蛋白的抗体水平远高于F蛋白和H蛋白的抗体水平，野毒感染组动物的抗体水平总体要高于疫苗组。因此，针对不同蛋白的抗体产生时间、滴度和在体内的持续时间是有差异的，而且不同毒力的毒株之间也不相同[83]。

二、病毒中和试验（国际贸易规定的方法）

病毒中和试验（virus neutralization，VNT）非常灵敏和特异，可以区分PPR和RP血清抗体，但需要至少7d，花费时间较长，并且需要实验室具备细胞培养设备。现在标准的中和试验通常在96孔微量板中进行，转瓶培养也可能被用到。该方法操作时首选Vero细胞，也可以使用原代的羔羊肾细胞。

试验所需材料如下：细胞悬液（600 000个/mL）、96孔细胞培养板、被测血清（56℃加热灭活30min）、完全细胞培养基、病毒液（稀释成1 000、100、10和1 $TCID_{50}$/mL）。

试验步骤如下[1]：

（1）以1∶5稀释血清，然后用细胞培养液进行2倍连续稀释。

（2）将100μL滴度为1 000$TCID_{50}$/mL的病毒液（得到100$TCID_{50}$/mL）与100μL给定稀释度的血清（每个稀释度重复6个孔）在每个细胞培养板孔中混合。

（3）按下述方式加入病毒液和未感染细胞悬液：6个100$TCID_{50}$/mL的

孔（每孔100μL），6个10TCID$_{50}$/mL的孔（每孔100μL），6个1 TCID$_{50}$/mL的孔（每孔100μL），6个0.1 TCID$_{50}$/mL的孔（每孔100μL），6个孔加200μL没有病毒的细胞培养液。加入完全培养基使得病毒稀释液到200 μL，然后37℃孵育1h。

（4）每孔加50 μL细胞悬液，轻拍培养板边缘使细胞分布到孔中并覆盖，在37℃的CO_2培养箱中孵育。

（5）1～2周后读板。如果病毒稀释正确，所有100和10TCID$_{50}$/mL的病毒对照孔有CPE，1 TCID$_{50}$/mL稀释度孔有50%出现CPE，0.1TCID$_{50}$/mL稀释度孔没有CPE。只有病毒被适当稀释时试验才能成立。

当病毒被血清中和后没有CPE出现，任何程度的CPE意味着病毒没有被血清中和。中和滴度是当一半孔中的病毒被血清中和的稀释度。中和滴度大于10判为阳性。

三、竞争ELISA

竞争ELISA（competitive ELISA，cELISA）是建立在抗PPRV单克隆抗体与血清中的抗体竞争结合PPRV抗原位点基础之上，cELISA比VNT更容易使用，特别是在大规模的血清学调查中。若血清中存在抗体就会阻断单克隆抗体反应，待加入酶标抗体复合物和底物后不会出现颜色反应。该方法是固相试验，每一步都需要洗涤步骤以去除未反应的试剂。竞争ELISA的优点是特异性强、敏感性高，并且可以对不同种类的动物血清进行检测。目前已经发表了多个cELISA方法，其中一种是使用识别N蛋白的单克隆抗体和杆状病毒表达的重组N蛋白作为抗原；另外一种是使用识别H蛋白的单克隆抗体和纯化或半纯化的PPRV（疫苗株）作为抗原。有关应用ELISA的建议可以从OIE参考实验室获得。一些商品化试剂盒可供选择，使用之前，实验室需要确定该试剂盒已经被验证与OIE验证标准一致。

Libeau等在单克隆抗体（mAb）和PPRV的重组核蛋白反应的基础

上建立了cELISA[84]。该方法中所使用的重组蛋白是从大量培养的昆虫细胞感染表达小反刍兽疫核蛋白的重组杆状病毒后获得。竞争ELISA同时加入单克隆抗体和待检血清，引起在重组N蛋白特异性表位的竞争。天然N蛋白抗原位点在杆状病毒表达的重组N蛋白上同样表达，因而在cELISA中重组N蛋白能够替代全病毒。该方法使用已知PPRV或RPV中和活性的阳性或阴性血清优化反应条件。对148份试验感染动物的血清进行检测，结果显示，与VNT相比，cELISA的相对敏感性和特异性分别为94.5%和99.4%。同时使用cELISA和VNT分析了683份血清，两种方法中的滴度表现出很好的相关性（r=0.94）。用VNT和cELISA确定23只山羊羔体内母源抗体的被动免疫持续期分别为120d和90d，这反映了抗H蛋白和抗N蛋白抗体的动力学差异。cELISA和VNT具有相同的灵敏性和特异性，而cELISA具有使用的抗原安全并且抗原可以大批量制备的优势。该方法被OIE认定为PPR诊断方法之一。该方法已经由ID VET公司开发成ID Screen PPR Competition商品化试剂盒，该试剂盒采用竞争ELISA的形式检测血清中的小反刍兽疫病毒抗体，可以用于多种动物体内的小反刍兽疫病毒的抗体监测。

目前商品化的试剂盒还有BDSL公司的cELISA试剂盒，它是根据Anderson等人的方法建立的[85]，可以确定血清中是否含有PPR抗体。该试剂盒包含对照抗原和所需试剂耗材。病毒抗原是通过病毒接种Vero细胞后收获制备，病毒抗原已经通过溴乙烯亚胺灭活（BEI）。该试剂盒中所提供的鼠源单克隆抗体C77针对PPRV的H蛋白。该试剂盒的操作步骤非常简单，仅需简单几步就可以完成，适用于大规模抗体监测。通过在非洲、中东和亚洲的几种小反刍动物中应用，证明该方法具有非常高的可靠性。

另外一些cELISA方法中使用原核表达的重组蛋白作为包被抗原。Yadav等[77]使用大肠杆菌表达系统表达的部分和全长*N*基因作为抗原，也建立了cELISA。带有His标签的重组蛋白使用Ni–NTA树脂亲和层析纯化，然后与PPRV免疫过的兔血清和特异性单抗一起在cELISA中反应，用于PPRV感染的血清学诊断。

Singh等[86]建立了基于H蛋白中和表位单抗的cELISA。根据已知阴性血清样品（n=933）的分布情况，Cut–off值设定为38%。该值为阴性群的平均值加上2倍标准差。使用该cELISA和病毒中和试验对1 668份山羊和绵羊血清以及32份牛血清进行了筛查。在特异性和敏感性方面，cELISA与VNT相比有很高的相关性。如果被测群没有进行过免疫接种，血清监测cELISA的敏感性还可以进一步提到95.4%。对64份羊血清样品进行终点法滴定PPRV抗体，cELISA与VNT有很强的相关性（r=0.845）。在田间样品中可以很清楚地区分没有免疫的样品。此外，在PPR疫情暴发时和暴发后20d，使用该cELISA对13只山羊的配对血清进行检测，可检测到明显的抗体转阳情况。

为了开发有效的小反刍兽疫诊断试剂盒，Zhang等[79]还建立了基于N蛋白抗原表位的cELISA，用于检测PPRV西藏毒株的抗体。通过人工合成西藏株N蛋白抗原表位多肽，免疫兔后制备高免血清。被测血清与高免血清同时加入预先包被了重组N蛋白的ELISA板中一起孵育。再加入辣根过氧化物酶标记的羊抗兔二抗检测高免血清是否与重组N蛋白结合。该方法用于监视PPRV感染，其Cut–off值设定为35%。通过与商品化试剂盒相比较测试1 039份血清样品，其敏感性和特异性分别为96.18%和91.29%。该方法的优点是不需要培养病毒和不需要制备单抗。但是其缺点也十分明显，该方法中所用高免血清的标准化非常困难，并将影响方法的敏感性和特异性。

四、阻断ELISA

阻断ELISA（blocking ELISA，bELISA）根据在阳性血清存在的情况下阻断单克隆抗体与病毒抗原特异性表位的结合而建立。该方法与竞争ELISA的主要不同之处是竞争ELISA将待检血清和单克隆抗两种试剂同时加入；阻断ELISA将待检血清先与预先固相包被的PPRV抗原反应，然后再与单抗孵育，产生的灵敏性和特异性均优于竞争ELISA方法。

为了区分牛瘟和小反刍兽疫感染山羊和绵羊并替代VNT，Saliki等使用了2株对血凝素（H）蛋白特异的单克隆抗体，建立了快速bELISA。该方法与VNT分别检测了山羊和绵羊血清中的PPRV特异性抗体，结果二者相关性较高（r≥0.98）。使用已知VNT为PPR和RP阳性和阴性的血清进行实验条件的优化。采用抑制率的阈值为45%，阴性群的平均值加上2.7个标准差，作为日常筛查方法。共有605份血清样品使用bELISA和VNT同时进行筛查。bELISA相对于VNT的敏感性和特异性分别为90.4%和98.9%。检测264份田间样品，11份（4.2%）由于污染或细胞毒性不能被VNT检测出。两种检测方法的总体符合系数（n = 253）为0.9。bELISA和终点滴定VNT的相关系数较高（n = 57）。由于bELISA被证明与VNT的灵敏性和特异性接近但更简便更快，可以替代VNT 用于评估群体的免疫状态和流行病学监测[87]。

中国动物卫生与流行病学中心国家外来动物疫病研究中心（OIE小反刍兽疫参考实验室）开发了小反刍兽疫阻断ELISA抗体检测试剂盒，可以快速检测小反刍兽疫抗体。该检测试剂盒预先将病毒重组抗原包被于ELISA板，加入待检血清，洗涤后再加入酶标记的特异性单抗，再洗涤一次，最后显色反应，读值。该试剂盒适用于免疫后监测小反刍兽疫抗体水平或疑似病例的实验室诊断。

试剂盒的说明书如下：

1. 组分与用法

表 6-8　试剂盒组分与用法

编号	名 称	装 量	用 法
1	抗原包被的酶标板	5 块	直接使用
2	酶标单抗（5×）	5 mL/ 瓶 ×1 瓶	用稀释液做 5 倍稀释
3	阳性血清	400 μL / 管 ×2 管	直接使用

（续）

编号	名 称	装 量	用 法
4	阴性血清	400 µL / 管 ×2 管	直接使用
5	稀释液	55 mL/ 瓶 ×1 瓶	直接使用
6	洗涤液（20×）	100 mL/ 瓶 ×1 瓶	用双蒸水进行 20 倍稀释，按 0.05% 比例加入吐温 -20
7	吐温 -20	1.5 mL/ 管 ×1 管	直接使用
8	底物溶液	30 mL/ 瓶 ×1 瓶	直接使用
9	终止液	30 mL/ 瓶 ×1 瓶	直接使用

2. 作用与用途

用于监测羊群中PPRV抗体。

3. 用法与判定

（1）操作步骤　酶标板上对照和样品的分布图如下：

	1	2	3	4	5	6	7	8	9	10	11	12
A	P	S3										
B	P	S4										
C	N	S5										
D	N											
E	Cm											
F	Cm											
G	S1											
H	S2											

图6-1　酶标板上对照和样品的分布图

P——阳性血清对照孔；N——阴性血清对照孔；Cm——酶标单抗对照孔；S1、S2、S3、S4 等——表示加待检血清孔

① 在A1和B1抗原包被孔中加入阳性血清，50 µL/孔。

② 在C1和D1抗原包被孔中加入阴性血清，50µL/孔。

③ 在E1和F1抗原包被孔中加入稀释液，50µL/孔。

④ 在样品孔中加入稀释液，25μL/孔。

⑤ 在样品孔中再加入待检血清，25μL/孔。

⑥ 37℃孵育60min。

⑦ 弃去反应孔中的液体。

⑧ 每孔用洗涤液清洗4次，洗涤液（1×）300 μL/孔。

⑨ 每次除去洗涤液后，在吸水纸上拍打，除去残留的液体。

⑩ 每孔加入酶标单抗（1×），50 μL/孔。

⑪ 37℃孵育30min。

⑫ 重复步骤⑦～⑨。

⑬ 每孔加入底物溶液，50 μL/孔。

⑭ 室温避光作用10～15min。

⑮ 每孔中加入50μL终止液，终止所有的反应。

⑯ 用酶标仪在450nm的波长下测定各孔OD_{450nm}值，计算阻断率。

阻断率（PB）计算方法：

PB＝100－[待检血清OD_{450nm}（或对照OD_{450nm}平均值）×100]/Cm的OD_{450nm}平均值

（2）结果判定

① 阳性对照阻断率（PB）＞60，阴性对照阻断率（PB）＜40，试验结果有效；否则，应重新进行试验。

② 待检样品阻断率（PB）＞50，判为阳性。

③ 待检样品阻断率（PB）≤50，判为阴性。

4. 注意事项

（1）本试剂盒严禁冻结。

（2）所有试剂在使用前恢复至室温。

（3）试剂盒各种组分均为专用，不得交叉使用，以免污染。

（4）底物溶液避光保存，使用后立刻拧紧试剂瓶盖，并放试剂盒内。

五、间接ELISA

为了检测针对PPR的免疫反应，建立在重组N蛋白基础之上的间接ELISA也会被用到。使用重组N蛋白替代全病毒抗原可避免污染了细胞成分的抗原，后者是间接ELISA假阳性反应的主要因素。以前即使是建立在重组抗原基础之上的间接ELISA特异性也不够高，仅被推荐用于筛选检验，因为核蛋白在麻疹病毒属中高度保守，会导致与其他麻疹病毒属病毒（特别是牛瘟病毒）的抗体产生交叉反应。现今牛瘟已经被根除，建立在重组PPRV N蛋白之上的间接ELISA可能不会被其他反刍动物麻疹病毒所混淆，影响其血清学诊断的可靠性。另外，值得强调的是间接ELISA容易在诊断实验室内操作。但是，如果间接ELISA被广泛采用，有一种现象需要格外注意，呈地方流行国家的阴性群与无疫国家的阴性群表现不同，展现出较高的背景水平。因而，该方法需要做大量的验证，特别是阈值设定。

Ismail等[71]首先描述了使用重组N蛋白建立间接ELISA，作为常规诊断方法被评估，使用从一次疑似PPR暴发疫情中采集的山羊血清。所有田间样品（n=18）得出的ELISA滴度为8~1 024，而中和抗体滴度为4 ~ 4 096。VNT阴性血清在间接ELISA中不呈现阳性反应。国内的Zhang等[72]使用大肠杆菌表达的PPRV西藏株的N蛋白作为抗原，建立了间接ELISA。首先使用重叠PCR合成了西藏株*N*基因，随后全长*N*基因在大肠杆菌中成功表达，纯化的蛋白能与针对N蛋白的单克隆抗体反应。随后，重组抗原作为包被抗原在商品化试剂盒中替代B–N抗原，建立间接ELISA检测感染动物中的PPRV抗体。优化后的血清稀释度为1：200，抗原浓度为3.2μg/mL，阈值为2.18。通过对697份血清样品的检测结果分析显示，与cELISA商品化试剂盒相比，该方法的相对灵敏性和特异性分别为96.7%和96.1%。

另外，Balamurugan等[73]克隆了PPRV的*H*基因，将其置于CMV启动子之下并整合到Vero细胞基因组。在Vero细胞系中稳定表达的H蛋白被评估作为ELISA中诊断抗原的可能性。为了在ELISA中用作抗原，表达H蛋白的细胞悬液需要在冰浴中超声破碎。与基于全病毒的检测比较后发现，该方法具有相对较高的特异性和灵敏性。

参考文献

[1] OIE Biological Standards Commission. Manual of diagnostic tests and vaccines for terrestrial animals [M].7th ed.Paris: World Organisation for Animal Health, 2012.

[2] 罗桂流，周建山，覃玉忠，等．野外山羊颈静脉采血的保定及操作方法 [J]. 广西畜牧兽医，2012(5): 297–298.

[3] 彭波．改进绵羊颈静脉采血技术提高采血成功率 [J]. 畜禽业，2009(2): 79.

[4] OIE Biological Standards Commission. Collection, submission and storage of diagnostic specimens //Manual of diagnostic tests and vaccines for terrestrial animals[M]. Paris: World Organisation for Animal Health, 2013.

[5] BALAMURUGAN V, HEMADRI D, GAJENDRAGAD M R, et al. Diagnosis and control of peste des petits ruminants: a comprehensive review[J]. Virusdisease,2014,25(1): 39–56.

[6] BRINDHA K, RAJ G D, GANESAN P I, et al. Comparison of virus isolation and polymerase chain reaction for diagnosis of peste des petits ruminants[J]. Acta Virol,2001,45(3): 169–172.

[7] SREENIVASA B P, SINGH R P, MONDAL B, et al. Marmoset B95a cells: a sensitive system for cultivation of Peste des petits ruminants (PPR) virus[J]. Vet Res Commun,2006,30(1): 103–108.

[8] ADOMBI C M, LELENTA M, LAMIEN C E, et al. Monkey CV1 cell line expressing the sheep-goat SLAM protein: a highly sensitive cell line for the isolation of peste des petits ruminants virus from pathological specimens[J]. J Virol Methods,2011,173(2): 306–313.

[9] KUMAR N, CHAUBEY K K, CHAUDHARY K, et al. Isolation, identification and characterization of a Peste des Petits Ruminants virus from an outbreak in Nanakpur, India[J]. J Virol Methods,2013,189(2): 388–392.

[10] BARON MD. Wild-type Rinderpest virus uses SLAM (CD150) as its receptor[J]. J Gen Virol,2005,86(Pt 6): 1753–1757.

[11] TAYLOR W P, ABEGUNDE A. The isolation of peste des petits ruminants virus from Nigerian sheep and goats[J]. Res Vet Sci,1979,26(1): 94–96.

[12] BIRCH J, JULEFF N, HEATON M P, et al. Characterization of ovine Nectin-4, a novel peste des petits ruminants virus receptor[J]. J Virol,2013,87(8): 4756–4761.

[13] SEKI F, ONO N, YAMAGUCHI R, et al. Efficient isolation of wild strains of canine distemper virus in Vero cells expressing canine SLAM (CD150) and their adaptability to marmoset B95a cells[J]. J Virol,2003,77(18): 9943–9950.

[14] TATSUO H, ONO N, YANAGI Y. Morbilliviruses use signaling lymphocyte activation molecules (CD150) as cellular receptors[J]. J Virol,2001,75(13): 5842–5850.

[15] W. B, J. M, O. K H. Virology methods manual[M]. US edition ed. San Diego: Academic Press,1996.

[16] GB/T 27982—2011 小反刍兽疫诊断技术 [S].

[17] OBI T U, PATRICK D. The detection of peste des petits ruminants (PPR) virus antigen by agar gel precipitation test and counter-immunoelectrophoresis[J]. J Hyg (Lond),1984,93(3): 579–586.

[18] DUROJAIYE O A, OBI T U, OJO O. Virological and serological diagnosis of peste des petits ruminants[J]. Trop Vet,1983,1: 13–17.

[19] DUROJAIYE O A. Precipitating antibody in sera of goats naturally affected with peste des petits ruminants[J]. Trop Anim Health Prod,1982,14(2): 98–100.

[20] MAJIYAGBE K A, NAWATHE D R, ABEGUNDE A. Rapid diagnosis of peste des petits ruminants (PPR) infection, application of immunoelectroosmophoresis (IEOP) technique[J]. Rev Elev Med Vet Pays Trop,1984,37(1): 11–15.

[21] OBI T U, PATRICK D. The detection of peste des petits ruminants (PPR) virus antigen by agar gel precipitation test and counter-immunoelectrophoresis[J]. J Hyg (Lond),1984,93(3): 579–586.

[22] LIBEAU G, DIALLO A, COLAS F, et al. Rapid differential diagnosis of rinderpest and peste des petits ruminants using an immunocapture ELISA[J]. Vet Rec,1994,134(12): 300–304.

[23] SINGH R P, SREENIVASA B P, DHAR P, et al. A sandwich-ELISA for the diagnosis of Peste des petits ruminants (PPR) infection in small ruminants using anti-nucleocapsid protein monoclonal antibody[J]. Arch Virol,2004,149(11): 2155–2170.

[24] MAHAJAN S, AGRAWAL R, KUMAR M, et al. Sandwich ELISA based evaluation of clinical samples for Peste des petits ruminants (PPR) virus detection[J]. Small Ruminant Research,2012,106(2–3): 206–209.

[25] SALIKI J T, HOUSE J A, MEBUS C A, et al. Comparison of monoclonal antibody-based sandwich enzyme-linked immunosorbent assay and virus isolation for detection of peste des petits ruminants virus in goat tissues and secretions[J]. J Clin Microbiol,1994,32(5): 1349–

1353.

[26] WOSU L O. Haemagglutination test for diagnosis of peste des petits ruminants disease in goats with samples from live animals[J]. Small Ruminant Research,1991,5(1–2): 169–172.

[27] EZEIBE M C O, WOSU L O, ERUMAKA I G. Standardisation of the haemagglutination test for peste des petits ruminants (PPR)[J]. Small Ruminant Res,2004,51(3): 269–272.

[28] OSMAN N A, A R M, ALI A S, et al. Rapid detection of Peste des Petits Ruminants (PPR) virus antigen in Sudan by agar gel precipitation (AGPT) and haemagglutination (HA) tests[J]. Trop Anim Health Prod,2008,40(5): 363–368.

[29] EZEIBE M C, OKOROAFOR O N, NGENE A A, et al. Persistent detection of peste de petits ruminants antigen in the faeces of recovered goats[J]. Trop Anim Health Prod,2008,40(7): 517–519.

[30] KUMAR P, TRIPATHI B N, SHARMA A K, et al. Pathological and immunohistochemical study of experimental peste des petits ruminants virus infection in goats[J]. J Vet Med B Infect Dis Vet Public Health,2004,51(4): 153–159.

[31] ABU E E, AL-NAEEM A. Utilization of protein-A in immuno-histochemical techniques for detection of Peste des Petits Ruminants (PPR) virus antigens in tissues of experimentally infected goats[J]. Trop Anim Health Prod,2009,41(1): 1–4.

[32] ABU ELZEIN E. M., 邱文英 . 利用蛋白 A 免疫组织化学技术检测试验感染山羊组织中的小反刍兽疫病毒抗原 [J]. 中国畜牧兽医 ,2009(5): 129.

[33] OBI T U, OJEH C K. Dot enzyme immunoassay for visual detection of peste-des-petits-ruminants virus antigen from infected caprine tissues[J]. J Clin Microbiol,1989,27(9): 2096–2099.

[34] RAJ G D, RAJANATHAN T M C, KUMAR C S, et al. Detection of peste des petits ruminants virus antigen using immunofiltration and antigen-competition ELISA methods[J]. Veterinary Microbiology,2008,129(3–4): 246–251.

[35] BRÜNING-RICHARDSON A, AKERBLOM L, KLINGEBORN B, et al. Improvement and development of rapid chromatographic strip-tests for the diagnosis of rinderpest and peste des petits ruminants viruses[J]. Journal of Virological Methods,2011,174(1–2): 42–46.

[36] GHOSH A, JOSHI V D, SHAILA M S. Characterization of an in vitro transcription system from rinderpest virus[J]. Vet Microbiol,1995,44(2–4): 165–173.

[37] LUKA P D, AYEBAZIBWE C, SHAMAKI D, et al. Sample type is vital for diagnosing infection with peste des petits ruminants virus by reverse transcription PCR[J]. J Vet Sci,2012,13(3): 323–325.

[38] COUACY-HYMANN E, ROGER F, HURARD C, et al. Rapid and sensitive detection

of peste des petits ruminants virus by a polymerase chain reaction assay[J]. J Virol Methods,2002,100(1–2): 17–25.

[39] FORSYTH M A, BARRETT T. Evaluation of polymerase chain reaction for the detection and characterisation of rinderpest and peste des petits ruminants viruses for epidemiological studies[J]. Virus Res,1995,39(2–3): 151–163.

[40] BALAMURUGAN V, SEN A, SARAVANAN P, et al. One-step Multiplex RT-PCR Assay for the Detection of Peste des petits ruminants Virus in Clinical Samples[J]. Veterinary Research Communications,2006,30(6): 655–666.

[41] BAO J, LI L, WANG Z, et al. Development of one-step real-time RT-PCR assay for detection and quantitation of peste des petits ruminants virus[J]. Journal of Virological Methods,2008,148(1–2): 232–236.

[42] KWIATEK O, KEITA D, GIL P, et al. Quantitative one-step real-time RT-PCR for the fast detection of the four genotypes of PPRV[J]. Journal of Virological Methods,2010,165(2): 168–177.

[43] BATTEN C A, BANYARD A C, KING D P, et al. A real time RT-PCR assay for the specific detection of Peste des petits ruminants virus[J]. Journal of Virological Methods,2011,171(2): 401–404.

[44] ABERA T, THANGAVELU A, JOY C N, et al. A SYBR Green I based real time RT-PCR assay for specific detection and quantitation of Peste des petits ruminants virus[J]. BMC Vet Res,2014,10: 22.

[45] MICHAUD V, GIL P, KWIATEK O, et al. Long-term storage at tropical temperature of dried-blood filter papers for detection and genotyping of RNA and DNA viruses by direct PCR[J]. J Virol Methods,2007,146(1–2): 257–265.

[46] MUNIR M, SAEED A, ABUBAKAR M, et al. Molecular characterization of peste des petits ruminants viruses from outbreaks caused by unrestricted movements of small ruminants in pakistan[J]. Transboundary and Emerging Diseases, 2015,62: 108–114.

[47] FORSYTH M A, BARRETT T. Evaluation of polymerase chain reaction for the detection and characterisation of rinderpest and peste des petits ruminants viruses for epidemiological studies[J]. Virus Res,1995,39(2–3): 151–163.

[48] MUNIR M, ZOHARI S, BERG M. Molecular biology and pathogenesis of peste des petits ruminants virus[M]. Springer Berlin Heidelberg,2013.

[49] GEORGE A, DHAR P, SREENIVASA B P, et al. The M and N genes-based simplex and multiplex PCRs are better than the F or H gene-based simplex PCR for Peste-des-petits-ruminants virus[J]. Acta Virol,2006,50(4): 217–222.

[50] SARAVANAN P, SINGH R P, BALAMURUGAN V, et al. Development of a N gene-based PCR-ELISA for detection of Peste-des-petits-ruminants virus in clinical samples[J]. Acta Virol,2004,48(4): 249–255.

[51] BALAMURUGAN V, SEN A, VENKATESAN G, et al. Application of semi-quantitative M gene-based hydrolysis probe (TaqMan) real-time RT-PCR assay for the detection of peste des petits ruminants virus in the clinical samples for investigation into clinical prevalence of disease[J]. Transbound Emerg Dis,2010,57(6): 383–395.

[52] LI L, BAO J, WU X, et al. Rapid detection of peste des petits ruminants virus by a reverse transcription loop-mediated isothermal amplification assay[J]. J Virol Methods,2010,170(1–2): 37–41.

[53] 李林，吴晓东，包静月，等. 小反刍兽疫病毒RT-LAMP检测方法的建立[J]. 中国动物检疫，2010(4): 32–34.

[54] 李伟，李刚，范晓娟，等. 快速检测小反刍兽疫病毒 RT-LAMP 方法的建立 [J]. 中国预防兽医学报，2009(5): 374–378.

[55] PANDEY K D, BARON MD, BARRETT T. Differential diagnosis of rinderpest and PPR using biotinylated cDNA probes[J]. Vet Rec,1992,131(9): 199–200.

[56] DIALLO A, LIBEAU G, COUACY-HYMANN E, et al. Recent developments in the diagnosis of rinderpest and peste des petits ruminants[J]. Vet Microbiol,1995,44(2–4): 307–317.

[57] 于黎娟，禚林海，唐波. 纳米金光学探针的生物分析应用新进展 [J]. 分析科学学报，2010,26(6): 719–723.

[58] 陶春爱，邱文英，李刚，等. 纳米金标记核酸探针检测小反刍兽疫病毒核酸的研究 [J]. 中国生物工程杂志,2012(7): 89–94.

[59] 张玲，包静月，李林，等. RT-PCR 鉴别小反刍兽疫病毒疫苗株与强毒株方法的建立 [J]. 动物医学进展,2010(3): 17–20.

[60] 包静月，王志亮，刘春菊，等. 鉴别小反刍兽疫病毒野生毒株与疫苗株的引物组及其应用: 中国，CN103131800A [P]. 2013–06–05.

[61] 袁向芬，吴绍强，林祥梅. 小反刍兽疫疫苗毒株与强毒株的鉴别性荧光 RT-PCR 检测方法的建立 [J]. 中国动物检疫,2012(7): 30–34.

[62] YEH J Y, LEE J H, Seo H J, et al. Simultaneous Detection of Rift Valley Fever, Bluetongue, Rinderpest, and Peste des Petits Ruminants Viruses by a Single-Tube Multiplex Reverse Transcriptase-PCR Assay Using a Dual-Priming Oligonucleotide System[J]. Journal of Clinical Microbiology,2011,49(4): 1389–1394.

[63] SHAILA M S, SHAMAKI D, FORSYTH M A, et al. Geographic distribution and epidemiology of peste des petits ruminants virus[J]. Virus Res,1996,43(2): 149–153.

[64] KWIATEK O, MINET C, GRILLET C, et al. Peste des petits ruminants (PPR) outbreak in

Tajikistan[J]. J Comp Pathol,2007,136(2–3): 111–119.

[65] LIBEAU G, DIALLO A, PARIDA S. Evolutionary genetics underlying the spread of peste des petits ruminants virus[J]. Animal Frontiers,2014,4(1): 14–20.

[66] KWIATEK O, ALI Y H, SAEED I K, et al. Asian lineage of peste des petits ruminants virus, Africa[J]. Emerg Infect Dis,2011,17(7): 1223–1231.

[67] POLCI A, COSSEDDU G M, ANCORA M, et al. Development and Preliminary Evaluation of a New Real-Time RT-PCR Assay For Detection of Peste des petits Ruminants Virus Genome[J]. Transbound Emerg Dis,2015, 62(3): 332–338.

[68] TAYLOR W P. Serological studies with the virus of peste des petits ruminants in Nigeria[J]. Res Vet Sci,1979,26(2): 236–242.

[69] DHINAKAR R G, NACHIMUTHU K, MAHALINGA N A. A simplified objective method for quantification of peste des petits ruminants virus or neutralizing antibody[J]. J Virol Methods,2000,89(1–2): 89–95.

[70] LIBEAU G, LEFEVRE P C. Comparison of rinderpest and peste des petits ruminants viruses using anti-nucleoprotein monoclonal antibodies[J]. Vet Microbiol,1990,25(1): 1–16.

[71] ISMAIL T M, YAMANAKA M K, SALIKI J T, et al. Cloning and expression of the nucleoprotein of peste des petits ruminants virus in baculovirus for use in serological diagnosis[J]. Virology,1995,208(2): 776–778.

[72] ZHANG G R, ZENG J Y, ZHU Y M, et al. Development of an indirect ELISA with artificially synthesized N protein of PPR virus[J]. Intervirology,2012,55(1): 12–20.

[73] BALAMURUGAN V, SEN A, SARAVANAN P, et al. Development and characterization of a stable vero cell line constitutively expressing Peste des petits ruminants virus (PPRV) hemagglutinin protein and its potential use as antigen in enzyme-linked immunosorbent assay for serosurveillance of PPRV[J]. Clin Vaccine Immunol,2006,13(12): 1367–1372.

[74] ANDERSON J, MCKAY J A. The detection of antibodies against peste des petits ruminants virus in cattle, sheep and goats and the possible implications to rinderpest control programmes[J]. Epidemiol Infect,1994,112(1): 225–231.

[75] LIBEAU G, PREHAUD C, LANCELOT R, et al. Development of a competitive ELISA for detecting antibodies to the peste des petits ruminants virus using a recombinant nucleoprotein[J]. Res Vet Sci,1995,58(1): 50–55.

[76] CHOI K S, NAH J J, KO Y J, et al. Rapid competitive enzyme-linked immunosorbent assay for detection of antibodies to peste des petits ruminants virus[J]. Clin Diagn Lab Immunol,2005,12(4): 542–547.

[77] YADAV V, BALAMURUGAN V, BHANUPRAKASH V, et al. Expression of Peste des petits

ruminants virus nucleocapsid protein in prokaryotic system and its potential use as a diagnostic antigen or immunogen[J]. J Virol Methods,2009,162(1–2): 56–63.

[78] DECHAMMA H J, DIGHE V, KUMAR C A, et al. Identification of T-helper and linear B epitope in the hypervariable region of nucleocapsid protein of PPRV and its use in the development of specific antibodies to detect viral antigen[J]. Vet Microbiol,2006,118(3–4): 201–211.

[79] ZHANG G R, YU R S, ZENG J Y, et al. Development of an epitope-based competitive ELISA for the detection of antibodies against Tibetan peste des petits ruminants virus[J]. Intervirology,2013,56(1): 55–59.

[80] DIALLO A, BARRETT T, BARBRON M, et al. Cloning of the nucleocapsid protein gene of peste-des-petits-ruminants virus: relationship to other morbilliviruses[J]. J Gen Virol,1994,75 (Pt 1): 233–237.

[81] CHOI K S, NAH J J, KO Y J, et al. Antigenic and immunogenic investigation of B-cell epitopes in the nucleocapsid protein of peste des petits ruminants virus[J]. Clin Diagn Lab Immunol,2005,12(1): 114–121.

[82] SINGH R P, SREENIVASA B P, Dhar P, et al. Development of a monoclonal antibody based competitive-ELISA for detection and titration of antibodies to peste des petits ruminants (PPR) virus[J]. Vet Microbiol,2004,98(1): 3–15.

[83] LIU W, WU X, WANG Z, et al. Virus excretion and antibody dynamics in goats inoculated with a field isolate of peste des petits ruminants virus[J]. Transbound Emerg Dis,2013,60 Suppl 2: 63–68.

[84] LIBEAU G, PREHAUD C, LANCELOT R, et al. Development of a competitive ELISA for detecting antibodies to the peste des petits ruminants virus using a recombinant nucleoprotein[J]. Res Vet Sci,1995,58(1): 50–55.

[85] ANDERSON J, MCKAY J A, BUTCHER R N. The use of monoclonal antibodies in competitive ELISA for the detection of antibodies to PPR and pest des petits ruminants viruses[C] //The Serimoritoring of Rinderpest throughout Africa. Vienna, Austria: 1991.

[86] SINGH R P, SREENIVASA B P, DHAR P, et al. Development of a monoclonal antibody based competitive-ELISA for detection and titration of antibodies to peste des petits ruminants (PPR) virus[J]. Vet Microbiol,2004,98(1): 3–15.

[87] SALIKI J T, LIBEAU G, HOUSE J A, et al. Monoclonal antibody-based blocking enzyme-linked immunosorbent assay for specific detection and titration of peste-des-petits-ruminants virus antibody in caprine and ovine sera[J]. J Clin Microbiol,1993,31(5): 1075–1082.

第七章

预防免疫

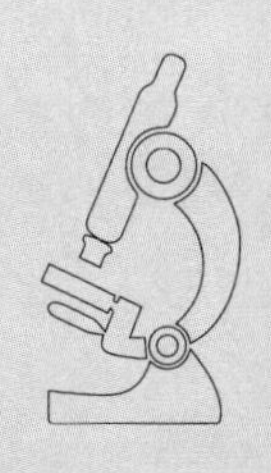

PPR可导致较高的发病率和致死率，目前无有效治疗性药物，而利用RNA[1]或纳米颗粒[2]干扰技术的治疗方法存在一定局限性且研究尚不深入，因此，对该病的防控主要依靠预防性疫苗对动物的免疫。在缺乏商品化疫苗的年代，采用抗血清首免及病毒全血加强免疫的方式免疫动物，可起到一定的疫病预防作用。由于PPRV和RPV存在抗原交叉性，RP弱毒苗曾一度作为异源疫苗应用于PPR的防控。随着20世纪80年代PPRV野毒株毒力的成功致弱及此后PPR同源弱毒苗的商品化，上述几种陈旧的免疫方式也随之淘汰。PPR弱毒苗具有免疫持续期长、免疫效力高的优点，目前已得到广泛应用。但传统同源弱毒苗也有一定缺点，如不能区分免疫动物与自然感染动物等。而新一代候选疫苗，如活病毒载体疫苗，由于可携带单一保护性抗原基因，因此诱导的免疫反应不同于自然感染的情况，从而可区分免疫动物与自然感染动物。然而，这类疫苗目前还处在研究阶段，并没有商品化，现在的研究为将来的应用奠定了基础。

疫苗种类、历史与展望

一、人工被动免疫

在PPR最初流行的几十年，因为缺乏标准PPRV疫苗株，所以采用抗血清首免及病毒全血加强免疫的方式对动物进行人工被动免疫。这种免疫方式对PPR的预防具有一定作用，高免血清甚至可对已感染PPR并表现出临床高温症状的羊群带来部分保护[3]，而采用高免血清和致病性PPRV共免疫的方式，则能带来更持久的免疫效力[4]。然而，人工被动免疫具有诸多缺点。第一，高免血清生产成本太高，生产量却很小，难以进行大规模临床免疫；第二，全病毒血液生产较为困难，易造成病毒扩散，带来更大的经济损失；第三，制备的抗血清或全病毒血液货架期较短，难以长时间保存；第四，免疫效果不理想，人工被动免疫的免疫效力较同源疫苗相差甚远，常导致免疫失败。因此，随着异源疫苗及同源疫苗的研发，这种陈旧的免疫方式随即淘汰。

二、异源疫苗

PPRV曾被误认为是RPV的突变株。二者在核酸水平具有较高同源性，且具有高度的抗原交叉保护性[5-7]。因此，在缺乏同源PPR疫苗的年代，组织培养RPV Kabete O（RBOK）株异源疫苗在西非被广泛用于PPR防控[8, 9]。该疫苗可诱导山羊产生较高水平的中和抗体并带来至少12个月的免疫保护作用，且不会导致母羊流产并能使新生羔羊产生至少3个月的被动免疫[10]。更重要的是，免疫羊经PPRV攻毒后不能传播该病毒[11]。不仅组织源RP疫苗可以带来异源免疫保护，Vero细胞源RP疫苗亦有同样保护作用[12]。然而，随着全球牛瘟根除计划（Global Rinderpest Eradication Program）的实施及PPR同源疫苗的成功研制，利用异源弱毒苗预防PPR的传统方法随之停止使用。

三、同源疫苗

早在20世纪60年代，Gilbert和Monnier（1962）首次将PPRV在绵羊肝细胞中进行培养，并观察到了明显的细胞病变效应，如合胞体的形成[13]。然而，直至80年代末，PPRV的毒力才被成功人工致弱，该弱毒株就是后来在商品化弱毒苗中普遍采用的Nigeria 75/1毒株。目前，经Vero细胞连续传代，已有多株PPR野毒的毒力被成功致弱，有的也已应用到商品化疫苗的生产，其详细信息见表7-1。PPR弱毒苗既能诱导体液免疫，又能诱导细胞免疫，而且经免疫的动物，体内抗体可以维持较高水平。

表 7–1　商品化小反刍兽疫疫苗

产品名称	疫苗类型	疫苗株	生产厂家	国　家
PPR-VAC®	活疫苗	Nigeria 75/1	Botswana Vaccine Institute	Botswana
Freeze Dried PPR Vaccine	活疫苗	Nigeria 75/1	Central Veterinary Control and Research Institute	Turkey
PESTDOLL-S	活疫苗	Nigeria 75/1	Dollvet	Turkey
PPR Vaccine-Sungri 96 strain	活疫苗	Sungri 96	Hester Biosciences Limited	India
PPR Vaccine-Nigerian 75/1 strain	活疫苗	Nigeria 75/1	Hester Biosciences Limited	India
Intervac Pestevac	活疫苗	Nigeria 75/1	Intervac（PVT）Ltd.	Pakistan
PESTEVAC	活疫苗	Nigeria 75/1	Jordan Bio-Industries Center（JOVAC）	Jordan et al .
Peste des Petits Ruminants Vaccine，Live	活疫苗	Nigeria 75/1	Xinjiang Tecon Co.，Ltd	China
Peste des Petits Ruminants Vaccine	活疫苗	Nigeria 75/1	National Veterinary Research Institute	Nigeria
Peste des Petits Ruminants Vaccine	活疫苗	Nigeria 75/1 homologous	Nepal Directorate of Animal Health	Nepal
Pestvac K™	活疫苗	Nigeria 75/1	Vetal Company	Turkey
PPR-TC Vaccine Attenuated	活疫苗	Nigeria 75/1	Veterinary Serum and Vaccine Research Institute	Egypt
RAKSHA-PPR	活疫苗	Sungri 96	Indian Immunologicals Limited	India

四、联苗

山羊痘和绵羊痘统称羊痘（Capripox，CP），是分别由山羊痘病毒和绵羊痘病毒感染引起的山羊与绵羊的病毒性传染病。该病有时与PPR共感染羊群，导致严重的经济损失。PPRV通常不会与羊痘病毒（Capripoxvirus，CPV）发生免疫干扰，且具有相似的地理分布，这为PPRV&CPV二联苗的研发提供了理论支持。动物试验亦表明，PPRV&CPV二联冻干苗能够带来双重保护性免疫作用[14，15]，且没有副作用。然而遗憾的是，至今仍无商品化二联苗问世。

五、新一代候选疫苗

传统PPR弱毒苗表现出诸多优势，但也存在某些缺点。例如：① 疫苗热稳定性较差，必须要冷链运输及低温保存，这在某些热带或亚热带地区难以保证；② 尽管未见疫苗株毒力返强的相关报道，但这种风险依然存在；③ 使用弱毒苗不能区分自然感染与人工免疫的动物。相比之下，根据流行病学特殊要求设计的新一代候选疫苗则可弥补以上三点不足。区分自然感染与人工免疫的疫苗称之为DIVA（differentiation of infected from vaccinated animals）疫苗，旧称“标记疫苗（marker vaccine）”，不仅能带来有效的保护，若辅以适当的检测方法，还可应用于血清学调查。越来越多的研究已涉及新一代PPR候选疫苗的研发，见表7–2。尽管新一代的候选疫苗具有诸多优势，但目前的研究尚不深入，也未见相关商品化疫苗的报道，现在的基础性研究为将来新一代疫苗的研发奠定了基础。

六、抗病毒制剂

除了免疫接种，利用抗病毒制剂抑制PPRV的复制，也是一种前景广阔的疫病控制方法。其中，RNA干扰是近些年应用较为广泛的一项抗病

表 7-2　新一代小反刍兽疫候选疫苗

候选疫苗类型	特　征	免疫动物	攻毒			参考文献
			病毒	免疫后天数	结果	
病毒载体疫苗						
重组痘苗病毒疫苗	同时表达 RPV H 和 F 蛋白	山羊	PPRV	35d	无死亡	[16]
重组山羊痘病毒疫苗	表达 RPV H 或 F 蛋白	山羊	PPRV	28d	无死亡	[17]
重组山羊痘病毒疫苗	表达 PPRV H 蛋白	山羊	PPRV	21d	无死亡	[18]
重组山羊痘病毒疫苗	表达 PPRV F 蛋白	山羊	PPRV	14d	无死亡	[19]
重组山羊痘病毒疫苗	表达 PPRV H 或 F 蛋白	山羊和绵羊	CPV	21d	无死亡	[20]
重组犬 2 型腺病毒疫苗	表达 PPRV H 蛋白	山羊	ND	ND	ND	[21]
重组人 5 型腺病毒疫苗	表达 PPRV H 或 F 蛋白	绵羊	PPRV	42d	无死亡	[22]
重组腺病毒疫苗	表达 PPRV H 和 F 蛋白	山羊	ND	ND	ND	[23]
重组腺病毒疫苗	表达 PPRV H 蛋白	山羊	PPRV	15 周	无死亡	[24]
嵌合病毒疫苗						
嵌合杆状病毒疫苗	表达部分 PPRV H 蛋白	山羊	ND	ND	ND	[25]
嵌合杆状病毒疫苗	表达部分 PPRV F 蛋白	小鼠	ND	ND	ND	[26]

（续）

候选疫苗类型	特　征	免疫动物	攻毒			参考文献
			病毒	免疫后天数	结果	
反向遗传疫苗						
重组 PPRV 疫苗	表达绿色荧光蛋白	ND	ND	ND	ND	[27]
重组 PPRV 疫苗	表达 FMDV VP1 蛋白	山羊	FMDV	40d	无死亡	[28]
亚单位疫苗						
H 蛋白亚单位疫苗	转基因植物表达 PPRV H 蛋白	ND	ND	ND	ND	[29]
病毒样颗粒疫苗	由 PPRV M, H 和 F 蛋白组成 PPRV 病毒样颗粒	小鼠和山羊	ND	ND	ND	[30]
核酸疫苗						
自杀性 DNA 疫苗	表达 PPRV H 蛋白的重组质粒	小鼠	ND	ND	ND	[31]

RPV：牛瘟病毒；PPRV：小反刍兽疫病毒；CPV：山羊痘病毒；FMDV：口蹄疫病毒；ND：未进行。

毒增殖技术。针对PPRV *N*基因设计的小干扰RNA可抑制80%病毒在体外的增殖[32]，这为该技术在PPR防控方面的应用奠定了理论基础。然而，目前的技术瓶颈之一是如何在体内应用RNA干扰技术，以此抑制PPRV的复制。另有报道称，PPRV在体外经多次传代后，能够逃避小干扰RNA的干扰作用[1]，因此，限制了该技术在PPR控制方面的应用。除小干扰RNA之外，一种经人工合成直径为5～30nm的银纳米颗粒，可与PPR病毒粒子的表面互相作用，抑制病毒感染宿主细胞，从而间接达到抗病毒的目的[2]。尽管目前尚未见此类纳米颗粒在体内应用的报道，但这为PPR未来的防控提供了新的候选方法。

弱毒疫苗

一、疫苗株

（一）Nigeria 75/1

弱毒苗制备的关键是将PPRV毒力人工致弱使其符合疫苗临床使用要求。20世纪60年代，Gilbert和Monnier（1962）首次对PPRV进行了原代细胞培养，并观察到了以合胞体为主要特征的细胞病变[13]。早期由于技术的限制，即使可通过细胞培养的方法培养PPRV，但却难以获得弱毒疫苗株。直至80年代末，才首次报道了可用于商品化疫苗生产的弱毒株[33]Nigeria 75/1。该毒株属于第Ⅰ谱系，于1975年分离自一只患病的尼日利亚山羊[34]，后在Vero细胞上连续传代使其毒力大大致弱[35]。试验表明，虽然该病毒传至第60代时仍可导致山羊发病死亡，但至第80代时则对动物不产生任何临床不良症状[36]。从1986年至1990年，超过98 000只山羊和绵羊的大量野外试验表明，Nigeria 75/1疫苗对实验动物无类似于流产等副作用，且免疫动物经攻毒后不能传播病毒。免疫后30～45d，保护性抗体达到最高水平[37]并至少持续3年，如此长时间的免疫持续期避免了二次免疫[33]。而且，由于与RPV存在交叉免疫保护，Nigeria 75/1弱毒苗亦可预防小反刍动物的RP感染[38]。Nigeria 75/1在该病疫苗史上具有里程碑式的意义，它的使用结束了依赖异源疫苗的时代。直至今日，其仍是最广泛使用的PPR疫苗株[39]。

（二）其他疫苗株

Sungri 96（山羊源），Arasur 87（绵羊源）和Coimbatore 97（山羊源）同属第Ⅳ谱系印度当地分离株，现已在Vero细胞上连续传代致弱。Sungri 96是继Nigeria 75/1之后第二个疫苗株，最初在印度Sungri地区分离自一只感染PPR的病死山羊。印度兽医研究院（Indian Veterinary Research Institute，IVRI）最早将Sungri 96分离株在Vero细胞中进行约60次连续传代，结果证明其毒力大大减弱，并对山羊和绵羊产生安全的免疫效果。IVRI进一步研究了该疫苗株基于不同稳定剂的热稳定性[40]及对山羊的免疫抑制作用[41]。试验结果表明，经致弱的Sungri 96可达到与Nigeria 75/1相当的免疫效力，并且可维持6年的免疫持续期[42]。Arasur 87和Coimbatore 97最早分离自印度南部，经75次Vero细胞传代，毒力皆已致弱，动物试验证明亦可达到较理想的免疫效果[43]。除此之外，埃及动物血清与疫苗研究院制备了应用于商品化疫苗生产的Egypt 87弱毒株[44]。

二、疫苗热稳定性

（一）疫苗化学稳定剂

目前商品化PPR弱毒苗大都采用冷冻干燥技术（简称“冻干”）制备而成。化学稳定剂从某种程度上影响着弱毒苗的品质，如货架期和半货架期。常见的化学稳定剂包括乳清蛋白水解蔗糖（lactalbumin hydrolysate–sucrose，LS）、Weybridge培养基（Weybridge medium，WBM）、乳清蛋白水解甘露醇（lactalbumin hydrolysate–manitol，LM）、缓冲明胶山梨醇（buffered gelatin–sorbitol，BUGS）及海藻糖二水合物（trehalose dehydrate，TD）。其中，OIE推荐使用WBM作为PPR弱毒苗的化学稳定剂。

目前，WBM、LS和LM是PPR疫苗应用最为广泛的化学稳定剂，而WBM比其他两种稳定剂更有效地维持疫苗的效力[45]。但与此相反，Sarkar等（2003）报道了LS和TD比WBM及BUGS更为有效，利用前两者制备的PPR疫苗在4℃、25℃及37℃条件下分别可保存45d、15 ~ 19d及1 ~ 2d[40]。最近，一种新稳定剂（Stabilizer E，含海藻糖、$CaCl_2$及$MgCl_2$）引入PPR冻干苗的生产。与LS相比，二者在42℃的货架期分别为40h及44h，但在45℃条件下，Stabilizer E的半货架期比LS多1d。基于Stabilizer E及LS制备的疫苗经含1mol/L $MgSO_4$稀释液稀释后，其效力在4℃分别可维持30h及48h，在25℃及37℃则分别可维持24h及24 ~ 30h[46]。根据Sarkar等（2003）[40]、Asim等（2008）[45]及Riyesh等（2011）[46]的报道，表7–3比较了不同温度下化学稳定剂对小反刍兽疫疫苗货架期和半货架期的影响。

（二）疫苗稀释剂

疫苗稀释剂指用于对疫苗进行稀释并用于免疫的试剂，良好的稀释剂在对疫苗进行稀释的同时，还应具备疫苗保护作用并能提高疫苗的免疫效果。目前普遍采用灭菌生理盐水或与$MgSO_4$混用后对PPR弱毒苗进行稀释。在避光低温条件下，经稀释疫苗的活性通常仅能维持数小时。因此，研制一种新型冻干苗稀释剂对维持疫苗的效力至关重要。近些年，相关研究报道了重水（heavy water，D_2O）可作为新型稀释剂应用于疫苗的稀释并能改善其稳定性，这些疫苗包括口服脊髓灰质炎病毒[47]和17D黄热病毒[48]疫苗。Sen等（2009）比较了3种稀释剂对PPR疫苗热稳定性的影响，这三者包括D_2O、D_2O–$MgCl_2$混合液和生理盐水。结果表明，D_2O–$MgCl_2$混合液对维持传统及含重氢的PPR疫苗的热稳定性效果最佳[49]。然而，由于缺

表 7-3 不同温度下化学稳定剂对小反刍兽疫疫苗的货架期和半货架期影响 [40, 46]

货架期或半货架期 (d/h)	稳定剂								
	乳清蛋白水解蔗糖 *	Weybridge 培养基 *	缓冲明胶－山梨醇 *	2.5% 海藻糖二水合物 *	5% 海藻糖二水合物 *	乳清蛋白水解蔗糖 **	乳清蛋白水解蔗糖 ***	海藻糖，$CaCl_2$ 和 $MgCl_2$**	海藻糖，$CaCl_2$ 和 $MgCl_2$***
货架期 [a]	ND	123 d	239 d	2051 d	ND	ND	ND	ND	ND
半货架期 [a]	ND	30 d	42.25 d	500 d	ND	ND	ND	ND	ND
货架期 [b]	15 d	5 d	12 d	16 d	19 d	23.29 d	22.28 d	25.64 d	22.56 d
半货架期 [b]	4.76 d	1.83 d	2.17 d	4.67 d	4 d	4.68 d	4.9 d	4.62 d	4.81 d
货架期 [c]	1.58 d	ND	1.55 d	1.05 d	1.96 d	7.62 d	6.82 d	6.95 d	5.51 d
半货架期 [c]	17.8 h	10 h	7.79 h	8.57 h	14.07 h	1.76 d	2 d	1.94 d	1.8 d
货架期 [d]	ND	ND	ND	ND	ND	3.68 d	2.61 d	3.48 d	2.29 d
半货架期 [d]	ND	ND	ND	ND	ND	0.66 d	0.59 d	0.72 d	0.67 d
货架期 [e]	ND	ND	ND	ND	ND	43.18 h	23.8 h	39.25 h	40.5 h
半货架期 [e]	ND	ND	ND	ND	ND	10.6 h	7.12 h	11.1 h	9.68 h
货架期 [f]	5.72 h	0.56 h	10.8 h	7 h	8.11 h	22.87 h	9.52 h	24.67 h	26.95 h
半货架期 [f]	2.29h	1.33 h	2.4 h	1.3 h	1.96 h	6.21 h	4.14 h	8.4 h	12.87 h

*, ** 和 *** 分别对应 Sungri/96，Jhansi/2003 和 Revati/2006；上标字母 a，b，c，d，e 和 f：分别在 4℃，25℃，37℃，40℃，42℃和 45℃条件下；ND：未进行。

乏后续研究，并考虑到D_2O稀释剂的制备成本，其应用前景不甚乐观。

（三）热稳定性疫苗株

商品化PPR疫苗应置于–15℃以下保存，因此，在热带和亚热带地区，冷链技术是影响PPR疫苗活性的重要因素之一。研制热稳定性疫苗株，是解决冷链问题的较好途径。而获得此类疫苗株，最好的途径就是将疫苗毒在相对较高温度下在细胞中连续传代，进行高温压力筛选，从而筛选出具有热适应性的疫苗株[50]。筛选过程中的关键问题是如何选择一个较为合适的病毒繁殖温度：过高的温度不适于Vero细胞生长及病毒繁殖，而过低的温度则不适于筛选耐高温的疫苗株。试验证明，40℃是一个理想的筛选温度，将PPR分离株（PPRV Jhansi/2003）在40℃ 环境下，接种于Vero细胞连续进行50次传代培养，可获得热稳定性PPR疫苗株。该疫苗株可给山羊和绵羊带来较强的免疫保护作用，动物经免疫后未显示出不良反应，并能抵抗强毒株的人工感染[51]。

三、弱毒苗工业化生产

正如表7–1所示，PPR弱毒苗现已在多个国家商品化生产，其生产流程大都相同。更重要的是，PPR弱毒苗的工业化生产必须符合现代疫苗GMP（good manufacturing practice）生产要求，完整流程见图7–1。传统PPRV疫苗生产过程较为复杂，主要步骤包括Vero细胞培养、PPR疫苗毒接种、收获疫苗毒、疫苗冻干、疫苗毒检测及质量检测。

用于PPR疫苗毒培养的细胞为经改造的Vero细胞，其在普通细胞培养瓶中培养，当达到一定密度时，胰蛋白酶消化细胞。将消化的细胞接种于转瓶中，加入含6%胎牛血清的生长培养基培养细胞。当细胞长至一定密度时接种PPRV疫苗毒［MOI（感染复数）=0.01］，继续培养。3d后，利用含0.1%胎牛血清的维持培养基取代生长培养基，继续培养细胞，同时每日观察细胞病变。当细胞出现80%病变时，收获病毒进行冻干处理。

疫苗冻干的过程需要冻干保护剂的保护，以免病毒在冻干过程中受到破坏，常用的冻干保护剂为含10%蔗糖和5%乳白蛋白水解物的PBS溶液（pH 7.2）。病毒液在冻干机中持续冻干32～36h后，相继对冻干苗进行活毒滴度测定、无菌检测、PPR活毒检测、安全性检测、疫苗真空度检测及含水量检测。最终的商品化PPR疫苗通常为乳白色或淡黄色海绵状疏松团块，易与瓶壁脱离，每头份病毒含量应至少为10^3 $TCID_{50}$。疫苗在保存及运输过程中都应采取冷链操作，否则疫苗效力将有所降低。

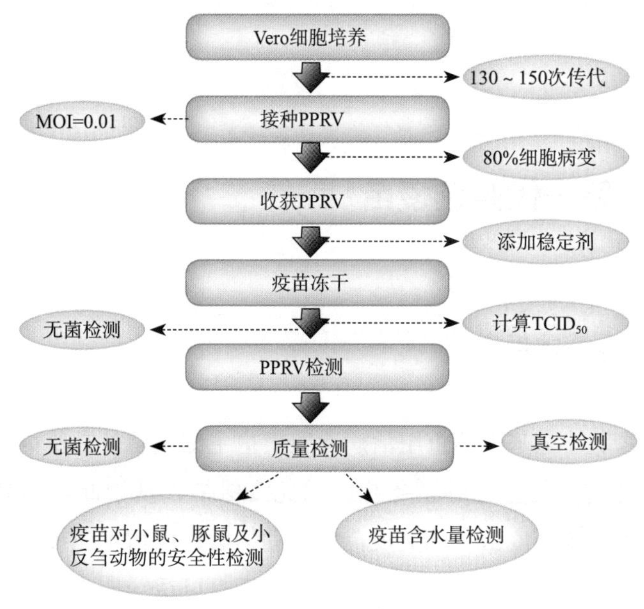

图7-1 商品化小反刍兽疫弱毒苗生产工艺流程图
（刘拂晓绘）

四、弱毒苗临床使用

Nigeria 75/1疫苗免疫保护期可达3年以上，Sungri 96疫苗甚至高达6年，如此长的保护期完全可以保证通过一次免疫而完全保护商品用山羊或绵羊。然而，为了加强免疫效果，某些商品化疫苗，如土耳其Dollvet公司的Nigeria 75/1弱毒苗，推荐首免1年后对动物进行加强免疫。对商品化PPR疫苗，应按产品说明书要求，用灭菌生理盐水将其稀释至1头份剂量/mL。稀释后的疫苗应避免阳光直射，气温过高时应置于冰浴中保存并尽快用于免疫动物，否则效力将有所降低。推荐采用颈部皮下注射的方式免疫山羊或绵羊，1mL/只。除个别免疫羊可能出现过敏反应外，其他通常无可见不良反应。新生羔羊由于受母源抗体影响，不宜进行疫苗注射，最佳注射月龄应为4～6月龄[52]。注射用疫苗瓶及剩余疫苗应集中焚烧后深埋，接种用注射器、针头冲洗干净后高温处理。

第三节 新一代候选疫苗

一、活病毒载体疫苗

某些携带外源基因的重组活病毒感染宿主细胞后，在胞内可以表达具有抗原性的目的蛋白并诱导相应的免疫保护，基于此原理制备的疫苗称为活病毒载体疫苗。该类疫苗免疫动物后，向宿主免疫系统递呈免疫原性蛋白的方式与自然感染的情况很接近，可诱导产生的免疫比较广泛，包括体液免疫和细胞免疫，甚至黏膜免疫，因此，可以避免重组亚单位疫苗的很多缺点。目前，基因重组活病毒载体疫苗在所有PPR候选疫苗中研究最为深入，相关报道也较多（表7–1），而若要进行商品化生产，则需进行更深入的研究。

（一）异源活病毒载体疫苗

经毒力致弱的犬细小病毒（CPV）是理想的活病毒载体。由于PPRV与RPV存在交叉免疫保护，表达RPV H或F蛋白的重组CPV可对山羊产生抗PPRV的免疫保护[17]。而对于PPRV同源H[18]或F[19]蛋白的表达，重组CPV亦能产生同样甚至更高水平的保护作用，而且具有抗PPRV和CPV双重保护作用。然而表达H蛋白的CPV诱导中和抗体的能力强于表达F蛋白的相应病毒[20]。除此之外，同时表达RPV H和F蛋白的重组痘苗病毒（vaccinia virus）也可诱导中和抗体并带来攻毒保护作用[16]。

除痘病毒之外，腺病毒同样也是较为常用的疫苗载体。因其基因组大小适中，易于基因重组操作，繁殖滴度高，易于大量制备和保存，宿主范围广，转导效率高，安全性好，能刺激机体产生强烈的体液和细胞免疫反应，从而被广泛应用于人和动物的疫苗研究。表达PPRV H蛋白的复制缺陷型重组犬腺病毒2型（canine adenovirus type–2）[21]及人腺病毒5型（human adenovirus type–5）[24]皆可诱导山羊产生中和抗体，加强免疫后抗体滴度更高，并带来攻毒保护作用，甚至7个月后仍可检测到中和抗体[21]。而表达PPRV H、F或H–F融合蛋白的重组腺病毒（adenovirus）不仅可以诱导山羊的体液免疫，还可诱导其细胞免疫[23]。

RPV与PPRV具有极高的亲缘性，其不仅体现在基因组的相似性，也体现在抗原的交叉保护性。因此，通过反向遗传技术，构建可表达PPRV囊膜糖蛋白的重组RPV，理论上不仅具有PPRV的免疫保护作用，而且具有DIVA（区分感染和免疫动物）特性[53]。然而试验证明，这种嵌合病毒的结构蛋白为非同源蛋白，因此拯救效率不甚理想，而且难以获得高滴度重组病毒[54]。更重要的是，自2011年，全球已经根除RPV，因此采用重组RPV的免疫策略也随之结束。

利用基因工程技术可以将外源抗原展示在杆状病毒（baculovirus）囊膜表面且不影响其感染性[55]。杆状病毒囊膜表面GP64糖蛋白与宿主细胞表面受体结合，通过内吞的方式使杆状病毒进入胞内[56]。如果异源蛋白与GP64糖蛋白融合后展示在重组杆状病毒表面，那么重组病毒就可以将外源蛋白运送至目标细胞的表面或内部。外表面展示PPRV H蛋白膜结合部分的杆状病毒可诱导山羊的体液及细胞免疫，而且其诱导的中和抗体在体外可中和PPRV及RPV[25]。类似地，展示PPRV F蛋白外部免疫区域的重组杆状病毒也可诱导特异性免疫反应[26]。这些特异性的免疫反应归因于昆虫细胞作为真核细胞对于外源蛋白的加工修饰。

（二）同源活病毒载体疫苗

相对于其他病毒，利用反向遗传技术研制同源PPRV载体疫苗较为困难，一方面由于PPRV为负链RNA病毒，利用单一cDNA克隆转染细胞不能拯救出重组病毒，另一方面由于PPRV的基因组较大，构建全长cDNA克隆较为困难。然而，过去曾有PPRV微型基因组反应遗传系统构建的报道[57]，从而验证了PPRV反应遗传技术的可应用性。另外，与PPRV亲缘性最近的RPV的反向遗传系统早有报道[58, 59]，更验证了构建PPRV同源活载体疫苗的可行性。

最近，Hu等（2012）报道了利用RNA聚合酶Ⅱ拯救系统成功拯救出表达绿色荧光蛋白（green fluorescent protein，GFP）的重组PPRV。GFP通常难与细胞表面受体结合，利用反向遗传技术拯救出表面镶嵌有GFP的重组病毒通常不会改变病毒嗜性[60]。因此，理论上，该重组PPRV的免疫活性基本保持不变，而且由于其可表达外源蛋白，故而诱导的抗体不同于野毒，若配以合适的诊断方法，该重组病毒便具有DIVA疫苗特性。另外，若以某外源免疫性抗原替代GFP，则可构建以PPRV为载体的二联重组活病毒载体疫苗。基于此，Yin等（2014）构建了表达口蹄疫病毒VP1的重组PPRV，并证明其可较理想地诱导山羊分泌抗两种病毒的中和抗体，并能带来抗口蹄疫病毒的免疫保护作用[28]。但遗憾的是，未见相关PPRV攻毒试验的报道。

基于PPRV反向遗传平台，将来可设计两种主要类型重组病毒用于疫苗研发。一种为缺失或替换某个非必需基因片段的重组病毒，如将*N*基因C末端的某个片段替换为其他同属病毒的相应片段。另一种为携带某个外源基因片段的重组病毒，如在PPRV *N*基因和*P*基因之间插入蓝舌病毒的某个强免疫原性蛋白基因。然而，这两种策略由于对完整的PPRV基因组进行了加工修饰，因此，可能导致病毒拯救效率较低，或难以获得高滴度疫苗毒的情况。尽管如此，PPRV反向遗传平台的建立依然为将来同源活病毒载体疫苗的研制奠定了基础。

二、其他候选疫苗

除了活病毒载体疫苗，也有其他候选疫苗的相关报道，如可食性疫苗、病毒样颗粒（virus–like particle，VLP）疫苗及核酸疫苗。相对于活病毒载体疫苗，这三类疫苗目前难以有进一步的应用，一方面由于现有的研究尚不深入，另一方面由于其难以达到传统疫苗的免疫效果。

（一）可食性疫苗

随着生物技术的高速发展和植物细胞培养及再生方法的日益完善，将植物作为可食性疫苗饲喂动物这一新型免疫方式逐渐引起人们的重视。利用转基因植物生产疫苗，是将抗原基因导入植物，使其在植物中表达，动物摄取该植物或其中的抗原蛋白质，就可产生对某抗原的免疫应答。在花生（*Arachis hypogea*）中表达的PPRV H蛋白具有较高的神经氨酸酶活性，并且维持了PPRV H蛋白天然的抗原表位。在无任何黏膜佐剂辅助的情况下，将其饲喂绵羊，不仅可在绵羊体内诱导中和抗体反应，而且可诱导H蛋白特异性细胞免疫反应[29]。相似的RPV H蛋白可食性疫苗在小鼠体内的免疫效果先前也有报道[61]。

（二）VLP疫苗

VLP是由一个或多个病毒结构蛋白自行装配而成的高度结构化的蛋白颗粒，其空间结构高度模拟真实的病毒粒子。VLP核体内部不含基因组，所以不能在宿主细胞内复制增殖，又因其具有真病毒的衣壳空间构象，所以VLP又被称为“假病毒”或“伪病毒”。VLP通常具有较好的免疫原性[62]，作为外源性抗原，不仅可以刺激体液免疫[63]，还可以诱导细胞免疫[64]，这种免疫效果主要归因于其致密有序的空间几何状蛋白分布。通过基因重组技术，可构建表达多种PPRV结构蛋白的重组杆状病毒，将其感染昆虫细胞后，PPRV结构蛋白可获得适当表达并被加以真核修饰，最终通过互相作用，从细胞表面以出芽的方式形成小反刍兽疫病毒样颗粒。经试验证明，表面镶嵌H蛋白的小反刍兽疫病毒样颗粒能在小鼠[65]及山羊[30]体内诱导特异性中和抗体。然而，过低的蛋白表达量及较高的生产成本是阻碍VLP疫苗应用的主要原因。

（三）核酸疫苗

核酸疫苗又称DNA疫苗或基因疫苗，是指将编码某种蛋白质抗原的重组真核表达载体直接注射到动物体内，使外源基因在活体内表达，产生的抗原激活机体的免疫系统，从而诱导特异性的体液免疫和细胞免疫应答。Wang等（2013）基于塞姆利基森林病毒复制子构建了PPR自杀性DNA疫苗，该重组DNA可在BHK–21细胞中表达PPRV H蛋白，并能在小鼠体内诱导中和抗体及淋巴细胞增殖反应[31]。然而遗憾的是，后续未见该疫苗在小反刍动物体内试验的相关报道。

三、新型疫苗的DIVA特性

（一）DIVA疫苗

不同于传统弱毒苗，新一代PPR候选疫苗可针对特殊需要进行设计，或添加或移除特异性抗原，因此，其诱导的抗体不同于野毒自然感染情况。利用相关血清学检测方法，如ELISA，可区分自然感染和人工免疫的动物，这对于PPR的血清学监测甚至进一步根除该病至关重要。这类疫苗过去称为标记疫苗，现在更多称为DIVA疫苗。不论同源或异源活病毒载体疫苗，由于可针对特异性抗原进行设计，因此其为最佳DIVA PPR候选疫苗。DIVA疫苗的设计首先是选择合适的目标抗原，通常应选取特异性及免疫原性较强的抗原，这样才能最大限度地区分自然感染和人工免疫的动物。另外，所选取的抗原应有血清学检测方法与之相对应，以便做出区分。

对于PPRV而言，针对N蛋白的缺失不失为DIVA疫苗设计的理想方法，因为其免疫原性较强并可依此设计特异性血清学检测方法，然而难点是如何在N蛋白中找到特异性及免疫原性皆较强的抗原位点进行缺失或替换，并建立相关的检测方法。另外，在PPRV基因间插入一个标记基因，使之在宿主体内表达该标记基因，通过该基因特异性血清学检测方法，也可以达到DIVA目的。以上缺失和添加基因的方法，分别称为负向标记和正向标记，与其对应的疫苗分别称为负向DIVA疫苗和正向DIVA疫苗。利用这两种DIVA疫苗对动物进行免疫及血清学检测的相关策略[66]见图7–2。

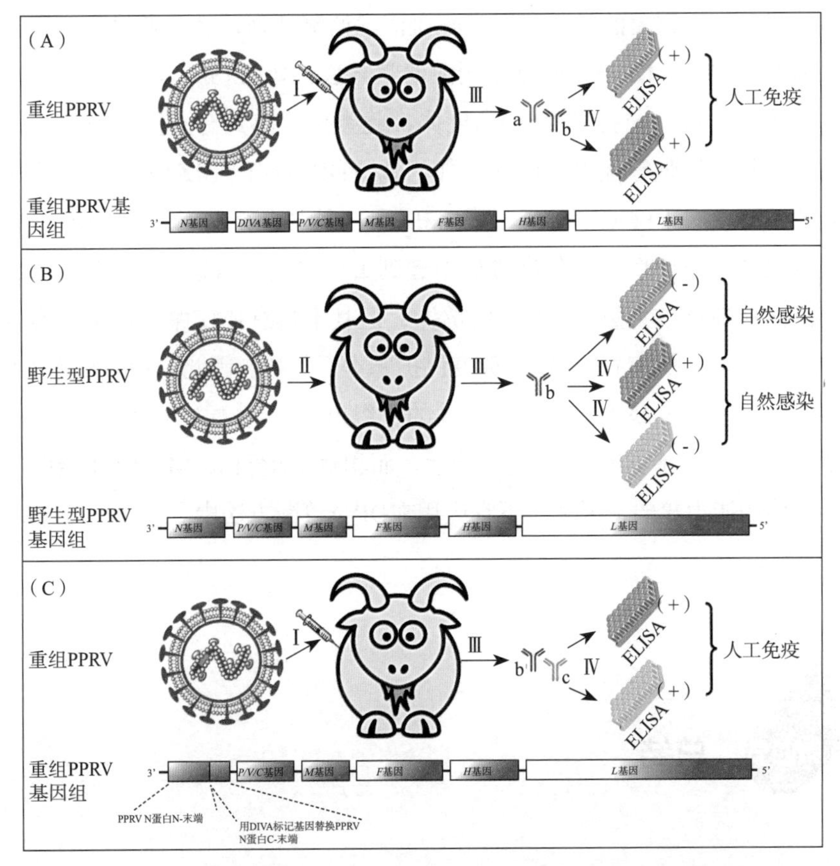

图7–2　正向和负向DIVA疫苗免疫山羊及相关血清学诊断（刘拂晓绘）

（A）正向DIVA疫苗免疫山羊及相关血清学诊断；（B）山羊自然感染及相关血清学诊断；（C）负向DIVA疫苗免疫山羊及相关血清学诊断。a，抗正向DIVA基因抗体；b，自然感染PPRV特异性抗体；c，抗负向DIVA基因抗体。+，ELISA检测阳性；–，ELISA检测阴性。Ⅰ，人工免疫；Ⅱ，自然感染；Ⅲ，抗体分泌；Ⅳ，ELISA诊断由于目前无可用的商品化DIVA疫苗，因此，PPR的DIVA体系尚未建立。然而伴随着PPRV反向遗传平台的成功构建及进一步研究，DIVA疫苗也许会在不远的将来商品化，甚至可进一步应用至PPR根除计划中。

（二）DIVA诊断

考虑到全球PPR流行现状并参考牛瘟根除的经验，为达到根除PPR的目的，有必要对动物实施DIVA免疫策略。其不仅可以达到PPR免疫预防的目的，更重要的是，可以实施血清学监测计划，而后者对于该病的根除至关重要。DIVA诊断常采用血清学方法，如ELISA，其检测的抗体大多为正向或负向特异性DIVA抗体，此类抗体应具有滴度高、持续时间长、特异性强等优点。因此，如何选择DIVA标记是DIVA诊断方法建立的关键。对于PPRV而言，H蛋白和F蛋白是两个突出于囊膜的糖蛋白，具有较高免疫原性，在免疫过程中起到重要作用。与这二者不同，N蛋白虽然能在体内大量诱导N蛋白抗体，但其不具有免疫保护作用。换言之，N蛋白的缺失对于动物的免疫保护基本无影响。因此，针对N蛋白中某些抗原表位的缺失或替换而设计的重组PPRV，若配以相关的DIVA诊断方法[67-69]，应具有DIVA免疫特性。而相对于N蛋白，M、P和L蛋白诱导抗体的能力较弱，因此，不宜应用在DIVA诊断方法中。

第四节 总结

目前，免疫接种依旧是预防PPR最行之有效的方法。虽然PPRV共有4个不同的谱系，但却只有1个血清型。这通常意味着，某单一疫苗株制备的疫苗几乎可以应用到所有疫区动物的免疫而不必考虑病毒血清型，从而为动物的大规模免疫创造良好的条件。由于RPV与PPRV存在一定的交叉免疫保护作用，RPV疫苗曾作为异源疫苗应用于PPR的预防接种。然而，随着PPRV Nigeria 75/1疫苗的成功研制，依赖异源疫苗的免疫策略随之停止。Nigeria 75/1及其他商品化的同源疫苗可提供长效甚至终身的免疫保护作用，且副作用较小，因此，被广泛应用于动物的免疫。然而，相对较低的热稳定性仍限制了此类疫苗在热带和亚热带地区的使用。更重要的是，传统疫苗不具备DIVA特性，这不利于PPR的血清学监测及未来该病的根除。因此，具有DIVA特性的新型疫苗的研制就显得尤为重要，这不仅利于该病的防控，更利于某个地区长期的血清学监测。而就目前的研究现状而言，活病毒载体疫苗最有希望成为DIVA疫苗的候选。

参考文献

[1] HOLZ C L, ALBINA E, MINET C,et al. RNA interference against animal viruses: how morbilliviruses generate extended diversity to escape small interfering RNA control [J]. Journal of Virology, 2012, 86(2): 786–795.

[2] KHANDELWAL N, KAUR G, CHAUBEY K K,et al. Silver nanoparticles impair Peste des petits ruminants virus replication [J]. Virus Research, 2014,190: 1–7.

[3] IHEMELANDU E C, NDUAKA O,OJUKWU E M. Hyperimmune serum in the control of peste des petits ruminants [J]. Tropical Animal Health and Production, 1985, 17(2): 83–88.

[4] ADU F D,JOANNIS T E. Serum-virus simultaneous method of immunisation against peste des petits ruminants [J]. Tropical Animal Health and Production, 1984, 16(2): 119–122.

[5] BALAMURUGAN V, SEN A, VENKATESAN G,et al. Sequence and phylogenetic analyses of the structural genes of virulent isolates and vaccine strains of peste des petits ruminants virus from India [J]. Transbound Emerg Dis, 2010, 57(5): 352–364.

[6] RAHA T, CHATTOPADHYAY A,SHAILA M S. Development of a reconstitution system for Rinderpest virus RNA synthesis in vitro [J]. Virus Research, 2004, 99(2): 131–138.

[7] LIBEAU G,LEFEVRE P C. Comparison of rinderpest and peste des petits ruminants viruses

using anti-nucleoprotein monoclonal antibodies [J]. Veterinary Microbiology, 1990, 25(1): 1–16.

[8] LEFEVRE P C,DIALLO A. Peste des petits ruminants [J]. Revue Scientifique et Technique, Office International des Epizooties, 1990, 9(4): 935–981.

[9] DIALLO A. Control of peste des petits ruminants: classical and new generation vaccines [J]. Dev Biol (Basel), 2003, 114: 113–119.

[10] ADU F D,NAWATHE D R. Safety of tissue culture rinderpest vaccine in pregnant goats [J]. Tropical Animal Health and Production, 1981, 13(3): 166.

[11] TAYLOR W P. Protection of goats against peste-des-petits-ruminants with attenuated rinderpest virus [J]. Res Vet Sci, 1979, 27(3): 321–324.

[12] MARINER J C, HOUSE J A, MEBUS C A,et al. The use of thermostable Vero cell-adapted rinderpest vaccine as a heterologous vaccine against peste des petits ruminants [J]. Research in Veterinary Science, 1993, 54(2): 212–216.

[13] GILBERT Y,MONNIER J. Adaptation of the virus of peste des petits ruminants to tissue cultures [J]. Revue d'élevage et de Médecine Vétérinaire des Pays Tropicaux, 1962, 15(4): 321–335.

[14] HOSAMANI M, SINGH S K, MONDAL B,et al. A bivalent vaccine against goat pox and Peste des Petits ruminants induces protective immune response in goats [J]. Vaccine, 2006, 24(35–36): 6058–6064.

[15] AYALET G, FASIL N, JEMBERE S,et al. Study on immunogenicity of combined sheep and goat pox and peste des petitis ruminants vaccines in small ruminants in Ethiopia [J]. African Journal of Microbiology Research, 2012, 6(44): 7212–7217.

[16] JONES L, GIAVEDONI L, SALIKI J T,et al. Protection of goats against peste des petits ruminants with a vaccinia virus double recombinant expressing the F and H genes of rinderpest virus [J]. Vaccine, 1993, 11(9): 961–964.

[17] ROMERO C H, BARRETT T, KITCHING R P,et al. Protection of goats against peste des petits ruminants with recombinant capripoxviruses expressing the fusion and haemagglutinin protein genes of rinderpest virus [J]. Vaccine, 1995, 13(1): 36–40.

[18] DIALLO A, MINET C, BERHE G,et al. Goat immune response to capripox vaccine expressing the hemagglutinin protein of peste des petits ruminants [J]. Annals of the New York Academy of Sciences, 2002, 969: 88–91.

[19] BERHE G, MINET C, LE GOFF C,et al. Development of a dual recombinant vaccine to protect small ruminants against peste-des-petits-ruminants virus and capripoxvirus infections [J]. J Virol, 2003, 77(2): 1571–1577.

[20] CHEN W, HU S, QU L,et al. A goat poxvirus-vectored peste-des-petits-ruminants vaccine induces long-lasting neutralization antibody to high levels in goats and sheep [J]. Vaccine, 2010, 28(30): 4742–4750.

[21] QIN J, HUANG H, RUAN Y,et al. A novel recombinant Peste des petits ruminants-canine adenovirus vaccine elicits long-lasting neutralizing antibody response against PPR in goats [J]. PLoS One, 2012, 7(5): e37170.

[22] ROJAS J M, MORENO H, VALCARCEL F,et al. Vaccination with recombinant adenoviruses expressing the peste des petits ruminants virus F or H proteins overcomes viral immunosuppression and induces protective immunity against PPRV challenge in sheep [J]. PLoS One, 2014, 9(7): e101226.

[23] WANG Y, LIU G, CHEN Z,et al. Recombinant adenovirus expressing F and H fusion proteins of peste des petits ruminants virus induces both humoral and cell-mediated immune responses in goats [J]. Veterinary Immunology and Immunopathology, 2013, 154(1–2): 1–7.

[24] HERBERT R, BARON J, BATTEN C,et al. Recombinant adenovirus expressing the haemagglutinin of peste des petits ruminants virus (PPRV) protects goats against challenge with pathogenic virus; a DIVA vaccine for PPR [J]. Veterinary Research, 2014, 45(1): 24.

[25] SINNATHAMBY G, RENUKARADHYA G J, RAJASEKHAR M,et al. Immune responses in goats to recombinant hemagglutinin-neuraminidase glycoprotein of Peste des petits ruminants virus: identification of a T cell determinant [J]. Vaccine, 2001, 19(32): 4816–4823.

[26] RAHMAN M M, SHAILA M S,GOPINATHAN K P. Baculovirus display of fusion protein of Peste des petits ruminants virus and hemagglutination protein of Rinderpest virus and immunogenicity of the displayed proteins in mouse model [J]. Virology, 2003, 317(1): 36–49.

[27] HU Q, CHEN W, HUANG K,et al. Rescue of recombinant peste des petits ruminants virus: creation of a GFP-expressing virus and application in rapid virus neutralization test [J]. Veterinary Research, 2012, 43(1): 48.

[28] YIN C, CHEN W, HU Q,et al. Induction of protective immune response against both PPRV and FMDV by a novel recombinant PPRV expressing FMDV VP1 [J]. Veterinary Research, 2014, 45(1): 62.

[29] KHANDELWAL A, RENUKARADHYA G J, RAJASEKHAR M,et al. Immune responses to hemagglutinin-neuraminidase protein of peste des petits ruminants virus expressed in transgenic peanut plants in sheep [J]. Vet Immunol Immunopathol, 2011, 140(3–4): 291–296.

[30] LI W, JIN H, SUI X,et al. Self-assembly and release of peste des petits ruminants virus-like particles in an insect cell-baculovirus system and their immunogenicity in mice and goats [J]. PLoS One, 2014, 9(8): e104791.

[31] WANG Y, LIU G, SHI L,et al. Immune responses in mice vaccinated with a suicidal DNA vaccine expressing the hemagglutinin glycoprotein from the peste des petits ruminants virus [J]. Journal of Virological Methods, 2013, 193(2): 525–530.

[32] SERVAN DE ALMEIDA R, KEITA D, LIBEAU G,et al. Control of ruminant morbillivirus replication by small interfering RNA [J]. Journal of General Virology, 2007, 88(Pt 8): 2307–2311.

[33] DIALLO A, MINET C, LE GOFF C,et al. The threat of peste des petits ruminants: progress in vaccine development for disease control [J]. Vaccine, 2007, 25(30): 5591–5597.

[34] TAYLOR W P,ABEGUNDE A. The isolation of peste des petits ruminants virus from Nigerian sheep and goats [J]. Research in Veterinary Science, 1979, 26(1): 94–96.

[35] DIALLO A, TAYLOR W P, LEFEVRE P C,et al. Attenuation of a strain of peste des petits ruminants virus: potential homologous live vaccine [J]. Revue d'élevage et de Médecine Vétérinaire des Pays Tropicaux, 1989, 42(3): 311–319.

[36] ADU F D, JOANNIS T, NWOSUH E,et al. Pathogenicity of attenuated peste des petits ruminants virus in sheep and goats [J]. Rev Elev Med Vet Pays Trop, 1990, 43(1): 23–26.

[37] KHAN H A, SIDDIQUE M, ARSHAD M,et al. Post-vaccination antibodies profile against Peste des petits ruminants (PPR) virus in sheep and goats of Punjab, Pakistan [J]. Tropical Animal Health and Production, 2009, 41(4): 427–430.

[38] CHANDRAN N D, KUMANAN K,VENKATESAN R A. Differentiation of peste des petits ruminants and rinderpest viruses by neutralisation indices using hyperimmune rinderpest antiserum [J]. Tropical Animal Health and Production, 1995, 27(2): 89–92.

[39] MINET C, YAMI M, EGZABHIER B,et al. Sequence analysis of the large (L) polymerase gene and trailer of the peste des petits ruminants virus vaccine strain Nigeria 75/1: expression and use of the L protein in reverse genetics [J]. Virus Res, 2009, 145(1): 9–17.

[40] SARKAR J, SREENIVASA B P, SINGH R P,et al. Comparative efficacy of various chemical stabilizers on the thermostability of a live-attenuated peste des petits ruminants (PPR) vaccine [J]. Vaccine, 2003, 21(32): 4728–4735.

[41] RAJAK K K, SREENIVASA B P, HOSAMANI M,et al. Experimental studies on immunosuppressive effects of peste des petits ruminants (PPR) virus in goats [J]. Comparative Immunology Microbiology and Infectious Diseases, 2005, 28(4): 287–296.

[42] SEN A, SARAVANAN P, BALAMURUGAN V,et al. Vaccines against peste des petits ruminants virus [J]. Expert Review of Vaccines, 2010, 9(7): 785–796.

[43] SARAVANAN P, SEN A, BALAMURUGAN V,et al. Comparative efficacy of peste des petits ruminants (PPR) vaccines [J]. Biologicals, 2010, 38(4): 479–485.

[44] NAHED A K, HANAN S A, HANAN M S,et al. The production and evaluation of a standard diagnostic peste des petits ruminants (PPR) hyperimmune serum prepared from the Egyptian antigen (Egypt 87) [J]. Egypt J Immunol, 2004, 11(1): 9–14.

[45] ASIM M, RASHID A,CHAUDHARY A H. Effect of various stabilizers on titre of lyophilized live-attenuated peste des petits ruminants (PPR) vaccine [J]. Pakistan Veterinary Journal, 2008, 28(4): 203–204.

[46] RIYESH T, BALAMURUGAN V, SEN A,et al. Evaluation of efficacy of stabilizers on the thermostability of live attenuated thermo-adapted Peste des petits ruminants vaccines [J]. Virologica Sinica, 2011, 26(5): 324–337.

[47] WU R, GEORGESCU M M, DELPEYROUX F,et al. Thermostabilization of live virus vaccines by heavy water (D2O) [J]. Vaccine, 1995, 13(12): 1058–1063.

[48] ADEBAYO A A, SIM-BRANDENBURG J W, EMMEL H,et al. Stability of 17D yellow fever virus vaccine using different stabilizers [J]. Biologicals, 1998, 26(4): 309–316.

[49] SEN A, BALAMURUGAN V, RAJAK K K,et al. Role of heavy water in biological sciences with an emphasis on thermostabilization of vaccines [J]. Expert Review of Vaccines, 2009, 8(11): 1587–1602.

[50] RAUT A, SINGH R K, MALIK M,et al. Development of a thermoresistant tissue culture rinderpest vaccine virus [J]. Acta Virol, 2001, 45(4): 235–241.

[51] BALAMURUGAN V, SEN A, VENKATESAN G,et al. Protective immune response of live attenuated thermo-adapted peste des petits ruminants vaccine in goats [J]. Virusdisease, 2014, 25(3): 350–357.

[52] BALAMURUGAN V, SEN A, VENKATESAN G,et al. Study on passive immunity: Time of vaccination in kids born to goats vaccinated against Peste des petits ruminants [J]. Virologica Sinica, 2012, 27(4): 228–233.

[53] BUCZKOWSKI H, PARIDA S, BAILEY D,et al. A novel approach to generating morbillivirus vaccines: negatively marking the rinderpest vaccine [J]. Vaccine, 2012, 30(11): 1927–1935.

[54] MAHAPATRA M, PARIDA S, BARON M D,et al. Matrix protein and glycoproteins F and H of Peste-des-petits-ruminants virus function better as a homologous complex [J]. J Gen Virol, 2006, 87(Pt 7): 2021–2029.

[55] FENG Q, LIU Y, QU X,et al. Baculovirus surface display of SARS coronavirus (SARS-CoV) spike protein and immunogenicity of the displayed protein in mice models [J]. DNA and Cell Biology, 2006, 25(12): 668–673.

[56] KATAOKA C, KANAME Y, TAGUWA S,et al. Baculovirus GP64-mediated entry into mammalian cells [J]. Journal of Virology, 2012, 86(5): 2610–2620.

[57] BAILEY D, CHARD L S, DASH P,et al. Reverse genetics for peste-des-petits-ruminants virus (PPRV): promoter and protein specificities [J]. Virus Research, 2007, 126(1–2): 250–255.

[58] BARON M D,BARRETT T. Rescue of rinderpest virus from cloned cDNA [J]. Journal of Virology, 1997, 71(2): 1265–1271.

[59] BARON M D,BARRETT T. Rinderpest viruses lacking the C and V proteins show specific defects in growth and transcription of viral RNAs [J]. Journal of Virology, 2000, 74(6): 2603–2611.

[60] WALSH E P, BARON M D, RENNIE L F,et al. Recombinant rinderpest vaccines expressing membrane-anchored proteins as genetic markers: evidence of exclusion of marker protein from the virus envelope [J]. Journal of Virology, 2000, 74(21): 10165–10175.

[61] KHANDELWAL A, SITA G L,SHAILA M S. Expression of hemagglutinin protein of rinderpest virus in transgenic tobacco and immunogenicity of plant-derived protein in a mouse model [J]. Virology, 2003, 308(2): 207–215.

[62] BUONAGURO L, TORNESELLO M L,BUONAGURO F M. Virus-like particles as particulate vaccines [J]. Curr HIV Res, 2010, 8(4): 299–309.

[63] CHACKERIAN B. Virus-like particles: flexible platforms for vaccine development [J]. Expert Rev Vaccines, 2007, 6(3): 381–390.

[64] SCHIRMBECK R, BOHM W,REIMANN J. Virus-like particles induce MHC class I-restricted T-cell responses. Lessons learned from the hepatitis B small surface antigen [J]. Intervirology, 1996, 39(1–2): 111–119.

[65] LIU F, WU X, ZOU Y,et al. Peste des petits ruminants virus-like particles induce both complete virus-specific antibodies and virus neutralizing antibodies in mice [J]. J Virol Methods, 2015, 213: 45–49.

[66] LIU F, WU X, LIU W,et al. Current perspectives on conventional and novel vaccines against peste des petits ruminants [J]. Vet Res Commun, 2014, 38(4): 307–322.

[67] CHOI K S, NAH J J, KO Y J,et al. Rapid competitive enzyme-linked immunosorbent assay for detection of antibodies to peste des petits ruminants virus [J]. Clinical and Diagnostic Laboratory Immunology, 2005, 12(4): 542–547.

[68] LIBEAU G, PREHAUD C, LANCELOT R,et al. Development of a competitive ELISA for detecting antibodies to the peste des petits ruminants virus using a recombinant nucleoprotein [J]. Research in Veterinary Science, 1995, 58(1): 50–55.

[69] ZHANG G R, YU R S, ZENG J Y,et al. Development of an epitope-based competitive ELISA for the detection of antibodies against Tibetan peste des petits ruminants virus [J]. Intervirology, 2013, 56(1): 55–59.

第八章

控制和根除

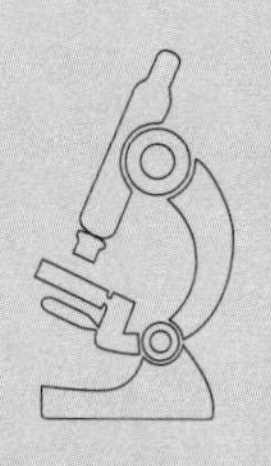

小反刍兽疫（PPR）危害极大，带来的经济损失不单单是降低动物的生产水平，也因为限制动物及其产品移动而直接影响贸易。一旦发生PPR，应当在尽可能短的时间内用各种综合性措施将其根除，这些措施包括疑似疫情的早期诊断确诊；隔离、检疫、限制动物及其产品及其他潜在污染物的移动，尽可能地减少病原扩散；处理感染的动物及其产品及可能污染物品，清除传染源；溯源、追踪、大规模监测并扑杀感染动物并恰当处理动物尸体及接触的污染物；扑杀、净化、消毒以清除传染源，等等。如何根除PPR，可以学习根除牛瘟的一些经验。目前牛瘟已在全球成功根除，全球开始致力于其他病毒病的根除，其中小反刍兽疫是首选，有效的诊断方法加上疫苗免疫后能提供几年强有力的免疫保护都有助于该病的根除。发生小反刍兽疫的国家应当联合起来，共同从牛瘟的根除计划中取得经验，在全球成功控制和根除小反刍兽疫。

第一节 感染动物的处理

发生PPR，应按《中华人民共和国动物防疫法》规定和《小反刍兽疫防控应急预案》要求，采取紧急、强制性的控制和扑灭措施，扑杀患病和同群动物。疫区及受威胁区的动物进行紧急预防接种。采取羊群交易和调运控制、疫源追溯及疫病排查等一系列措施。当PPR暴发时，可能需要大规模扑杀易感动物，除要扑杀感染畜舍中的动物外，根据每次疫情暴发的具体情况，可能还需要扑杀接触过或有感染风险的畜群[1]。

一、扑杀原则

（一）制订计划

预先制订计划，全面考虑以下内容：使用的程序、设备材料、雇工数量与技能、人员安全、尸体处理、生物安全与感染控制措施、公共关系，以及相关的运作。

（二）在感染场所就地扑杀动物

对发病或风险畜群，尽可能就地扑杀。这样做会减少病毒可能扩散到环境中的风险。应尽量减少对动物的搬运。

（三）保持生物安全

为保持生物安全，扑杀过程必须最大限度地采用合理的步骤，包括：必要时优先采用非创伤性扑杀方式，个人防护装备和消毒剂。先扑杀发病动物，再扑杀接触动物，最后扑杀其余动物。

（四）尽快扑杀动物

疫情暴发后，一旦决定扑杀，就要尽快执行；从诊断到扑杀的时间间隔，是疾病扑灭效率的重要指标。扑杀结束前，应照常饲养动物。

（五）以人道方式扑杀动物

扑杀动物的方式要可行、高效和人道。让动物在无意识中死去，而没有疼痛、痛苦、焦虑和恐惧。先扑杀幼龄动物，再扑杀老龄动物。

（六）雇用熟练人员

为确保人道扑杀并保护操作者的自身安全，所有参与动物扑杀的人员，都应经过培训，技术娴熟并能胜任扑杀工作。

（七）保证人员的健康和安全

扑杀过程中，应确保工作人员免受危害，如来自动物、环境、人畜共患病原以及动物扑杀方式等的危害。对暴露在人兽共患病感染环境下的工作人员，应给予预防药物，包括抗生素和相应疫苗。此外，应保证操作人员能得到充分休息，并结合精神鼓励，而且扑杀工作结束后应对他们的健康状况进行监测。

二、扑杀方法

扑杀动物应充分考虑到动物福利，尽可能以人道方式扑杀。主要有以下几种方法，每种方法都有其特殊要求和优缺点。

（一）自由射杀

1. 方法

适合于牛、绵羊、山羊、马和猪等。建议对难以操控和保定的动物使用。最佳射入点因动物种类而异。效果取决于子弹对脑部的损伤程度。理论上，子弹应直接射入颅骨，破坏控制呼吸和心血管系统的脑干部位，从而导致动物死亡。不彻底的脑损伤，可能会引起痛苦，并有可能恢复。每种动物都有特定的最佳靶位。射击时，贴近这些部位很重要，可避免射杀不彻底和造成动物痛苦，并降低操作人员安全风险。

2. 设备要求

专业持证人员应使用合适的枪支弹药，在室外软地上射杀动物，以防子弹弹射。步枪、猎枪、手枪、单发麻醉枪都可用于这种方式。扑杀动物要使用与之匹配的弹壳、口径和弹头类型。

3. 优点

自由射杀能很好地对付焦躁不安或难以控制的动物（如在开阔地上的动物）。

4. 缺点

自由射杀对人员自身安全有很大危险。有时不能立即杀死动物，还会导致动物体液外泄，引发生物安全风险。另外，子弹对脑部的破坏也会妨碍大脑检查。

（二）穿透性击晕枪

1. 方法

击晕枪是用火药或压缩空气作为动力，可以用来宰杀牛、马、猪和羊等动物。击晕枪的冲击力可导致脑震荡，以及大脑半球和脑干损伤。使用击晕枪时应对准脑壳，垂直于额骨，放在可穿透动物大脑皮层和中脑的位置。尽管击晕枪的穿透力能引起脑部的物理损伤，导致动物死亡，但击晕后仍需尽快进行穿刺和放血，以确保动物死亡。为保证击晕效果，对动物进行适当保定非常重要。因此，使用镇静剂有望提高这一过程的准确性并降低动物应激。

2. 设备要求

不同种类动物应使用不同规格的击晕枪。

3. 优点

与自由射杀相比，该方法对操作者更安全，而且可减少对动物的移动。

4. 缺点

由于老龄动物颅骨较厚，击晕枪可能难以透过大脑。击晕枪哑火和定位不准可能会影响动物福利。击晕枪必须定期保养、清洁，而且要有几支轮流使用，以防击晕枪过热。

（三）电击

1. 方法

电击就是通过运用交流电，抑制脑部神经元活动或者心室的颤动，使动物意识瞬间丧失。有效电击表现为：四肢伸展、角弓反张、眼球下翻、由强直性痉挛转变为阵发性痉挛，最终出现肌肉松弛。

使用电流的方法很多，可根据具体情况及动物的种类和年龄加以选择。一次电击适用于小型家畜，如犊牛、猪、绵羊、山羊等，电极安放可从头到背或从头到躯干，要跨过大脑和心脏。

使用电击法扑杀大型动物，需要有两个步骤：① 在头部使用交流电，使意识丧失；② 使电流横跨胸部，使心脏停止跳动。这种方法需要恰当的动物保定、相应的操作培训和技能，以及安全防护措施。

2. 设备要求

需要电源、电极输送电流。

3. 优点

使用恰当的话，电击法是一种不会产生组织和体液暴露的安乐死方法。

4. 缺点

电击安乐死需要具备相当的操作知识。电极放置不当会导致不完全电晕和严重疼痛，也会给现场人员带来危险。对大型动物有必要进行保定。对动物逐个进行电击需要很大体力，操作者可能会感到劳累。各种意识活动都可能被电麻所掩盖，因此，检查确认动物是否死亡十分重要。对仔猪、羔羊，不建议使用电击法，因为电流需要更长的时间才能通过它们的心脏。

（四）气体

1. 方法

用气体杀死动物是将动物暴露于混合气体中，导致意识丧失，并最终因缺氧而死亡。这种方法最适用于家禽、仔猪以及新生绵羊和山羊。下列气体和气体混合物可供使用：

高浓度二氧化碳（80%～90%）：能使动物在30s内失去意识，然而，这个浓度会刺激呼吸道黏膜，并使动物感到痛苦，表现为强力呼吸、躁动不安。

30%的二氧化碳：对动物无刺激性，如果与惰性气体（如氩气或氮气）混合，能在7min内杀死动物。

惰性气体：如氙气、氪气或者氩气，都具有麻醉功能，可用于填充装有动物的密闭房间。

一氧化碳（CO）：与血红蛋白结合，可导致缺氧。浓度1%的一氧化碳就足以致死。一氧化碳可通过商业途径获得。如果从内燃机得到一氧化碳，需要过滤去除杂质，因为这些杂质会导致动物呼吸困难。

可将气体充入一个密闭的房间，然后放入动物；也可以将气体直接充入动物所在的畜舍。畜舍应进行密封，直至所有动物死亡。

2. 设备要求

可根据实际情况选择设备，但适当密闭的房间是必需的。如对整个房舍填充气体，就需要密封房舍的方法。最好使用压缩气体。

3. 优点

气体不会产生创伤，不需要保定动物，因此，可减少应激。组织和血液也不会暴露。

4. 缺点

多数气体对人类有某些危害，一氧化碳尤其危险。需要有好的排风系统以便在扑杀结束后通风换气。某些气体和气体混合物可能价格昂贵或难以获得。

（五）注射化学药品

1. 方法

静脉注射化学药品，可抑制中枢神经系统，导致动物死亡。巴比妥酸衍生物是小动物和大动物安乐死最常用的药物。巴比妥类药物首先作用于大脑皮层，通过下行方式抑制中枢神经系统，使动物意识丧失进而深度昏迷。过量使用巴比妥类药物会抑制呼吸中枢，使动物由深度昏迷转为窒息，进而心跳停止。如果采用静脉注射的方法，所有巴比妥酸类麻醉剂都可用于安乐死。这种方法适用于包括大型动物在内的所有动物种类，但以扑杀少量动物时最适用。巴比妥酸盐可通过胎盘屏障，可用于扑杀怀孕动物。

2. 设备要求

实施静脉注射前，必须对动物进行适当保定。其他设备包括：针管、针头和注射药品。

3. 优点

静脉注射麻醉剂的方法历经检验，是一种快速、人道的动物扑杀方法。

4. 缺点

这一技术必须经过培训才能实施。因为用于静脉注射的安乐死药品属于管制品，其供应和使用只限于持证人员，或在持证人员直接监督下的人员。

第二节 尸体无害化处理

病死动物无害化处理是防止动物疫病扩散、有效控制和扑灭动物疫情、防止病原污染环境的重要举措。发生PPR时，要严格按照农业部《病死动物无害化处理技术规范》要求，对病死、扑杀的动物尸体及相关动物产品无害化处理，对排泄物、被污染或可能污染的饲料和垫料、污水等进行无害化处理[2-5]。

无害化处理常用的方法有深埋、焚烧、化制、发酵、碱解等，每种方法都有其优缺点。

一、深埋

深埋是一种简单、经济、实用的无害化处理方法，在多数地方广泛应用。深埋应选择在土壤渗透性不高的地方进行。深埋坑的大小和形状要根据所需设备、土壤条件、地下水位，以及需要进行深埋病死动物的数量和体积等决定。每只羊需要的体积为0.3m^3。深埋的形状一般有直边坑和斜边坑两种，尸体的上方覆盖的土层厚度为1.5m以上。根据无害化处理实践经验，深埋又可以分为挖坑深埋、垃圾场深埋、大规模集中处理深埋等不同方法。

（一）挖坑深埋

挖坑深埋即日常说的“深埋”方法，具有方便、快捷、简单、经济等优点，在养殖场就地掩埋能有效避免尸体运输，最大限度地降低生物安全风险，降低疾病扩散风险，是一种较好的无害化处理方法。该方法不足之处是：存在着潜在污染环境风险，病源可能持续存在，不能回收副产品，影响土地价值等缺点。

（二）垃圾场深埋

在尸体总量急速增加的情况下，应采用垃圾场深埋方法。垃圾场深埋是在疫情处置过程中利用现有垃圾场对尸体进行深埋的无害化处理方法。该方法具有设施齐全、处理能力较大、地理分布较广等特点，一度得到广泛应用。该方法的缺点是：需要运输动物尸体，会增加处理工作的复杂性。垃圾场所有者和当地政府通常不愿牺牲日常的废弃物处理能力来承担这项工作。

（三）大规模集中处理深埋

大规模集中处理深埋是将来自多地的大量动物集中在一起进行深埋的无害化处理方式，也是在紧急情况下处理病死动物的一种方式。该方法的优点是处理能力巨大，缺点是需要运输动物，处理成本较高，无法回收副产品等。

二、焚烧

焚烧是通过燃烧对动物尸体进行无害化处理的方式。可分为开放式焚烧、固定设施焚烧两种方式。

（一）开放式焚烧

开放式焚烧是在开阔地带，用木材堆或其他燃烧技术对动物尸体进行焚烧的无害化处理方式。该方法具有相对便宜的特点，缺点是劳动量大，燃烧需求较大，受天气和环境的影响，难以得到公众支持。

（二）固定设施焚烧

固定设施焚烧是采用专用设施以柴油、天然气等为燃料焚烧动物尸体的一种无害化处理方法。该方法有多种形式，如利用火葬场，大型废弃物焚烧厂或小型固定焚烧设施焚烧动物尸体。该方法的优点是生物安全性高，缺点是设施昂贵。

三、化制

化制是通过机械处理（如研磨、蒸发、干燥）或化学处理等方式，使动物尸体转变为蛋白固体物、可溶性脂肪或油脂以及水等3种最终产品的过程，是采用高温高压的方式，把没有价值或价值很低的动物尸体及其副产品转换成安全、营养、有经济价值的产品的方法。化制过程通常包括去除不需要部分、分割、混合、预加热、蒸煮、分离脂肪和蛋白等过程，最后对浓缩蛋白进行干燥和研磨。动物尸体化制的目的是去除水分、从其他物质中分离脂肪、灭菌，其最终产品是肉骨粉。该方法优点是能够灭活所有病原，而且可以产生有价值的副产品等；缺点是投入成本较高。

四、发酵

发酵是指将动物尸体及相关动物产品与稻糠、木屑等辅料按要求摆放，利用动物尸体及相关动物产品产生的生物热或加入特定生物制剂，发酵或分解动物尸体及相关动物产品的方法。

五、碱解

在高温、高压条件下，用氢氧化钠或氢氧化钾处理，使有机物裂解为肽、氨基酸类化合物和脂肪酸盐的过程。碱解所用的装置是大家所熟知的"组织消化器"。适用于对少量动物尸体或组织的处理。

除以上几种无害化处理方法外，乳酸发酵、厌氧消化等方法也用于动物的无害化处理，但这些方法使用率很低。

清洁消毒

发生PPR后，要对被污染的物品、交通工具、用具、圈舍、场地进行严格彻底清洁消毒。对出入人员、车辆和相关设施要按规定进行消毒。要对库存的羊毛、羊皮进行消毒处理，在解除封锁后，经检疫合格方可运出。在疫区周围设立警示标志，在出入疫区的交通路口设置动物检疫消毒站，对出入的人员和车辆进行消毒[8]。

一、药品种类

碱类（碳酸钠、氢氧化钠）、氯化物和酚化合物适用于建筑物、木质结构、水泥表面、车辆和相关设施设备消毒。柠檬酸、酒精和碘化物适用于人员消毒。

二、场地及设施消毒

（一）消毒前的准备

1．消毒前必须清除有机物、污物、粪便、饲料、垫料等。

2．选择合适的消毒药品。

3．备有喷雾器、火焰喷射枪、消毒车辆、消毒防护用具（如口罩、手套、防护靴等）、消毒容器等。

（二）消毒方法

1．金属设施设备的消毒，可采取火焰、熏蒸和冲洗等方式消毒。

2．羊舍、车辆、屠宰加工厂、贮藏场所等，可采用消毒液清洗、喷洒等方式消毒。

3．养羊场的饲料、垫料、粪便等，可采取堆积发酵或焚烧等方式处理。

4．疫区范围内办公室、饲养人员的宿舍、公共食堂等场所，可采用喷洒消毒液的方式消毒。

三、人员及其穿戴物品消毒

1．饲养、管理人员等可采取淋浴消毒。

2．衣、帽、鞋等可能被污染的穿戴物品，可采取消毒液浸泡、高压灭菌等方式消毒。

四、羊绒及羊毛消毒

可以采用下列程序之一灭活病毒：

1. 在18℃储存4周，4℃储存4个月，或37℃储存8d。

2. 在密封容器中用甲醛熏蒸消毒至少24h。具体方法：将高锰酸钾放入容器（不可为塑料或乙烯材料）中，再加入福尔马林进行消毒，比例为每立方米空间需用53mL福尔马林和35g高锰酸钾。

3. 工业洗涤，包括浸入水、肥皂水、苏打水或碳酸钾等一系列溶液中水浴。

4. 用熟石灰或硫酸钠进行化学脱毛。

5. 浸泡在60～70℃水溶性去污剂中，进行工业性去污。

五、羊皮消毒

1. 在含有2%碳酸钠的海盐中腌制至少28d。

2. 在密闭空间内用甲醛熏蒸消毒至少24h。具体方法同“羊绒及羊毛消毒”部分。

六、羊乳消毒

采用下列程序之一灭活病毒：

1. 两次高温瞬时巴氏消毒法。

2. 高温瞬时巴氏消毒法与其他物理处理方法结合使用，如在pH6的环境中维持至少1h。

3. 超高温巴氏消毒法结合物理方法。

控制移动

PPR的特点是通过直接接触快速传播，潜伏期短，死亡率高，一旦进入一个新的地区会很快传播，且可通过感染动物的移动传入新的地区。因此，严格隔离并控制动物、动物产品、人员及物品的移动，有助于防止该病从感染地区传到其他地区，是控制该病的重要措施之一。要严格禁止易感动物运进或运出。动物产品必须经过一定的处理之后得到允许才能运出。任何人、车辆、设施设备等必须经过彻底消毒才能移动。对羊毛，如果能证明是在羊感染PPR之前收集的且之后没有接触感染动物及其他可能感染的物品，证明无风险则可以移动。

PPRV具有高度的接触传染性。PPRV对热、紫外线、干燥环境、强酸强碱等非常敏感，因此，不能在常态环境中长时间存活。PPRV 存在于感染动物的眼鼻分泌物、唾液、咳嗽释放的飞沫、尿液、粪便，甚至在乳液中，污染区域内的水源、料槽、垫料等都会被感染动物的分泌物污染从而成为传染源，但不会长时间保持传染性，因此，病毒的传播距离完全取决于动物迁徙或贸易的活动范围。在雨季或干燥寒冷的季节，PPR的暴发流行更为频繁[9]。

养殖户发现疑似小反刍兽疫患病动物后，应立即隔离疑似患病动物，限制其移动，加强消毒，并立即向当地兽医主管部门或动物疫病预防控制机构报告。一旦确诊PPR，立即划定疫点、疫区、受威胁区，并对发病地区进行封锁。严禁在未确诊前对病死动物进行剖检，人为乱抛、乱弃处理，以免病毒扩散、排泄物污染环境。养殖户不应与发生小反刍兽疫的国家进行小反刍动物的交易，家养畜群要远离野生动物。国外学者普遍认为野生小反刍动物对本病易感。我国西藏阿里地区发生家羊疫情时出现过两起野羊发病死亡的疫情，表明自然情况下，野羊的确能够感染PPR而死亡。一般认为野羊是通过与家羊接触而感染的，可以推测当家羊大范围发生疫情时，野羊感染的概率会进一步增加，它们在疫病传播中的作用也会增大，尤其是当具有迁徙习性的野羊（如藏羚羊）被感染后，疫情的扩散速度和扩散范围都会增加[10]。

发生疫情时，限制羊及其产品的移动，严格隔离、封锁、消毒非常重要。以中国西藏为例，2007年阿里地区发生小反刍兽疫之后，西藏自治区立即采取了全面限制疫区羊及羊产品移动，严格进行隔离、封锁、消毒，后撤放牧点、建立隔离缓冲带等一系列措施，严防疫情传出、传入。全面禁止活畜和产品交易，禁止牲畜过牧、交换。对疫区的羊绒、羊毛、羊皮等羊产品实行统一收购、统一消毒、集中库存、专人看守。采取以喷洒为主的消毒方式，对疫点的羊舍、用具和场地，出入疫区的人员和车辆等进行严格消毒。阿里地区非疫区县后撤放牧点，与疫区县之间建立了10～20km的隔离带。西藏自治区在各交通要道共设立了57个检查消毒站，发放“出入疫区特别通行证”1 500余份。出入西藏的6个省际公路动物卫生监督检查站加强应急值守，加强检疫消毒，严防西藏的羊及羊产品流出。那曲双湖区出现疫情后，在进出嘎措乡的主要通道和与之接壤的县共设置消毒检查站23个，疫区和非疫区之间建立了宽10km的隔离带，设置了宽4～5km的草场作为隔离缓冲区，禁止动物流动、混群和进行畜产品交易。上述措施决策早、行动快、实施严格，特别是在完成大规模扑杀之前，对严防疫情传出传入，遏制疫病蔓延起到了十分关键的作用[11, 12]。

牛瘟扑灭计划及其成功经验

一、牛瘟扑灭计划及成功原因

牛瘟起源于公元4世纪的亚洲，是最早记录的家畜疫病之一，传染性强，为OIE必须报告疫病，最易感染牛，还可感染绵羊、山羊、鹿、猪等，历史上曾多次肆虐亚洲、欧洲和非洲，造成了重大的经济损失。进入20世纪中后期，随着牛瘟疫苗及诊断技术的发展，消除甚至消灭牛瘟成为许多国家的目标，某些国家和少数国际组织制订了消灭牛瘟计划，最具代表性的就是“全球消灭牛瘟计划（Global Rinderpest Eradication Program）”。该计划于1994年由FAO首先提出，旨在全球范围内控制并最终根除牛瘟。一经发起，立刻得到OIE及各地方性组织的支持，如AU（非洲联盟）、SAARC（南亚地区合作协会）、USAID（美国国际发展署）和DFID（英国国际发展部）等，这也为全球性根除牛瘟奠定了基础[12]。FAO与欧共体共同投资开展“南亚区域牛瘟扑灭战役”。1998 年5月OIE审议并通过了《牛瘟流行病学监督系统推荐标准》，规定了宣布无牛瘟的步骤和国际认证条件、流行病学调查方法、诊断方法和疫病状况评价标准。其中宣布实现和验证无牛瘟的三个阶段分别为：暂无牛瘟、无牛瘟和无牛瘟感染[13]。首先，对疫区进行大规模免疫，以预防牛瘟的局部流行，当某国停止接种牛瘟疫苗3年后仍无疫情报道，则可认为该国正处于暂无牛瘟状态；随后，对已进行过大规模免疫的地区进行严格的血清学监测，全球化血清学监测已于2009年结束；最后，经标准的检测方法检测及OIE的官方认证，确定该地区为无牛瘟区。整个过程的完成至少需要10年。2010年末，FAO确认3个谱系的牛瘟病毒都已彻底根除。2011年5月25日，OIE发布信息称，全球范围内已经消灭牛瘟。

2011年6月28日，FAO同样发布了全球根除牛瘟的消息。距20世纪70年代全球性消灭天花仅30余年，人类又消灭了第二种疫病，这堪称医学与兽医学领域的奇迹[14，15]。

自1994年全球消灭牛瘟计划的提出至2011年全球性消灭牛瘟，历时17年，牛瘟的全球性根除主要有以下原因：

（一）客观因素

第一，牛瘟病毒血清型单一。虽然牛瘟病毒有3个不同的谱系，但只有一个血清型[16]，这使家畜的大规模免疫成为可能。通常情况下对野毒株进行连续传代可将其毒力人工致弱制备疫苗株，第一代牛瘟疫苗的典型代表是牛瘟兔化弱毒苗[17]，同时代另有山羊化、鸡胚化弱毒苗。因为仅存在一种血清型，所以普通弱毒牛瘟疫苗可以广泛应用于各疫区的动物免疫，这为全球消灭牛瘟计划第一步的实施即大规模免疫，提供了理论支持。

第二，终身免疫。正如天花疫苗一样，牛瘟疫苗对免疫动物可提供终身免疫。自然感染该病的牛，耐受期过后也可产生终身免疫[18]。早在19世纪末疫苗匮乏的非洲牛瘟大流行年代，人们就将牛瘟高免血清与含牛瘟病毒的全血混合免疫动物，结果实验动物产生长期免疫力。20世纪60年代，Plowright等人通过连续90代组织培养成功获得一株毒力致弱的疫苗株，命名为“Plowright疫苗株”，其对动物产生终身免疫，在全球消灭牛瘟计划实施过程中最为广泛地应用于非洲、中东、欧洲部分地区及南亚次大陆的家畜免疫[19-21]。

第三，牛瘟病毒宿主相对较为单一。通常，例如禽流感等传染病的宿主较为广泛，野生候鸟等重要宿主的迁徙甚至跨国迁徙，给此类动物疫病的防控造成较大困难。相对而言，牛瘟病毒的宿主较为单一，虽然也有牛瘟病毒感染山羊、绵羊、鹿等动物的报道[22-24]，但其主要宿主为牛。另外，相对于野生候鸟，对于牛的集中免疫与血清学监测容易得多。因此，宿主单一是全球消灭牛瘟计划得以实施的重要因素之一。

第四，牛瘟传播途径较为单一。该病主要通过与感染动物直接接触或与其分泌物和排泄物间接接触传染，未见有通过蜱、蚊、蠓、螨等昆虫传播的报道。因此，做好疫区患病动物的隔离工作，从某种程度上可以有效控制牛瘟疫情。

第五，牛瘟的流行仅限于少数区域。即使在几次大流行时期，如19世纪90年代的非洲及20世纪20年代的欧洲，该病也未呈现全球性分布。2001年，全球最后一例牛瘟疫情来自肯尼亚，但在当地兽医部门的严格管理下，疫情很快得到了控制，并没有造成病毒的大规模扩散。

（二）主观因素

第一，目标明确，上下一心。全球消灭牛瘟计划一经发起，立刻得到OIE及各地方性组织的支持。

第二，各国兽医主管部门合作，各国政府加强领导。各级畜牧兽医主管部门尽职尽责，各国畜牧兽医工作者共同努力，农牧民全力支持，紧密配合，使全球消灭牛瘟计划得以有效实施。

第三，科研工作者日夜攻关，研制出了各种安全、效力俱佳的疫苗，还研究出了快速诊断牛瘟的方法。后期一个至关重要的突破是研制成功了一种新型的疫苗，可以在没有冰箱的条件下贮存1个月。有了这种疫苗，接种就可以通过征募当地的牧民们，经过培训让他们自己完成。受过培训的当地人，可以使畜群的接种率超过90%。后期另一个重要进展是发明了快速诊断牛瘟的办法。只要在动物眼部用试纸一抹，就可以判断是否得了牛瘟。我国开创了用牛瘟弱毒疫苗消灭牛瘟的新纪元。我国研制成功的兔化牛瘟弱毒疫苗、牛瘟兔化绵羊化弱毒疫苗是世界上最成功的牛瘟疫苗，其安全性、免疫效果、种毒的遗传稳定性等多项指标，是其他国家的同类疫苗所无法比拟的[25]。

牛瘟在我国的流行有很长的历史，公元75年就有发生“牛疫”（类似牛瘟）的记载，后在北魏、唐、宋、清代都有该病的流行或大流行。1938—1941年，牛瘟在我国四川、青海、西藏、甘肃等地流行，病死牛百万头以上，造成巨大损失，至新中国成立初期仍在流行，成为中国发展农业和畜牧业的一大障碍。新中国成立后，党和人民政府对此极为重视，在当时非常困难的条件下投入巨大人力、物力、财力，大力开展消灭牛瘟工作，1955年在全国范围内彻底消灭了牛瘟。从技术上说，主要是及时研制成功了高效牛瘟弱毒疫苗，大力开展疫苗接种，结合采用扑杀、隔离、消毒等措施净化疫源；在扑灭牛瘟后又坚持数年免疫接种，进行了有效的监测和预防措施，成功地巩固了我国无牛瘟的成果。我国近半个世纪未发生牛瘟[26]。

我国自1955年宣布全国范围内消灭牛瘟后无病例报道，OIE于2008年宣布我国为无牛瘟国家。2008年，我国颁布并实施了《无规定动物疫病区标准》，其中无牛瘟疫病区的认定标准为：如果一个国家或地区至少五年没有进行牛瘟的免疫接种，而且在这5年内没有牛瘟发生的迹象，只要该国家或地区永久性地具备良好的疫情报告系统，OIE就可以宣布该国家或地区为无牛瘟疫病。

牛瘟根除之后，各国学者不禁把目光投向了下一个消灭目标——小反刍兽疫（Peste des petits ruminants，PPR），因为从病原学特性及致病机理等诸多方面考虑，二者极为相似[27]。

二、全球性消灭小反刍兽疫可行性分析

天花与牛瘟的全球性根除是生命科学领域的里程碑，2011年FAO与OIE联合发布牛瘟根除消息之后，人们不禁对将来第三种全球性根除的疫病充满了好奇。小反刍兽疫无疑是候选之一，因为从病原学特性、致病机理和流行病学等诸多方面考虑，其与牛瘟最为相似。下面将从7个方面分析小反刍兽疫全球性根除的可行性[28, 29]。

第一，小反刍兽疫病毒血清型单一。虽然小反刍兽疫病毒共有4个不同的谱系，但却只有一个血清型，这意味着某单一疫苗株制备的疫苗几乎可以应用到所有疫区动物的免疫，从而为动物的大规模免疫创造良

好的条件。目前非洲及中东地区常用的Nigeria 75/1疫苗便可预防4个不同谱系的小反刍兽疫病毒感染。

第二，小反刍兽疫弱毒苗免疫保护期长。Nigeria 75/1疫苗免疫保护期可达3年以上，Sungri 96疫苗甚至高达6年，如此长的保护期完全可以保证通过一次免疫而完全保护商品用山羊或绵羊。然而，为了加强免疫效果，某些商品化疫苗，如土耳其Dollvet公司的Nigeria 75/1弱毒苗，推荐首免1年后对动物进行加强免疫。

第三，小反刍兽疫仅通过动物间密切接触传播。不像蓝舌病毒依靠库蠓作为传播媒介，小反刍兽疫病毒仅通过患病动物与健康动物之间亲密接触传播。因此，通过对患病动物进行隔离扑杀，使其不接触健康动物，基本可以控制疫情的蔓延。

第四，与牛瘟类似，小反刍兽疫的宿主相对单一。山羊和绵羊是小反刍兽疫的主要宿主动物，因此，如果全球实施消灭小反刍兽疫计划，可主要针对山羊与绵羊进行大规模免疫。而且，与鸡、鸭等家禽相比，山羊和绵羊的体型要大得多，所以更易于集中饲养管理，即使羊群发病，也更易于隔离扑杀。另外，因为小反刍兽疫是非人兽共患病，所以在处理患病动物过程中不会出现该病感染人的情况。

第五，小反刍兽疫未呈现全球性流行趋势。目前，小反刍兽疫主要流行于西非、中非、中东及南亚次大陆的某些国家，欧美及大洋洲地区却鲜有报道。近几年报道的新疫情国为中国和摩洛哥，但二者的疫区范围相对较小，疫情在短时间内得到了有效控制。

第六，快速诊断技术不断完善。快速有效的临床诊断是小反刍兽疫防控甚至根除过程中至关重要的一环。由于牛瘟病毒与小反刍兽疫病毒之间的抗原及基因相关性较强，过去针对后者的检测方法可能存在特异性和敏感性较差的缺点，因此，牛瘟的根除从某种程度上提高了小反刍兽疫诊断的特异性及敏感性，进而促进了其快速诊断技术的发展。传统的小反刍兽疫ELISA及RT–PCR检测方法已经较为成熟，随着诊断技术的深入发展，实时荧光RT–PCR、LAMP及免疫层析试纸条检测法正逐渐受到人们的重视。纵观牛瘟根除的历史，如果全球实施小反刍兽疫根除计划，那么该病的血清学检测方法，特别是ELISA检测法，将会更多地应用于大规模血清学监测。

第七，新型基因工程疫苗的研制。传统小反刍兽疫弱毒苗的使用不利于区分已免疫动物和自然感染动物，因为二者体内抗体的种类基本相同。区分感染动物与免疫动物（differentiation between infected and vaccinated animals，DIVA）疫苗是一种特殊的标记疫苗，其免疫原通过基因工程技术进行了加工，该疫苗辅以相应的血清学检测方法可以成功地区分免疫动物与自然感染动物[30，31]。重组山羊痘病毒（Capripoxvirus，CPV）疫苗是区分感染小反刍兽疫动物与免疫动物的理想DIVA疫苗。2010年，Chen等[32]构建了一个表达小反刍兽疫病毒*H*基因的重组山羊痘病毒，即rCPV–PPRVH。不同剂量的rCPV–PPRVH免疫试验结果表明，首免后80%的山羊体内产生抗小反刍兽疫病毒H蛋白的特异性抗体，二免后抗体水平更高。如果辅以相应的ELISA检测方法，该疫苗可以作为候选小反刍兽疫DIVA疫苗。然而，目前DIVA疫苗正处在研究初期，并没有商品化，现在大量的研究为其将来上市奠定了基础。

基于以上几点分析，小反刍兽疫全球性根除是可行的。然而，相对于全球消灭牛瘟计划，现仍有某些主客观因素制约着全球性根除小反刍兽疫，分析如下：

首先，经济因素。全球羊年存栏量相对于牛更大。据统计，2013年我国羊存栏量为2.9亿头，牛存栏量为1亿头。另外，商品羊的养殖周期较牛更短，或者说前者的更替频率较后者更大。因此，相对于大规模免疫防控牛瘟，依靠大规模免疫预防小反刍兽疫需要更充足的疫苗储备，即使小反刍兽疫疫苗现已大量商品化，但如此巨大的疫苗需求量对于养羊业也是一笔较大的经济开支。

其次，某些野生动物起到了传播小反刍兽疫病毒的作用。野生动物感染病例，如瞪羚羊、野山羊和长角大羚羊等[33]，虽然少有报道，但仍是全球性消灭小反刍兽疫的不利因素。最近一次野生动物感染小反刍兽疫病例的报道是2010年土耳其的波斯瞪羚[34]。

再次，目前小反刍兽疫血清学监测体系不够完善。一套完善的血清学监测体系是疾病根除的关键。然而，兼有免疫保护与血清学监测双重作用的DIVA疫苗目前处在研究的初始阶段，制约着小反刍兽疫流行病学调查和血清学监测。重组活病毒载体疫苗和病毒样颗粒疫苗将是未来DIVA疫苗的候选。

最后，无规定动物疫病区的管理尚待完善。OIE颁布的《陆生动物卫生法典》对相关无规定动物疫病区的评估标准做了阐述。我国也于2008年颁布并实施了《无规定动物疫病区标准》。然而，对于某些发展中国家，由于技术、经济甚至政治问题，很难按照相关规定对无小反刍兽疫疫病区进行管理，结果可能导致无疫病区暴发疫情。

三、总结及展望

人类与牛瘟的斗争持续了1 600多年，自19世纪末非洲牛瘟大流行以来，经国内外几代兽医工作者的努力，终于在2011年宣布消灭了牛瘟。相对于牛瘟，小反刍兽疫的历史短得多，目前仍称其为新生疫病，从1942年发现至今，各国相关兽医工作者一直致力于全球性消灭小反刍兽疫的工作。FAO畜牧生产和卫生部曾于2009年报道称：“我们有很好的理由相信如同根除牛瘟一样根除PPR是可以实现的。”英国动物健康研究院小反刍兽疫专家Baron博士认为，为了达到全球根除小反刍兽疫的目的，国家和国际相关组织应该联合起来对其进行10 ~ 20年的血清学监测[35]。除了对疫区动物的严格管理之外，非疫区国家应该加强国内特别是边境地区小反刍动物的免疫和血清监测，并严格控制动物性食品的进出口贸易。纵观牛瘟根除的历史经验，目前更为迫切的是需要一个类似于全球消灭牛瘟计划的国际项目，以此来指导全球性地消灭小反刍兽疫。

参考文献

[1] Committee on Foreign and Emerging Diseases of the United States Animal Health Association. Foreign animal diseases,seventh edition [M].Boca Rator, Canada : Boca Publications Group, Inc, 2008.

[2] 宋建德，黄保续，袁丽萍，等. 有关国家常用病死动物无害化处理方法应用情况研究 [J]. 中国动物检疫 ,2013,9(30): 11–15.

[3] 欧广志，顾晓丽，金丽. 病死畜禽及其产品无害化处理与畜产品安全问题探究 [J]. 中国动物检疫 ,2012,5(9): 21–22.

[4] 武记学. 对病死动物无害化处理方法的探讨 [J]. 河南畜牧兽医 ,2013,12(24).

[5] 农业部. 农业部关于印发《病死动物无害化处理技术规范》的通知 [EB/OL].[2015/05/25], http://www.moa.goo.cn/govpublic/SYJ/z. 1310/t20131021_3635297.htm.

[6] OIE. Disposal of dead animals[M]//Terrestrial Animal Health Code. Paris, French: OIE,2012.

[7] 王玉柱. 病死动物无害化处理措施探讨 [J]. 中国动物检疫 ,2013,30(5): 30–31.

[8] 农业部. 小反刍兽疫防控应急预案 [EB/OL].[2015/05/25],http://www.moa.sov.cn/sizz/syi/yingji/201006/t20100606_1535532.htm.

[9] 龙云凤，刘晓慧，周晓黎，等. 小反刍兽疫流行病学及防控研究进展 [J]. 动物医学进展 ,2012,33(5): 94–99.

[10] 陆则基，赵文姬，南文金，等. 小反刍兽疫——一种家养和野生小反刍动物的瘟疫 [J]. 中国动物检疫 ,2008,11(25): 48–50.

[11] 陆则基，王志亮，刘雨田，等. 西藏阿里地区小反刍兽疫流行病学调查研究 [J]. 中国动物检疫 ,2008,(12)2: 44–47.

[12] 王乐元，次真，吴国珍，等. 中国西藏小反刍兽疫的发生状况与防控 [J]. 畜牧兽医学报 ,2011,42(5): 717–720.

[13] 程志勇，沈秋姑，王谨，等. 牛瘟流行病学的调查研究 [J]. 江西畜牧兽医杂志 ,2003,1: 8–9.

[14] HORZINEK M C. Rinderpest: the second viral disease eradicated [J]. Vet Microbiol, 2011, 149 (3–4): 295–297.

[15] MORENS D M, HOLMES E C, DAVIS A S, et al. Global rinderpest eradication: lessons learned and why humans should celebrate too [J]. J Infect Dis, 2011, 204 (4): 502–505.

[16] SCOTT G R. Global eradication of rinderpest. Yea or nay? [J]. Ann N Y Acad Sci, 1998, 849: 293–298.

[17] WALKER R V. Rinderpest Studies: Attenuation of the Rabbit Adapted Strain of Rinderpest Virus [J]. Can. J. Comp. Med. Vet. Sci., 1947, 11 (1): 11–16.

[18] ROEDER P L. Rinderpest: The end of cattle plague [J]. Prev Vet Med, 2011, 102 (2): 98–106.

[19] BARON M D, BANYARD A C, PARIDA S, et al. The Plowright vaccine strain of Rinderpest virus has attenuating mutations in most genes [J]. J Gen Virol, 2005, 86 (4): 1093–1101.

[20] PLOWRIGHT W, FERRIS R D. Studies with rinderpest virus in tissue culture. III. The stability of cultured virus and its use in virus neutralization tests [J]. Arch. Gesamte Virusforsch., 1962, 11: 516–533.

[21] ROBERTSHAW D. Credit to Plowright for rinderpest eradication [J]. Science, 2010, 330 (6010): 1477.

[22] WAMBURA P N, MOLLEL J O, MOSHY D W, et al. Rinderpest antibody detected in sheep and goats before an outbreak of rinderpest reported in cattle in northern Tanzania [J]. Trop Anim Health Prod, 1999, 31 (1): 9–14.

[23] AL-NAEEM A, ABU ELZEIN E M, AL-AFALEQ A I. Epizootiological aspects of peste des petits ruminants and rinderpest in sheep and goats in Saudi Arabia [J]. Revue Scientifique et Technique, 2000, 19 (3): 855–858.

[24] SINGH V P, MURTY D K. An outbreak of rinderpest in wild spotted deer (Axis axis) [J]. Indian Vet J, 1979, 56 (12): 988–990.

[25] 田增义，尹德华. 战斗无穷期——庆祝中国消灭牛瘟50周年 [J]. 中国动物保健,2006,12: 15

[26] 杨承谕，黄保续，王幼明，等. 全球消灭牛瘟计划和中国消灭牛瘟 [J]. 中国动物检疫,2003, 20(7): 41–42.

[27] ANDERSON J, BARON M, CAMERON A, et al. Rinderpest eradicated; what next? [J]. Vet Rec, 2011, 169 (1): 10–11.

[28] 刘拂晓，柳增善，王志亮. 从消灭牛瘟分析全球根除小反刍兽疫的可行性 [J]. 病毒学报,2012,1(28): 89–96.

[29] HENDERSON L M. Overview of marker vaccine and differential diagnostic test technology [J]. Biologicals, 2005, 33 (4): 203–209.

[30] AVELLANEDA G, MUNDT E, LEE C W, et al. Differentiation of infected and vaccinated animals (DIVA) using the NS1 protein of avian influenza virus [J]. Avian Dis, 2010, 54 (1 Suppl): 278–286.

[31] CHEN W, HU S, QU L, et al. A goat poxvirus-vectored peste-des-petits-ruminants vaccine induces long-lasting neutralization antibody to high levels in goats and sheep [J]. Vaccine, 2010, 28 (30): 4742–4750.

[32] FURLEY C W, TAYLOR W P, OBI T U. An outbreak of peste des petits ruminants in a zoological collection [J]. Vet Rec, 1987, 121 (19): 443–447.

[33] GUR S, ALBAYRAK H. Seroprevalance of peste des petits ruminants (PPR) in goitered

gazelle (Gazella subgutturosa subgutturosa) in Turkey [J]. J Wildl Dis, 2010, 46 (2): 673–677.

[34] BARON M D, PARIDA S, OURA C A. Peste des petits ruminants: a suitable candidate for eradication? [J]. Vet Rec, 2011, 169 (1): 16-21.

第九章

我国小反刍兽疫状况

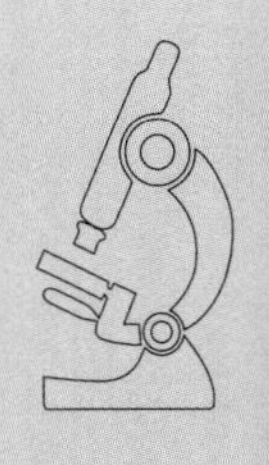

小反刍兽疫是对我国影响最大的外来动物疫病之一。2007年以前，我国从未发现小反刍兽疫。2007年7月，在西藏阿里地区发现了我国第一起小反刍兽疫疫情并得到有效控制，随后几年仅在西藏呈零星发生，2011年后再无新发病例。2013年11月以来，小反刍兽疫又从境外传入我国新疆，经全国性的活羊交易网络，数月之内迅速波及多个省份。农业部高度重视疫情防控工作，迅速部署应急处置、移动控制、紧急免疫等防控措施，通过全国上下共同努力，疫情被迅速遏制，目前已进入稳定控制状态。

我国是养羊大国，养羊生产不仅关系到农牧民增产增收，还关系到养殖户和穆斯林群众的生产生活，关乎社会团结稳定。因此，严格控制并逐步消灭小反刍兽疫，是当前和今后一段时期内动物疫病防控工作的重要内容。

第一节 我国小反刍兽疫历史与现状

一、我国小反刍兽疫的首次发现与疫情溯源

2007年7月9日，西藏自治区阿里地区革吉县盐湖乡羌麦村报告大批羊不明原因病死。病羊出现体温升高、眼鼻分泌物增多、呼吸困难、腹泻等症状，甚至死亡。西藏自治区动物疫病预防控制中心结合临床症状和流行病学特点，初步诊断为疑似小反刍兽疫疫情，并采集病料3头份送中国动物卫生与流行病学中心国家外来动物疫病诊断中心（现国家外来动物疫病研究中心）检测。7月14日，经中国动物卫生与流行病学中心检测，病原学样品和血清学样品检测结果均为阳性，确诊为小反刍兽疫疫情，这是我国关于小反刍兽疫疫情的首次报告[1]。

此后，阿里地区的日土县、札达县和改则县相继发生小反刍兽疫疫情，疫情涉及10个乡（镇）的13个村20个疫点，累计发病羊6 122只，死亡1 888只[2]。2008年 6 月，那曲地区尼玛县发生一起小反刍兽疫疫情，发病羊102只。2010年5月，阿里地区日土县再次发生一起疫情，发病羊133只[3]。2011年至今，西藏再无新发疫情报告（图9–1）。

基因序列分析表明，引发西藏小反刍兽疫疫情的毒株属基因第IV谱系，与周边国家流行毒株一致，与印度2005年Gujarat省病毒分离株遗传关系最近，相似性高达98.8%[1]。血清流行病学调查显示，小反刍兽疫可能于2005年冬季就已经传入中印边境的西藏日土县日土镇[4]。日土镇与克什米尔地区接壤，天然通道较多，边境互市和过境放牧现象普遍，有利于本病传入。当地牧民对本病缺乏了解，不懂如何防范，疫情很容易通过混牧、混群和引种等方式逐渐向内纵深扩散。阿里地区地处高原，山高谷深，村寨分散，相距较远，流行病学关联度低，活羊跨地区交易较少，疫情传播较为缓慢。疫情也影响到了当地的小反刍动物，2008年，阿里地区还在死亡的黄羊等野生动物中检出小反刍兽疫病毒[5]。

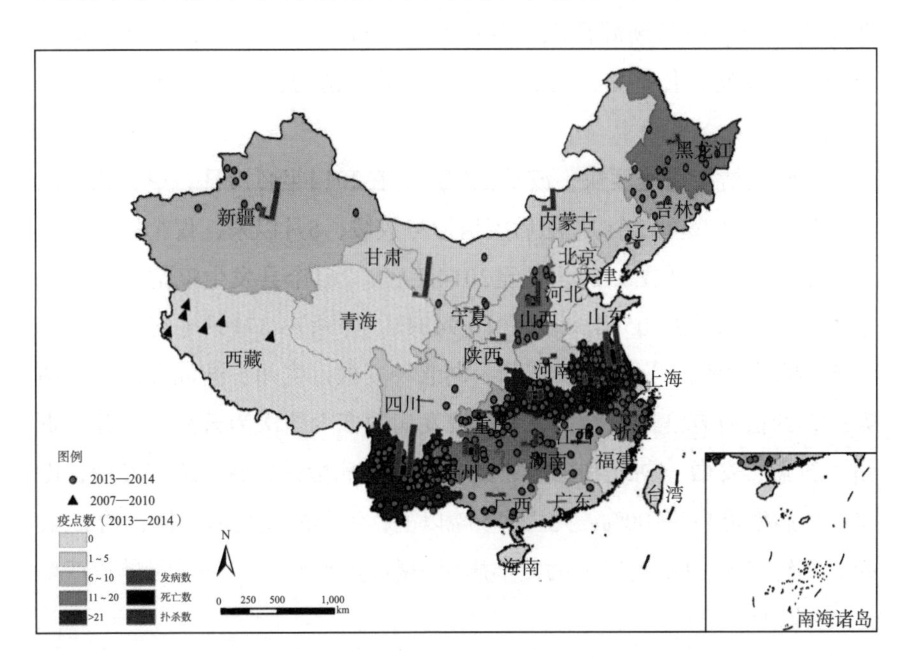

图 9-1　我国小反刍兽疫疫点分布图（李金明绘）

二、2013年以来新一轮的小反刍兽疫疫情

2013年11月24日，新疆维吾尔自治区伊犁哈萨克自治州霍城县三宫乡一村，一养殖小区的羊出现疑似小反刍兽疫症状，发病羊1 236只，死亡203只。12月2日，新疆维吾尔自治区动物疫病预防控制中心诊断为疑似小反刍兽疫疫情。12月5日，中国动物卫生与流行病学中心国家外来动物疫病研究中心确诊该起疫情为小反刍兽疫疫情[6]。

2013年12月底和2014年1月初，哈密市[7]、巴音郭楞蒙古自治州[8]和阿克苏地区[9]也相继报告发现疫情。2014年1月，甘肃省武威市[10]、内蒙古自治区巴彦淖尔市[11]、宁夏回族自治区吴忠市[12]陆续报告发现疫情。2014年3月中旬，辽宁省锦州市[13]、湖南省邵阳市[14]报告发现疫情，经溯源调查发现，发病羊分别来自山东省济宁市嘉祥县和四川省成都市金堂县，嘉祥县部分养殖场存在病毒核酸阳性羊群。3月27日，农业部发文要求全国立即暂停活羊跨省调运，以近期流通羊群为追踪溯源重点，开展紧急排查工作。此后，多地感染羊群被陆续发现，传播链条逐渐清晰，多数疫情与活羊跨区域调运密切相关。

此轮疫情传播速度快，波及范围广。在2014年4月1日，单日新增疫点县数达到高峰（32个），随后疫情形势放缓；5月以来，仅个别地区出现零星散发疫情（图9–2）。截至2014年底，261个县发生疫情，涉及22个省份，发病羊38 051只，死亡16 948只，扑杀73 371只（表9–1）。按影响县数多少依次为云南、江苏、湖北、安徽、贵州、浙江和山西（图9–3），约占所有疫情县数的70%；按发病数多少依次为云南、江苏、贵州、新疆、安徽、湖北和山西，约占羊总发病数的78%。调查发现，山羊的发病率可高达100%，死亡率65%以上；绵羊的发病率较低，约25%，死亡率约15%。1岁龄以下的羔羊病死率高达90%以上，怀孕母羊流产率达95%以上。

表 9-1 2013—2014 年全国小反刍兽疫疫情统计

省份	疫情县数（个）	发病数（只）	死亡数（只）	扑杀数（只）
云南	57	8 781	2 635	13 392
江苏	30	8 299	3 989	9 562
湖北	25	2 263	1 162	2 478
安徽	24	2 438	1 566	1 270
贵州	18	3 485	2 138	3 274
浙江	14	956	443	1 426
山西	13	1 937	896	6 150
湖南	12	948	499	3 245
黑龙江	11	806	494	2 047
广西	10	792	433	847
吉林	10	503	262	920
重庆	9	561	302	416
新疆	8	2 562	627	9 828
江西	7	679	601	292
内蒙古	2	1 063	431	5 090
陕西	2	553	155	1 508
河南	2	188	93	962
四川	2	96	8	143
辽宁	2	24	11	56
甘肃	1	951	133	9 803
宁夏	1	116	32	578
广东	1	50	38	84
合计	261	38 051	16 948	73 371

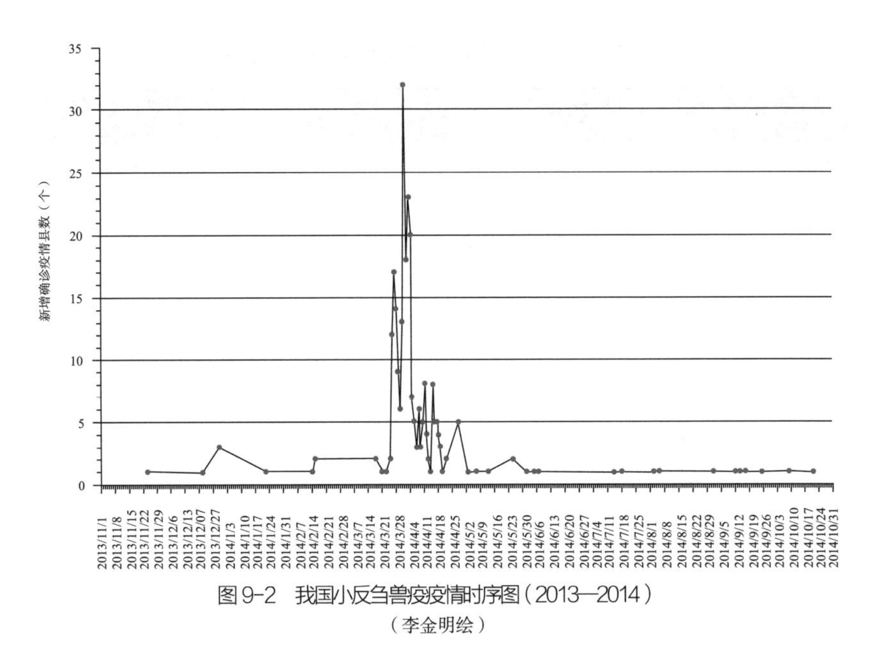

图 9-2　我国小反刍兽疫疫情时序图（2013—2014）

（李金明绘）

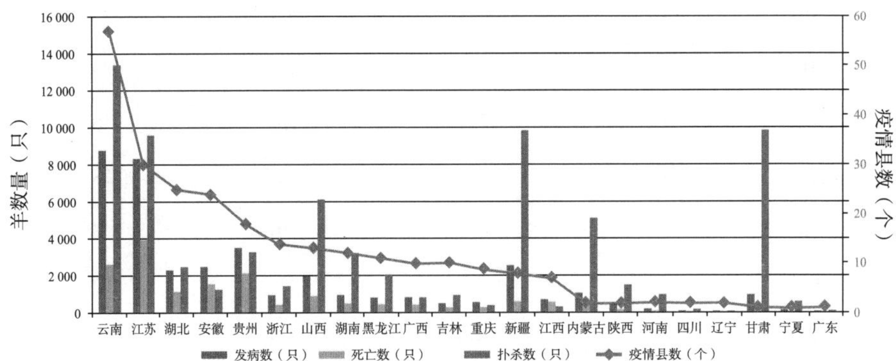

图 9-3　我国各省小反刍兽疫疫情图（2013—2014）

（李金明绘）

基因序列分析表明，引起这轮疫情的病毒流行株也属于第Ⅳ谱系，但与西藏2007年流行株分别属于两个不同的进化小分支[15]。其中，*N*基因片段与疫苗株Nigeria 75/1、西藏流行株（2007）和巴基斯坦流行株（2012）的相似性分别为87.5%、96.5%和98.4%；*F*基因片段与疫苗株Nigeria 75/1、西藏流行株（2007）和巴基斯坦流行株（2012）的相似性分别为92.7%、97.5%和99.7%[16]。流行病学调查分析表明，这轮疫情也是由境外传入，最可能的传播路径是从巴基斯坦传入新疆，经河西走廊等交通干道流入东部省份，活羊交易市场受到病毒污染，再随着各地调运补栏而引起疫情在全国多个省份“多点开花”。

三、野生动物感染情况

2008年1月30日西藏阿里地区在某草场边界处发现岩羊、黄羊等野生动物不明原因死亡现象，还发现了少数处于发病期的岩羊，临床表现为小反刍兽疫症状，四肢无力、行走不稳、眼鼻部有脓性分泌物流出、臀部和大腿上有大量的腹泻物。国家外来动物疫病诊断中心对这起疑似疫情的岩羊病料和血清样品分别进行了PCR和ELISA检测，结果均为阳性，证实岩羊发生了小反刍兽疫感染[5]。

2014年9月30日以来，新疆维吾尔自治区博州哈日图热格林场76–77林班（兵团第五师84团冬草场）在山顶和沟谷中陆续发现野生北山羊死亡现象，截至10月8日共发现死亡北山羊15只。死亡北山羊表现为眼结膜炎、口腔黏膜充血、鼻腔有脓性出血性分泌物，以及偶见带血腹泻等症状。剖检发现支气管肺炎、肺脏充血坏死、肺门淋巴结出血、肝脏肿大呈土黄色、胆囊肿大、胃黏膜出血、大肠黏膜充血、肠系淋巴结肿大及出血、脾脏肿大。经新疆维吾尔自治区动物疫病预防控制中心诊断为疑似小反刍兽疫感染[17]。12月10日，吐鲁番鄯善县辟展乡祖力木提冬窝子附近发现6只死亡北山羊，12月19日，附近又发现2具北山羊尸体，经新疆维吾尔自治区动物疫病预防控制中心诊断为疑似小反刍兽疫感染。12月15日，博州哈日图热格国有林管局乌图布拉格林区阔克塔斯沟发现4只死亡北山羊，死亡原因正在调查。

从野羊发病死亡并可在其体内检出病毒抗原的情况来看，野羊也具有扩散疫情的能力。虽然目前仍缺乏野羊在小反刍兽疫流行中所起作用的详细资料，但可以推断，野羊–家羊界面大小是影响两个群体相互感染并维持循环的重要因素。

四、我国小反刍兽疫流行

（一）境外传入

引起西藏疫情和新疆疫情的毒株均由境外传入，均属第Ⅳ谱系，与周边国家流行毒株一致。N片段基因分析表明，西藏毒株与印度Gujarat省病毒分离株（2005）遗传关系最近，相似性高达98.8%。新疆毒株与巴基斯坦流行株（2012）遗传关系最近，相似性高达98.4%。进一步研究表明，新疆毒株与西藏毒株属于两个不同的进化小分支。

（二）病死率高

疫情传入前，我国羊普遍缺乏对小反刍兽疫病毒的免疫力，部分疫情发病率和病死率高达100%。西藏疫情的平均发病率为47%，平均病死率为28%；2013年以来疫情的平均发病率为42%，平均病死率为45%。病死羊多为山羊，绵羊相对耐受，平均发病率为25%，平均死亡率15%。各年龄的羊均能发病，但1岁以下的羔羊病死率较高，可达90%以上；怀孕母羊流产率可达95%以上。

（三）传播快速

我国活羊交易市场多，大型活羊交易市场业务范围辐射全国，物流交通网络发达，在2～3d内可实现全国通达，春节前后是出栏和补栏旺季，带毒活羊可在短时间内流向多个省份，造成疫情快速大范围传播。

（四）迅速控制

我国政府对小反刍兽疫防控工作高度重视，有完善的应急预案和防治技术规范，并及时印发多个文件指导防控工作，两次传入疫情均被迅速控制，未对养羊生产和羊肉供应造成明显影响，多数疫点为孤立疫点，次生疫情少，未发生连片暴发现象。

五、小反刍兽疫传入与扩散原因

（一）西部边境省份接壤国家小反刍兽疫疫情严重，边境防堵能力不足

1. 与小反刍兽疫流行国家接壤，地缘因素和政治经济因素导致传入风险极高

与我国西部省份（新疆、西藏、云南和广西）接壤的13个国家中，塔吉克斯坦、阿富汗、巴基斯坦、印度、尼泊尔和不丹6个国家小反刍兽疫疫情常年呈地方流行[18]，其余7个国家疫情状况不明，部分国家报告小反刍兽疫血清学监测阳性（如越南[19]，见表9–2）。新疆、西藏、云南、广西4省份陆地边境线长达1.4万km，有86个边境县，54个开放口岸，边贸通道和边境互市点众多，边贸活动频繁。此外，在我国西藏和新疆部分边境地带存在双边过境互牧现象，这也是境外疫情传入的重要因素。综合来看，西部省份小反刍兽疫传入高风险持续存在，特别是新疆，接壤8个国家，边境地区羊存栏量大，极易受到境外疫情影响（图9–4）。

表 9–2　西部边境省份基本情况

	新疆	西藏	云南	广西
接壤国家	塔吉克斯坦[a]、阿富汗[a]、巴基斯坦[a]、印度[a]、蒙古[b]、俄罗斯[b]、哈萨克斯坦[b]、吉尔吉斯斯坦[b]	印度[a]、尼泊尔[a]、不丹[a]、缅甸[b]	越南[b]、老挝[b]、缅甸[b]	越南[b]
边境线长（km）	5 600	3 842	4 000	637
边境县个数	32	21	25	8
开放口岸个数	17	5	20	12
羊存栏量(万只）	3 502	1 526	914	204

注：[a]曾报告疫情，[b]疫情不明。

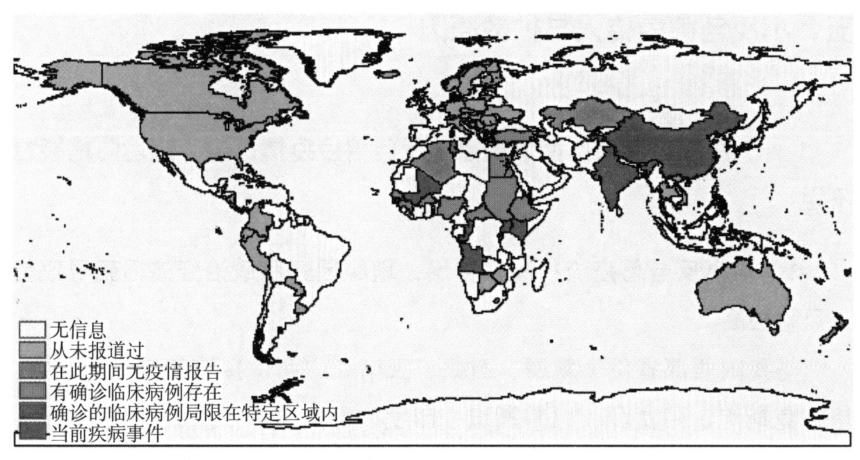

图 9-4　当前全球小反刍兽疫疫情分布图（来源：OIE）

2. 边境防疫工作困难重重，薄弱环节明显，疫情扩散风险高

边境防疫工作困难主要表现在以下3个方面：一是边境线太长，边境地区气候环境条件恶劣，牧区羊群多，分散度高，落实全面免疫难度大；二是防疫工作经费不足，补助偏低，人员队伍不稳定，基层防疫员积极性普遍不高；三是冷链设施缺乏，疫苗质量难以保障，免疫效果难达预期。2007年西藏疫情发生后，国家加强了边境防控，在西藏全境和新疆边境地区对存栏羊群实施强制免疫，构建免疫防堵带。但由于存在种种实际困难，边境地区羊群的免疫密度和免疫效果难以保障，难以达到预期防堵目标；部分偏远地区存在疫情发现和报告盲区，导致疫情潜行扩散。此外，前期以西藏为防堵重点，新疆等其他未发生疫情的省份对该病防控工作重视不够，薄弱环节难以及时整改，导致疫情再次趁虚而入。

（二）养殖和流通模式不利于小反刍兽疫的有效防控

1. 羊的养殖模式多种多样，异地短期育肥发展迅速，养殖场所生物安全水平普遍不高

近年来，随着群众消费水平提高，羊肉的消费量也逐年攀升，受需求量和价格上涨刺激，养羊产业得到了快速蓬勃发展。据《中国畜牧业

年鉴2014》[20]统计，我国2013年羊的养殖量达5.56亿只。在饲养模式上，有游牧、舍饲和放牧–舍饲等不同模式，牧区以放牧为主，农区和半农半牧区以舍饲和半舍饲为主。在饲养规模上，规模化养殖程度不高，传统的小规模饲养占比较高。2012年底年出栏30只以下的养殖场户17 556个，占总场户的89.67%；而年出栏100只以上的养殖场户仅占1.61%[20]。在管理模式上，仍以传统的粗放型管理为主，特别是中小养殖户，从业人员专业水平普遍较低，生物安全管理意识薄弱，缺乏系统的科学养殖和防疫知识。“全进全出”的养殖方式在中小养殖户难以推广，羊贩走村入户贩购活羊现象普遍。在区域分布上，主产区与主消费区吻合性不强。主产区集中在新疆、内蒙古、甘肃，近年来，随着短期育肥模式的迅速推广，河北、山东和江苏等省份也发展为主要的输出大省；主消费区除以羊肉为主要动物蛋白来源的穆斯林聚居地区和牧区之外，还包括经济发展水平较好的东部和南部地区。受消费供求影响，活羊及羊肉跨地区调运数量大、频次高。

2. 移动方式多，活羊交易活跃，调运频繁，流通网络发达，标识追溯体系不健全

带毒活羊移动是导致疫情传播的主要因素，常见的活羊移动方式主要有以下几种：

（1）户外放牧　放牧可以充分利用自然饲草资源，减少粮食消费，降低生产成本，经济灵活，是传统养殖中常见的动物移动方式。户外放牧通常存在多个羊群共用草场、水源的现象，这可在放牧区造成渐进性的连片疫情。

（2）季节转场　在季节性明显的牧区，转场放牧对维持羊群而言极为重要。不同季节牧场之间近则数十千米，远则数百千米。夏季牧场多在高山地区，草场面积大，草质好，气候凉爽，利于抓膘催肥。冬季牧场多在温暖避风、柴草易得的地方，面积一般不大，牲畜停留时间可长达半年左右。同一地区转场大多在相近时间进行，规模浩大，是牧区羊群大规模移动的主要方式。转场由于时间相近，规模大，很容易引发区

域性较大疫情。

（3）市场交易　近年来养羊业发展迅速，不仅中小型活羊交易市场遍布全国，还出现了一批业务范围辐射全国的大型活羊交易市场。活羊市场的羊来源极为复杂，除来自规模养殖场外，还有很大一部分羊是由羊贩走村串户收购而来。此外，还有相当一部分活羊交易不通过市场，而是直接在养殖场完成。据调查，目前多数活羊市场管理并不规范，难以保证带毒活羊不进入或流出市场。由于活羊市场辐射范围广，往往是疫情传播的“风暴中心”，一旦出现感染羊，极易造成疫情“多点开花”。

（4）跨区调运　用于屠宰的羊，多为秋冬季节从主产区流向主消费区；而用于育肥的羊和种羊，则多为春季从育羔区和种羊场流向主产区。这两股流向纵横交错，借助便捷的交通网络，形成了我国独特而复杂的活羊调运格局。用于屠宰的羊直接进入消费环节，传播疫情的风险较小；而育肥羊的调运则是造成疫情跨区域传播的主要因素，是疫病防控的关键。另外，竞技杂技、品种展览用羊也存在跨区调运，但风险相对较低。

（5）种羊租借　为提升生长发育等生产性能，提高饲养效益，利用优良种羊杂交改良是常用方法。种公羊饲养管理成本较高，小型农牧户一般不单独饲养，往往在空怀母羊发情时，租借临近种公羊配种，这一现象在散养户中较为突出。该情况通常会引起小范围的次生疫情。

（6）赠送混群　在部分牧区和农村地区，在走亲访友时有赠送活羊习俗，这些羊有时会被立即宰杀享用，但多数情况下会混群饲养。由于双方距离不远这种情况引起的疫情范围较小。

与牛、猪相比，单只羊的售价较低，除种羊外，饲养期间一般不带耳标，规模场和活羊交易市场多数在羊出场时统一佩戴，而对中小型农村养殖户而言，多数并不佩戴，直接由羊贩收购贩卖；更有甚者，违法贩卖羊耳标或制售假耳标，扰乱管理。这些情况导致疫情追溯时存在诸多盲点，对偏远乡村而言情况尤甚。

（三）国家现行扑杀补助机制不健全，群众缺乏报告疫情积极性

目前，国家对因小反刍兽疫疫情扑杀的羊补助标准为300元/只，其中畜主自己需承担20%，因此，畜主实际仅能得到240元/只的扑杀补助。这一标准与市场价（30元/kg）相差悬殊，难以激励养殖户主动上报疫情。另一方面，根据《小反刍兽疫防控应急预案》[21]疫情处置要求，发病场（户）要作为疫点进行封锁，羊扑杀后需消毒空栏。这些养殖户不仅承受羊群扑杀损失，还会受到乡邻歧视和排斥。调查发现，部分养羊户在发现羊出现异常时，宁肯自己想办法治疗，也不主动报告；有些养羊户会以略低于市场的价格迅速转手，转手率甚至高达5次以上。此外，部分货主怕麻烦，往往对调运途中的死亡羊沿途随意抛弃，对死羊尸体不进行消毒掩埋等无害化处理。群众报告意愿不强，甚至迅速转手、死羊乱弃的行为，也是导致疫情潜行扩散蔓延的重要原因。

（四）除西藏和新疆部分地区免疫过小反刍兽疫疫苗外，其他省份的羊普遍缺乏对小反刍兽疫病毒的抵抗力

2007年西藏发生小反刍兽疫疫情后，在西藏全境和新疆边境地区实施了强制免疫，但全国其他省份没有实施免疫，全国易感羊群数量庞大。据调查，新疆以绵羊为主，占总存栏量的86%。自然饲养情况下，绵羊对小反刍兽疫的抵抗力较强，甚至能自然耐过。因此，当疫情传入新疆后，由于局部地区曾有免疫史或绵羊症状轻微而不被养羊户重视，很可能在当地小范围潜行扩散。而当这些高风险绵羊进入活羊交易市场或通过其他方式与易感羊群接触后，极易引发新的疫情。

综上所述，薄弱的防堵环节、复杂的养殖流通模式、频繁的活羊交易、便捷的交通网络、庞大的易感羊群和落后的补偿机制是造成小反刍兽疫传入和扩散的主要原因。此外，冬春季节天气寒冷多变，动物抵抗力较低，是疫病高发季节；春节前后是羊肉消费旺季，拉动育肥羊出栏上市，入春以后各地又集中补栏，这也是导致疫情迅速扩散的一个季节性因素。

六、未来防控形势研判

（一）疫情形势趋缓，发生区域性重大疫情概率极低

一是易感羊群数量下降，得益于落实移动控制、强制免疫和扑杀病羊等措施，监测数据表明，2014年底全国羊群平均免疫合格率达70%以上。二是群众防范意识提高，政府通过电视、网络、报刊等多种媒体对疫病危害和防范要点进行轮番宣传，营造了良好的群防群控局面。

（二）短期难以根除，个别地区仍会发生零星散发疫情

一是周边国家传入威胁长期存在，健全边境防控不是一日之功；二是前期国内病毒污染面较大，漏免（特别是新生羔羊）、瞒报、漏报等情况时有发生。据报道，2014年7月份至年底，零星发生了12起疫情，多数与活羊非法调运有关。

我国小反刍兽疫防控工作

鉴于小反刍兽疫的严重危害性，OIE将其列为法定报告的动物疫病，我国将其列为一类动物疫病，在《国家中长期动物疫病防治规划（2012—2020年）》[22] 中将其作为重点防范的外来动物疫病之一。

一、小反刍兽疫对我国的危害

我国平均年养羊量高达5.6亿只，年存栏量约占全球的17%。与养牛

和养猪相比，养羊具有投资小、效益高、周转快的优点，是农牧民脱贫致富的优质项目。小反刍兽疫的传入和流行对我国的经济社会发展影响巨大。

（一）直接影响养羊户的生产生活，影响养羊业稳定发展

小反刍兽疫具有病死率高、传播快速的特点，严重威胁养羊业发展。据统计，两次传入疫情共扩散疫点400多个，损失羊10万余只，造成直接经济损失近亿元。养羊户一旦发生疫情，往往导致绝畜。养羊户的经济损失与其饲养数量直接相关，越是养羊大户损失越惨重，养殖信心遭受巨大打击，部分新入行的养羊户发誓永不再养羊。疫情造成的间接经济损失更是不可估量。在当前全国养羊业生物安全水平不高、跨区域调运强度大的情况下，应对“多点开花”式突发疫情，将付出巨大的人力、物力和财力代价，以保证限制动物移动、预防免疫、检疫监管、监测排查等各项措施的落实，这无疑将进一步加重国家动物防疫工作负荷。据测算，2014年仅疫苗款一项，全国财政支出就近1亿元。此外，根据国际贸易协定，发生疫情的国家，不仅在羊及羊产品的出口贸易方面受到严格限制，还将影响其他国际贸易谈判中的话语权。

（二）影响社会稳定和民族团结

随着人民生活水平的提高，羊肉及羊毛羊绒产品消费量越来越大，我国与养羊生产相关的从业人员也越来越多，涉及畜牧、兽医、旅游、餐饮、竞技、纺织等多个行业。疫情带来的负面影响将波及相关行业，引起连锁反应，甚至还会引起企业倒闭、员工下岗、群众上访等重大后果，影响社会稳定。在陆地边疆地区，特别是西藏、新疆和内蒙古，既是养羊大省，又是少数民族聚居区，受风俗习惯和宗教影响，长期以来，羊肉是牧民和穆斯林群众最主要的动物蛋白来源。小反刍兽疫的高病死率危害，加上在疫情处置时，不仅要扑杀病羊，还要扑杀同群

羊，这对当地养羊户来讲，无论是经济上还是心理上，都是极其残酷的打击，往往难以接受，容易引发抵触情绪，甚至激化矛盾，如不能妥善处置，将严重影响农牧民的生产生活，甚至引发民族问题和宗教问题。在一些陆地边境领土争议地区，牧羊戍边往往是我国实际控制领土的重要标志，因此，小反刍兽疫疫情防控在某种程度上还涉及边境领土安全问题。

二、我国开展的防控工作

在我国，小反刍兽疫防控归口农业部管理。小反刍兽疫疫情传入后，农业部高度重视，始终坚持疫病防控与产业稳定“两手抓两手都要硬”的方针，统筹做好各项防控工作。通过加强组织领导、严格疫情处置、深入监测排查、强化免疫预防、加强检疫监管以及加大宣传教育等方式，全面抓好养殖、流通和屠宰各环节的防疫工作，营造群防群控局面，通过上下共同努力，疫情被迅速遏制，全国养羊生产和羊肉供应未受明显影响，防控工作取得阶段性胜利。

（一）国家高度重视，积极应对部署

早在2003年，为应对我国周边国家小反刍兽疫疫情，农业部、质检总局分别发出紧急通知，严防周边国家疫情传入。2007年尼泊尔发生疫情后，质检总局再次发布疫情预警通报。疫情传入西藏以来，国家采取积极稳妥的防控策略，及时出台了《小反刍兽疫防控应急预案》，规范疫情防控工作；并定期召开专家形势分析会，评估疫情风险与防控效果，陆续出台多个政府性文件，及时调整防控措施，要求各地切实落实防控责任，细致指导各时期小反刍兽疫防控工作（表9–3）。两次传入疫情被迅速遏制的实践证明，我国防疫体系运行有效，组织管理科学，工作推进有力有序。为进一步巩固防控成效，我国即将在全国实施小反刍兽疫消灭计划，彻底根除该病。

表 9-3 我国应对小反刍兽疫发布的重要政府性文件

政府性文件名称	文件号	发文日期
农业部关于做好小反刍兽疫防范工作的紧急通知[23]	农办牧[2003]57号	2003年8月28日
质检总局关于严防周边国家小反刍兽疫传入我国的警示	国质检动函[2003]817号	2003年10月10日
质检总局关于防止尼泊尔等周边国家小反刍兽疫传入我国的警示通报[24]	国质检动函[2007]562号	2007年7月17日
小反刍兽疫防控应急预案[25]	农医发[2007]16号	2007年8月3日
质检总局关于进一步做好小反刍兽疫等重大动物疫情防控工作的紧急通知	国质检动函[2007]646号	2007年8月6日
农业部、公安部、铁道部、交通部、海关总署、国家工商总局、国家质检总局、国家林业局、国务院纠正行业不正之风办公室关于加强小反刍兽疫防控工作的紧急通知	农医发[2007]18号	2007年8月7日
农业部办公厅关于进一步加强小反刍兽疫防控工作的通知[26]	农办医[2008]49号	2008年12月15日
质检总局、农业部关于防止以色列小反刍兽疫传入我国的公告[27]	联合公告2011年第160号	2011年11月7日
农业部办公厅关于加强小反刍兽疫防控工作的紧急通知	农办医[2014]2号	2014年1月10日
农业部办公厅关于印发《小反刍兽疫防控工作指导方案》的通知	农办医[2014]6号	2014年2月18日
农业部办公厅关于进一步做好小反刍兽疫防控工作的紧急通知	农办医[2014]12号	2014年3月26日
农业部办公厅关于切实做好小反刍兽疫防控工作的紧急通知	农办医[2014]14号	2014年4月1日
农业部办公厅关于继续做好小反刍兽疫防控工作的通知[28]	农办医[2014]16号	2014年4月10日
农业部办公厅关于加强活羊跨省调运监管工作的通知[29]	农办医[2014]35号	2014年7月3日

（二）健全法律法规，规范疫情处置

我国动物防疫法律法规较为健全，现行的《中华人民共和国动物防疫法》《重大动物疫情应急条例》《小反刍兽疫防控应急预案》和《小反刍兽疫防治技术规范》对疫情发现处置的各个环节进行了规范。对每起疫情，均要求各地严格依法依规处置，及时上报，落实封锁、扑杀、无害化处理等各项扑疫措施，坚决拔除疫点，防止疫情扩散蔓延。农业部还派出工作组靠前指挥，现场督导，2014年累计派出督导工作组18个，确保处置规范。此外，妥善做好安抚工作，对疫情处置过程中扑杀的易感动物，严格核实数目，落实扑杀补助（羊扑杀补助标准300元/只，其中养殖户承担20%），并协助受灾群众恢复生产，维护团结稳定。总体来看，疫点拔除干净利落，处置稳妥有效，扩散风险得到了迅速化解。

（三）加强监测排查，细化疫源追溯

我国动物疫情监测网络体系分为逐级测报体系和直报体系。逐级测报体系由中央、省、地、县四级动物疫情测报网络构成，疫情直报体系由304个国家动物疫情测报站和146个边境动物疫情监测站构成。从2008年起，我国开始在高风险省份（以西藏、新疆为主）实施小反刍兽疫监测计划，重点监测有临床症状的绵羊和山羊以及野生小反刍动物，要求相关省份按要求采集血清学和病原学样品，送中国动物卫生与流行病学中心国家外来动物疫病诊断中心进行实验室检测。截至2014年底，全国已累计监测血清学和病原学样品共6万余份。2013年底新一轮疫情发生后，为及时发现和消除隐患，农业部组织全国各地开展主动监测，对存栏羊群进行全面排查，对高风险区，特别是对从市场引入或从外地调入羊群开展重点排查。调查表明，活羊市场在疫情传播过程中具有循环放大作用，是疫源追溯重点，如山东省济宁、菏泽两地活羊市场与104个县的疫情直接有关。此外，借种、混牧等情况也引起了小范围的次生疫情。通过市场价值链“顺藤摸瓜”式的主动监测，感染羊群在短时间内

被迅速找到，大大降低了疫情进一步传播的风险。2014年6月以后，全国疫情形势平稳，仅有零星散发病例。

（四）限制活羊移动，强化检疫监管

带毒活羊调运是疫情快速传播的主要原因，做好活羊移动监管是防止疫情发生跨区域传播的关键。我国各地区养羊业发展不均衡，地区之间羊肉价格差异较大，活羊跨地区调运活动十分频繁。2007年西藏疫情发生后，疫区严格执行了移动限制措施，通过限制西藏活羊及风险羊产品调出，确保了疫情的迅速控制，并在2010年彻底扑灭；确保了多年来全国其他省份养羊生产未受该病影响。2013年底新疆发生疫情后，新疆也及时采取了限制活羊调出新疆的措施。随着小反刍兽疫防控工作形势变化，2014年3月26日，农业部发文要求有关省份严格限制活羊移动，防止疫情跨区域传播；全国关闭活羊交易市场，暂停活羊跨省调运。为进一步落实移动监管，同年农业部还启动了“提素质、强能力”行动[30]，依法规范出场环节和流通环节的检疫监管，严厉打击瞒报数量、伪造检疫证明、绕过检疫站等违规逃避检疫现象。

（五）实施强制免疫，强化疫苗监管

根据风险评估结果和当地经济社会状况决定疫区和受威胁区的控制策略，一般而言，如果仅通过扑杀和移动控制等措施就能有效控制疫情，不采取免疫措施；但对扩散风险较高、养殖量较大的地区，以及少数民族地区，一般采取强制免疫与扑杀相结合的措施。2007年，西藏阿里地区发生疫情，考虑到当地民族信仰和社会稳定等因素，采取了扑杀与免疫相结合的策略，对西藏全部地区、新疆的边境地区等高风险地区实施强制免疫。2013年新疆疫情发生后，由于疫情随活羊调运扩散迅速，为避免养羊业的严重损失，除个别省份和地区仅采取扑杀策略外，全国基本采取扑杀与免疫相结合的策略，强制免疫到村到户。通过实施免疫预防策略，构筑有效免疫屏障，大大减少了易感动物数量，进一步

降低了小反刍兽疫的流行强度和危害，养羊业发展未受明显影响。我国使用的小反刍兽疫疫苗株为Niger75/1弱毒活疫苗，与国内流行株（第Ⅳ谱系）属于不同的谱系。目前，国内仅有2家企业可生产小反刍兽疫疫苗，分别是新疆天康畜牧生物技术股份有限公司和西藏兽医生物药品制造厂。疫苗质量安全和免疫效果是确保有效预防的关键，农业部每年定期对疫苗生产企业开展飞行检查，持续加强疫苗生产、经营、使用等环节的监管工作；在春秋两季对全国羊群免疫状况进行抽样检查，开展免疫效果评价，及时查漏补缺，特别是新生羔羊的补免工作。

（六）加强边境防堵，严防疫情传入

小反刍兽疫主要分布在非洲、中东和南亚的一些国家和地区，呈常年流行趋势。这些地区以干旱和半干旱气候为主，粮食产量相对不足，畜牧生产以养羊为主（养猪与人争粮），羊肉是当地群众最主要的动物蛋白来源。受地缘因素和经济社会因素影响，阿富汗、巴基斯坦、巴勒斯坦、塔吉克斯坦、印度、尼泊尔和不丹等周边国家对我国威胁最大，不仅引起了我国2007年、2013年疫情，还将对我国产生持续威胁。为应对周边国家疫情传入，我国在边境省份加强了防堵力度，以构建边境免疫防堵带和加强入境检疫为抓手，完善小反刍兽疫防控屏障。近年来，为进一步做好小反刍兽疫等跨境传播动物疫病防控工作，我国积极探索完善边境防控的有效措施和方法，对内强化部门联动，对外强化交流合作，建立健全双边、多边合作机制。下一步，拟在边境沿线，以县为单位划定为边境动物疫病控制区，实施全面强制免疫和限制动物移动等措施，严防疫情再次传入。

（七）重视培训指导，公开疫情信息

在培训指导方面，重点加强边境省份及高风险地区的培训工作。2007年以来，以巡回培训和集中授课等多种方式对兽医业务骨干开展培训，累计3 000余人次，全面提升了基层防疫员对小反刍兽疫的发现、报

告和应急处置能力与水平。在防疫科普方面，重点提高养殖从业人员的防疫常识和防范意识。通过在中央电视台农业军事频道（CCTV–7）播出《小反刍兽疫的识别与防控》[31]节目，在农业部网站[32]、《农民日报》[33]发布防控信息，到场到户发放防疫手册、明白纸和宣传挂图，营造了良好的群防群控局面。在信息发布方面，农业部坚持及时、公开、透明的原则，依法向社会发布疫情信息和防控情况，回应公众关切；同时，向OIE通报相关信息，履行成员国义务。

（八）强化科技支撑，做好技术储备

从2004年开始，我国就全面启动了小反刍兽疫防控技术储备工作，密切跟踪国际疫情动态，培养了大批技术专家，研发了多种快速诊断技术。2011年，发布了《GB/T 27982—2011小反刍兽疫诊断技术》，进一步规范了临床和实验室诊断技术。2014年，OIE大会认定国家外来动物疫病研究中心（中国动物卫生与流行病学中心）为小反刍兽疫OIE参考实验室[34]。该实验室是我国小反刍兽疫等外来动物疫病防控技术支撑部门，负责国家监测计划的起草和实施、疑似样品确诊、疫情紧急流调、防控培训指导、诊断试剂研制、新型疫苗研发、风险评估及政策建议等工作。经过多年研发，国产小反刍兽疫免疫检测试剂盒在敏感性、特异性和稳定性方面均达到了国际商品化试剂盒的水平，并在疑似疫情诊断、调运羊只检疫和监测排查等相关工作中发挥了重要作用。我国在小反刍兽疫VLP疫苗研究方面也取得了突破性进展[35–37]，可以实现小规模生产；当前，正在开展热稳定疫苗和鉴别疫苗的研发工作。

三、全国小反刍兽疫消灭计划

当前，小反刍兽疫被稳定控制，今后一段时期内，小反刍兽疫再次暴发流行的可能性不大，但不排除个别地区还会零星发生。为彻底消灭小反刍兽疫，我国将制订实施全国小反刍兽疫消灭计划[38]。

（一）可行性分析

小反刍兽疫虽然危害严重，但是可防可控。该病不仅是我国计划消灭的动物疫病，也是全球下一步要着力根除的动物疫病。目前，我国已具备了消灭小反刍兽疫的疫苗储备、诊断能力、防控经验和群众基础。

1. 病原特性清楚，适合根除标准

小反刍兽疫病毒生物学特征与牛瘟病毒类似，具有感染谱窄、临床症状明显、耐过可获得终生免疫等特点，符合较易根除的标准[39，40]。2011年全球宣布牛瘟根除，这为根除小反刍兽疫提供了最为宝贵的经验[41，42]。

2. 防控目标明确，消灭意愿迫切

小反刍兽疫传入以来，不少养羊户倾家荡产，全国养羊业受损严重，应急防疫工作也额外增加了国家和地方的财政负担，举国上下根除意愿迫切。此外，小反刍兽疫还是OIE、FAO等国际组织计划下一步在全球根除的动物疫病[43，44]。控制和根除该病不仅是我国防疫战略的需要，还是实现全球“同一个地球，同一个健康”的需要。

3. 防控措施健全，工作基础扎实

我国曾成功根除牛瘟，有成功经验可以借鉴。近年来，我国动物防疫法律法规不断完善，先后修订和出台了《中华人民共和国动物防疫法》《突发重大动物疫情应急条例》等法律法规。2007年，我国西藏首次发现PPR以后，国家又相继出台了《小反刍兽疫防治技术规范》和《小反刍兽疫防控应急预案》等指导性文件，防控工作成效显著。2010年以来西藏再无新发病例。2013年新一轮PPR疫情发生后，农业部及时出台了防控指导意见、跨省调运政策等文件，进一步健全各项防控措施，疫情被迅速控制。各地畜牧兽医部门在疫病发现报告、监测流调、检测确诊、移动监管、免疫扑杀、宣传指导等方面积累了丰富的经验，为进一步根除该病奠定了良好的工作基础。

4. 技术力量雄厚，防控储备充足

小反刍兽疫诊断方法成熟，疫苗保护可靠，我国在病原学和流行病学方面的研究水平已达到世界先进水平，并拥有亚太区唯一的OIE参考实验室，诊断试剂和疫苗的产能能满足消灭工作需要。

（二）技术路线

采取与口蹄疫渐进式防治途径（PCP–FMD）相似的控制、净化和无疫渐进性控制路线，分阶段、分区域实施。坚持内防外堵，以省为单位推进无小反刍兽疫区（以下简称无疫区）建设，逐步在全国范围内消灭小反刍兽疫。免疫地区通过采取扑杀、免疫、监测、移动控制等综合防控措施，降低群体发病率，逐步达到免疫无疫状态，通过评估验收后退出免疫。非免疫或退出免疫地区采取扑杀、监测净化、移动控制等措施，逐步达到非免疫无疫状态。边境省份在陆地边境县建立免疫隔离带，有效降低疫情传入、发生和传播的风险。

1. 控制阶段

该阶段以落实疫苗免疫为主，全面降低易感羊群数量，各地应该严格执行免疫政策，努力确保羊群的免疫密度和免疫合格率达到标准。同时，还应严格执行农业部关于羊群的跨省调运的相关规定，实施严格检疫，引导和鼓励养殖户提升养殖场所生物安全水平，全面降低该病的感染率和发病率，直到达到免疫无疫状态。

2. 净化阶段

各地继续严格执行免疫政策和各项规定，维持无疫状态，确保小反刍兽疫病毒在环境中消失。期间如果出现疫情，应重新返回控制阶段。

3. 无疫阶段

通过免疫无疫评估验收后，强制退出免疫，如发生疫情，执行严格的扑杀措施；同时加大监测力度和边境地区小反刍兽疫防控工作，按照OIE关于小反刍兽疫无疫认证的要求开展各项工作，汇总相关数据，进行小反刍兽疫无疫申请。

（三）措施建议

消灭小反刍兽疫不是朝夕之力，要久久为功，必须时刻做好查漏补缺工作，降低传入和扩散风险，建议继续加强养殖、市场和屠宰各个环节的防疫工作，要着重注意以下几方面。

1. 加强防疫管理

养羊场（户）应加强饲养管理，建立健全卫生防疫制度，做好清洗消毒工作，提高生物安全水平。活羊交易市场应当符合动物防疫条件，并接受动物卫生监督机构的监督检查，进入市场的活羊，必须附有动物检疫合格证明。

2. 做好基础免疫

免疫地区养羊场（户）应按要求做好羊群免疫工作。当地畜牧兽医部门要切实做好免疫记录和免疫效果评价工作，要求档案完整、准确、规范。同时，加强疫苗生产、经营、使用等环节的监管工作，确保疫苗质量和效果。

3. 强化监测预警

中国动物卫生与流行病学中心做好全球疫情动态跟踪和风险预警工作，各地按照《国家动物疫病监测计划》要求做好小反刍兽疫监测与流行病学调查工作。免疫动物群体以病原学监测为主，一旦发现病原学阳性动物，按疫情处置。非免疫动物群体以血清学监测为主，一旦发现血清学阳性动物，立即扑杀并作无害化处理，同群动物隔离观察至少21d。国家级参考实验室做好病毒跟踪监测工作，省级和地市级动物疫病预防控制机构以病原学监测为主，县级动物疫病预防控制机构以血清学监测为主。

4. 落实移动控制

活羊移动应当严格遵循由低风险区向高风险区移动的原则。对继续饲养的羊，经产地检疫合格后，可以从非免疫地区调运至免疫地区，免疫地区之间、非免疫地区之间可以跨区调运；对用于屠宰的羊，经产地检疫合格后，不限制流通。各地动物卫生监督机构应结合当地小反刍兽疫无疫区建设验收情况和检测结果开展产地检疫。通过无疫验收的地区，羊应临床健康；未通过无疫验收的地区，羊除应临床健康外，还应是来自抗体合格的免疫场群或抗体阴性的非免疫场群。同时，加大监督执法力度，督促养羊场（户）严格执行活羊调运相关制度，严厉查处活羊无证调运或违规调运等违法行为，防止疫情跨区域传播。鼓励活羊就近屠宰，冷鲜上市，减少活羊跨区域调运数量。同时也要做好骆驼、鹿等其他易感动物的移动控制。

5. 规范应急处置

各地应加强应急管理，完善应急预案和技术规范，健全应急机制，做好各项应急准备。一旦发生疫情，迅速启动应急响应，对病畜及同群畜进行扑杀并做无害化处理，及时控制疫情，深入开展追溯调查，防止扩散蔓延。对于免疫地区，当地畜牧兽医部门根据疫区和受威胁区易感动物免疫状况，实施紧急免疫。对于非免疫或退出免疫的地区，应对疫区易感动物实施就近急宰；或对疫区易感动物实施紧急免疫，建立免疫隔离带，疫区解除封锁后，所有免疫羊就近集中屠宰。

6. 强化境外疫情防范

边境地区和出入境高风险地区应切实做好进口易感动物及其产品的监督检查工作，严防境外疫情传入，切实落实巡查、消毒等各项防控措施。加强与有关部门协调配合，强化联防联控，按照职责分工落实外来动物疫病防范工作任务，形成防控合力。充分发挥双边和多边合作机制作用，加强沟通与交流，强化跨境动物疫病防控，防止疫情跨境传播。

7. 加强宣传培训

畜牧兽医部门以及行业协会要充分利用网络、电视、电台、报刊等多种媒体，广泛宣传小反刍兽疫防控科普知识，增强养殖者防疫意识。同时，积极引导企业、协会、养殖者和广大消费者等利益相关方参与和支持计划实施。

（四）面临困难

1. 技术层面难题

国际上普遍认为小反刍兽疫康复羊不再排毒，弱毒活疫苗免疫后可提供至少3年的保护力。但是目前对小反刍兽疫病毒造成免疫抑制问题仍然缺乏深入认识，Ezeibe M C 等研究发现，在感染羊康复后数月内的粪便中仍能检出病毒核酸[45]，提示康复羊的粪便可能存在病毒。假若 Ezeibe M C 的研究结果成立，则可解释 ·系列现象，如地方流行地区，疫情严重程度存在一定的季节性、引进新羊群会引起新的疫情（康复羊进入无免疫力的羊群或无免疫力羊进入康复羊群）、长途运输等应激可引发疫情等。但由于日常检疫无法区别是野毒感染康复羊还是疫苗免疫羊，存在康复羊继续流通散毒风险，如何识别并控制这些羊成为一大难点。此外，在全面强制免疫弱毒活疫苗的情况下，是否会造成疫苗株返强，仍然是影响免疫预防策略有效性的关键因素。牛、水牛、骆驼、野生反刍动物在流行病学中的意义尚未进一步明确，一旦进入退出免疫阶段，这些动物是否会引发新疫情?

2. 政策层面难题

最大的政策难题是小反刍兽疫的扑杀补助问题，这是关系群防群控效果的经济基础。如果扑杀补助标准不高，或到位不及时，群众很难有报告主动性，甚至瞒报疫情、转卖病羊，一旦发现，往往就已经进入了扩散性蔓延状态。建议可以考虑引入防疫保险机制，将疫情理赔程序社会化、商业化。由保险公司制订相应的承保方案，经国务院兽医主管部门和保监会共同审核后下发实施，确保扑杀补助及时足额到位。

3. 实施层面难题

实施层面主要指各地落实各项政策措施的效果。防疫如防火，留不得任何死角。在全面强制免疫的情况下，敌人（病毒）在哪里？面对年平均2.8亿的存栏量，如何做到只只免疫？是否有免疫保护力不好的羊群存在？是否要只只检疫以识别这些羊群并进行补免？虽然我国兽医队伍已较为健全，村级防疫员有64万多人，但要落实上述只只免疫、只只检疫措施，现有兽医体系人员负荷能力则严重不足，更不用说很多地区存在基层防疫员待遇不高、队伍不稳定的情况。面对这一问题，笔者建议检疫工作社会化，由具备资质的公司负责出栏羊群的检测并出具检测报告，兽医执法监督人员则负责过程监督，从而全面提高工作效率和管理水平。

参考文献

[1] 王志亮，包静月，吴晓东，等．我国首例小反刍兽疫诊断报告 [J]. 中国动物检疫，2007,(8): 24–26.

[2] 王乐元，次真，吴国珍，等．中国西藏小反刍兽疫的发生状况与防控 [J]. 畜牧兽医学报，2011,(5): 717–720.

[3] 农业部网站．西藏日土县发生小反刍兽疫疫情 [EB/OL]．http://www.moa.gov.cn/zwllm/yjgl/yqfb/201006/t20100602_1498101.htm. 2015/03/22.

[4] 陆则基，王志亮，刘雨田，等．西藏阿里地区小反刍兽疫流行病学调查研究 [J]. 中国动物检疫，2008,(12): 44–47.

[5] BAO J, WANG Z, LI L, et al.Detection and genetic characterization of peste des petits ruminants virus in free-living bharals (Pseudois nayaur) in Tibet, China [J]. Res Vet Sci, 2011,90(2): 238–240.

[6] 农业部网站．新疆伊犁州霍城县发生一起小反刍兽疫疫情 [EB/OL]. http://www.moa.gov.cn/zwllm/yjgl/yqfb/201312/t20131205_3699251.htm. 2015/03/22.

[7] 农业部网站．新疆哈密地区哈密市发生一起小反刍兽疫疫情 [EB/OL]．http://www.moa.gov.cn/zwllm/yjgl/yqfb/201312/t20131226_3725359.htm. 2015/03/22.

[8] 农业部网站．新疆巴州轮台县发生一起小反刍兽疫疫情 [EB/OL]．http://www.moa.gov.cn/zwllm/yjgl/yqfb/201401/t20140102_3729567.htm. 2015/03/22.

[9] 农业部网站．新疆阿克苏地区库车县、柯坪县发生两起小反刍兽疫疫情 [EB/OL]．http://www.moa.gov.cn/zwllm/yjgl/yqfb/201401/t20140103_3730711.htm. 2015/03/22.

[10] 农业部网站．甘肃省武威市古浪县发生一起小反刍兽疫疫情 [EB/OL]．http://www.moa.gov.cn/zwllm/yjgl/yqfb/201401/t20140124_3748583.htm. 2015/03/22.

[11] 农业部网站．内蒙古自治区巴彦淖尔市发生一起小反刍兽疫疫情 [EB/OL]．http://www.

moa.gov.cn/zwllm/yjgl/yqfb/201402/t20140217_3764785.htm. 2015/03/22.

[12] 农业部网站 . 宁夏吴忠市盐池县发生一起小反刍兽疫疫情 [EB/OL] . http://www.moa.gov.cn/zwllm/yjgl/yqfb/201402/t20140218_3768525.htm. 2015/03/22.

[13] 农业部网站 . 辽宁省锦州市发生一起小反刍兽疫疫情 [EB/OL] . http://www.moa.gov.cn/zwllm/yjgl/yqfb/201403/t20140321_3824819.htm. 2015/03/22.

[14] 农业部网站 . 湖南省邵阳市洞口县发生一起小反刍兽疫疫情 [EB/OL] . http://www.moa.gov.cn/zwllm/yjgl/yqfb/201403/t20140325_3828520.htm. 2015/03/22.

[15] 王清华 , 刘春菊 , 吴晓东 , 等 . 新疆小反刍兽疫疫情诊断 [J]. 中国动物检疫 , 2014,(1): 72–75.

[16] WU X, LI L, LI J, et al.Peste des petits ruminants viruses re-emerging in China, 2013–2014 [J]. Transbound Emerg Dis, 2015.

[17] 农业部 . 博州林业局采取措施处置疑似北山羊小反刍兽疫疫情 [EB/OL] . http://www.xjboz.gov.cn/content.aspx?id=278994604591 2015/03/22.

[18] BANYARD A C, PARIDA S, BATTEN C, et al.Global distribution of peste des petits ruminants virus and prospects for improved diagnosis and control [J]. J Gen Virol, 2010, 91(Pt 12): 2885–2897.

[19] MAILLARD J C, VAN K P, NGUYEN T, et al.Examples of probable host-pathogen co-adaptation/co-evolution in isolated farmed animal populations in the mountainous regions of North Vietnam [J]. Ann N Y Acad Sci, 2008, 1149: 259–262.

[20] 中国畜牧兽医年鉴编辑委员会 . 中国畜牧兽医年鉴 2014[M]. 北京 : 中国农业出版社 ,2015.

[21] 农业部 . 小反刍兽疫防控应急预案 [EB/OL] . http://www.moa.gov.cn/sjzz/syj/yingji/201006/t20100606_1535532.htm. 2015/03/22.

[22] 中华人民共和国中央人民政府网站 . 国务院办公厅关于印发国家中长期动物疫病防治规划 (2012—2020 年) 的通知 [EB/OL] . http://www.gov.cn/zwgk/2012–05/25/content_2145581.htm. 2015/03/22.

[23] 农业部关于做好小反刍兽疫防范工作的紧急通知 [EB].

[24] 国家质量监督检验检疫总局网站 . 关于防止尼泊尔等周边国家小反刍兽疫传入我国的警示通报 [EB/OL] . http://dzwjyjgs.aqsiq.gov.cn/fwdh_n/jstb/2007/201105/t20110530_185900.htm. 2015/03/22.

[25] 小反刍兽疫防控应急预案 [EB].

[26] 农业部网站 . 农业部办公厅关于进一步加强小反刍兽疫防控工作的通知 [EB/OL] . http://www.moa.gov.cn/zwllm/xzzf/200903/t20090306_1230906.htm. 2015/03/22.

[27] 国家质量监督检验检疫总局网站 . 国家质量监督检验检疫总局《关于防止以色列小反刍

兽疫传入我国的公告》(2011 年第 160 号公告) [EB/OL] . http://www.aqsiq.gov.cn/zwgk/jlgg/zjgg/2011/201112/t20111229_205998.htm. 2015/03/22.

[28] 农业部网站 . 农业部办公厅关于继续做好小反刍兽疫防控工作的通知 [EB/OL] . http://www.moa.gov.cn/govpublic/SYJ/201404/t20140411_3847701.htm. 2015/03/22.

[29] 农业部网站 . 农业部办公厅关于加强活羊跨省调运监管工作的通知 [EB/OL] . http://www.moa.gov.cn/govpublic/SYJ/201407/t20140703_3957776.htm. 2015/03/22.

[30] 农业部网站 . 农业部关于开展全国动物卫生监督“提素质　强能力”行动的通知 [EB/OL] . http://www.moa.gov.cn/govpublic/SYJ/201405/t20140508_3897605.htm. 2015/03/22.

[31] 郝卫芳，李赟，史新涛 . 羊小反刍兽疫疫情的分析与防控思考 [J]. 畜牧与饲料科学，2015,(1): 113–115.

[32] 农业部网站 . 小反刍兽疫防控知识问答 [EB/OL] . http://www.syj.moa.gov.cn/dwybfk/201402/t20140219_3790556.htm. 2015/03/22.

[33] Designation of OIE Reference Laboratories for terrestrial animal diseases. The 82nd General Session of the World Assembly of Delegates of the World Organisation for Animal Health 2014. PARIS [EB/OL] . http://www.oie.int/doc/ged/D13622.PDF. 2015/03/22.

[34] LIU F, WU X, ZOU Y, et al.Peste des petits ruminants virus-like particles induce both complete virus-specific antibodies and virus neutralizing antibodies in mice [J]. J Virol Methods, 2014,213: 45–49.

[35] LIU F, WU X, ZHAO Y, et al.Budding of peste des petits ruminants virus-like particles from insect cell membrane based on intracellular co-expression of peste des petits ruminants virus M, H and N proteins by recombinant baculoviruses [J]. J Virol Methods, 2014,207: 78–85.

[36] LIU F, WU X, LI L, et al.Formation of peste des petits ruminants spikeless virus-like particles by co-expression of M and N proteins in insect cells [J]. Res Vet Sci, 2013,96(1): 213–216.

[37] 农业部网站 . 农业部办公厅关于征求《全国小反刍兽疫消灭计划 (征求意见稿)》意见的函 [EB/OL] . http://www.moa.gov.cn/govpublic/SYJ/201410/t20141021_4111113.htm. 2015/03/22.

[38] DOWDLE W R.The principles of disease elimination and eradication [J]. Bull World Health Organ, 1998,76 （Suppl2）: 22–25.

[39] RWEYEMAMU M M,CHENEAU Y.Strategy for the global rinderpest eradication programme [J]. Veterinary Microbiology, 1995,44(2–4): 369–376.

[40] YAMANOUCHI K.Scientific background to the global eradication of rinderpest [J]. Veterinary Immunology and Immunopathology, 2012,148(1–2): 12–15.

[41] DE SWART R L, DUPREX W P,OSTERHAUS A D M E.Rinderpest eradication: lessons for measles eradication? [J]. Current Opinion in Virology, 2012,2(3): 330–334.

[42] The 82nd general session of the world assembly of delegates of the World Organisation for

Animal Health. Global control and eradication of peste des petits ruminants[C]. PARIS: OIE, 2014.

[43] FAO Peste des petits ruminants [EB/OL] . http://www.fao.org/ppr/en/. 2015/03/22.

[44] EZEIBE M C, OKOROAFOR O N, NGENE A A, et al.Persistent detection of peste de petits ruminants antigen in the faeces of recovered goats [J]. Trop Anim Health Prod, 2008, 40(7): 517–519.

附　件

OIE《陆生动物卫生法典》（2014）有关小反刍兽疫的规定

（译者注：本文所指的“羊”，除野羊外，均包括绵羊和山羊。）

第14.7章　小反刍兽疫病毒感染

第14.7.1条

一般规定

小反刍兽疫（PPR）的易感动物主要是家羊（包括绵羊与山羊），尽管牛、骆驼、水牛以及某些野生反刍动物也可感染，并可充当哨兵动物，指示小反刍兽疫病毒（PPRV）是否从家养小反刍动物中逸出。即便某些野生小反刍动物能够感染，但也只有家羊具有重要的流行病学意义。

在本法典中，PPR定义为家羊的PPRV感染。

本章不仅涉及导致临床症状的PPRV感染，也涉及不表现临床症状的PPRV感染。

发生PPRV感染的定义如下：

1）从家羊或其产品中，分离并鉴定出疫苗株以外的PPRV；或者

2）从出现PPR临床症状的，或者与PPR疫情有流行病学关联的，或者怀疑与PPR有关联或接触的家养羊样品中，鉴定出疫苗株之外的PPRV特异性病毒抗原或核酸；或者

3）从与确诊或疑似PPR疫情有流行病学关联的，或者与近期PPRV感染临床症状一致的家羊中，鉴别出非疫苗接种所产生的PPRV抗体。

本法典将小反刍兽疫（PPR）的潜伏期定为21d。

诊断试验和疫苗标准见《陆生动物诊断试验与疫苗手册》。

第14.7.2条

安全商品

在批准下列商品进口或过境时，无论出口国或地区的PPR状况如何，兽医主管部门都不得提出与PPR有关的条件要求：

经制革业所使用的常规化学与机械方法处理过的半成品皮张和皮革（浸灰皮、浸酸皮及半成革，如蓝湿皮和坯革）。

第14.7.3条

PPR无疫国或无疫区

1）以下标准适用于判定一个国家或地区的PPR状况：

a）在全境内将PPR作为必须通报疫病，并且对所有PPR可疑症状均进行了恰当的现场或实验室调查；

b）实施了持续的宣传计划，鼓励报告所有PPR可疑病例；

c）禁止对PPR进行全面免疫；

d）家养反刍动物及其精液、卵或胚胎的进口遵守了本章规定；

e）兽医主管部门知晓并有权管理这一国家或地区的所有家羊；

f）监测措施恰当、到位，保证无临床症状的感染亦能被检出；通过实施符合第14.7.27至14.7.33条要求的监测计划，可实现这一目的。

2）要纳入PPR无疫国或无疫区名录，OIE成员必须：

a）按1.4.6条第1点规定，申请历史无疫认证；或者

b）向OIE提交以下材料，申请无疫认证：

i）动物疫病的定期报告与快报记录；

ii）一份包含以下内容的声明：

——在过去24个月中未发生PPR疫情；

——在过去24个月中未发现PPRV感染的证据；

——在过去24个月中未进行PPR疫苗免疫；

——家养反刍动物及其精液、卵或胚胎的进口遵循了本章规定；

iii）提交材料证明：符合第1.4章规定的监测工作处于运行状态，且PPR日常防控措施已得到实施；

iv）提供材料证明：自停止免疫后，未进口PPR免疫过的动物。

只有在申请和所提交的证据得到OIE认可后，成员才会被纳入PPR无疫名录。在出现流行病学变化或其他重大事件时，应按第1.1章规定向OIE报告。要保留在无疫名录中，需每年按上述第2）项要求重新确认。

第14.7.4条

PPR无疫生物安全隔离区

在有或无PPR的国家或地区均可建立PPR无疫生物安全隔离区。此类生物安全隔离区的界定应遵循第4.3和4.4章的原则进行。应通过实施有效的生物安全管理体系，将PPR无疫生物安全隔离区中的羊与其他任何易感动物分开。

要建立PPR无疫生物安全隔离区的成员应做到：

1）具备动物疫病定期报告与快报记录，而且，如果不是PPR无疫国或无疫区，还应具备符合14.7.27至14.7.33条规定的官方控制计划和监测体系，以准确掌握该国家或地区PPR的流行情况。

2）声明PPR无疫生物安全隔离区：

a）在过去24个月中未发生过PPR疫情；

b）在过去24个月中未发现PPRV感染的证据；

c）禁止针对PPR进行免疫；

d）在过去24个月中，生物安全隔离区内的所有小反刍动物都未接受过PPR疫苗免疫；

e）进入生物安全隔离区的动物、精液与胚胎，均符合本章相关条款；

f）有材料证明：具备符合第14.7.27至14.7.33条规定的监测；

g）具备符合第4.1和4.2章规定的标识与追溯体系。

3）对生物安全隔离区中所饲养的动物亚群和防止PPRV感染的生物安全计划进

行详细描述。

生物安全隔离区需经兽医主管部门批准。

第14.7.5条

PPRV感染国或感染区

某个国家或地区不满足PPR无疫要求时，将被视为PPRV感染国或感染区。

第14.7.6条

在PPR无疫国或无疫区建立感染控制区

在PPR无疫国或无疫区（包括保护区）发生少量疫情的情况下，为减少对整个国家或地区的影响，可以建立一个囊括所有病例的感染控制区。

为达到这一目的，并使成员充分得益于此，其兽医部门应尽快向OIE提交以下记录在案的证据：

1）基于以下因素，暴发数量有限：

a）发现疑似疫情时，立即开展了包括通报在内的快速反应；

b）停止了动物移动，并对本章涉及的其他商品实施了有效的移动控制；

c）完成了流行病学调查（包括溯源与追踪）；

d）确诊了感染；

e）确认了最初疫情，并对此疫情的可能来源进行了调查；

f）所有病例都显示出流行病学关联；

g）在对最后检出的病例完成扑杀后的至少2个潜伏期内（见第14.7.1条），感染控制区内未发现新的病例。

2）实施了扑杀政策。

3）对感染控制区内的易感动物群进行了明确的标识，标明其属于感染控制区。

4）在该国家或地区的其他区域，增加了符合第14.7.27至14.7.33条规定的被动和定向监测，未发现任何感染证据。

5）实施了涵盖物理及地理屏障在内、能有效防止PPRV传播到该国家或地区其他区域的动物卫生措施。

6）在感染控制区实施了持续的监测。

感染控制区在建期间，暂停该区域以外其他地区的无疫状态。感染控制区一经建成，如符合上述6点要求，不考虑第14.4.7条如何规定，可恢复该国家或地区感染控制区外其他区域的无疫状态。应证明用于国际贸易的商品来自于感染控制区之外。

恢复感染控制区PPR无疫状态，应遵循第14.7.7条规定。

第14.7.7条

恢复无疫状态

如果PPR无疫国或无疫区发生PPR疫情或PPRV感染时实施了扑杀政策，且遵守了第14.7.32条规定，那么在屠宰完最后一个病例的6个月后，可恢复其无疫状态。

如果未实施扑杀政策，则按第14.7.3条规定执行。

第14.7.8条

关于从PPR无疫国或无疫区进口的建议

<u>对家羊</u>

兽医主管部门应要求出具国际兽医证书，证明动物：

1）在装运之日无PPR临床症状；

2）出生以来或至少在过去21d，一直饲养在PPR无疫国或无疫区。

第14.7.9条

关于从PPR无疫国或无疫区进口的建议

<u>对野生反刍动物</u>

兽医主管部门应要求出具国际兽医证书，证明动物：

1）在装运之日无PPRV感染的可疑临床症状；

2）来自PPR无疫国或无疫区；

3）如动物的原产国或地区与感染PPRV的某国存在共同的边境，则：

a）动物应是在离边境有一定距离、可排除与感染国动物接触的地点捕获的。这一距离应根据出口物种的生物学特性（包括领地范围及远距离移动情况）进行界定；或者

b）于装运前，在检疫站内隔离了至少21d。

第14.7.10条

关于从PPR感染国或感染区进口的建议

对家羊

兽医主管部门应要求出具国际兽医证书，证明动物：

1）至少在装运前21d内无PPRV感染的可疑临床症状。

2）符合下列条件之一：

a）出生以来或至少在装运前21d，一直饲养在无PPR病例报告的养殖场内，且该养殖场不位于PPRV感染区；或者

b）于装运前，在检疫站内隔离了至少21d。

3）符合下列条件之一：

a）从未接种过PPR疫苗，且在装运前21d内接受了PPRV感染诊断检测，结果为阴性；或者

b）至少在装运前21d，用PPRV弱毒苗进行了免疫。

第14.7.11条

关于从PPRV感染国或感染区进口的建议

对野生反刍动物

兽医主管部门应要求出具国际兽医证书，证明动物：

1）在装运之日无PPRV感染的可疑临床症状；

2）在装运前21d内接受了PPRV感染诊断检测，结果为阴性；

3）于装运前，在检疫站内隔离了至少21d。

第14.7.12条

关于从PPR无疫国或无疫区进口的建议

对家羊精液

兽医主管部门应要求出具国际兽医证书，证明供精动物：

1）在采精之日及此后21d内无PPR临床症状；

2）在采精前至少21d内，一直饲养在PPR无疫国或无疫区。

第14.7.13条

关于从PPRV感染国或感染区进口的建议

对家羊精液

兽医主管部门应要求出具国际兽医证书，证明供精动物：

1）在采精前后各至少21d内无PPRV感染的可疑临床症状；

2）在采精前至少21d内，一直饲养在某一养殖场或人工授精中心，且这些场地在此期间无PPR报告病例，也不位于PPRV感染区，且在采精前21d内未输入任何动物；

3）从未接种过PPR疫苗，并且在采精之日至少21d前接受了PPRV感染的诊断检测，结果为阴性；或者

4）在采精之日至少21d前，曾接种过PPRV弱毒活疫苗。

第14.7.14条

关于从PPR无疫国或无疫区进口的建议

对家羊和圈养野生反刍动物胚胎

兽医主管部门应要求出具国际兽医证书，证明：

1）在采集胚胎前至少21d内，供体母畜饲养在PPR无疫国或无疫区的养殖场；

2）胚胎的收集、处理和贮存符合第4.7章、第4.8章和第4.9章的相关规定；

3）用于卵细胞受精的羊精液至少符合第14.7.12或14.7.13条的要求。

第14.7.15条

关于从PPRV感染国或感染区进口的建议

对家羊胚胎

兽医主管部门应要求出具国际兽医证书，证明：

1）供体母畜：

a）以及同一养殖场内其他所有动物，在采集胚胎时及此后21d内无PPRV感染的可疑临床症状；

b）在采集前至少21d内，一直饲养在期间无PPR病例报告的养殖场内，且在采集前21d内未输入任何易感动物；

c）从未接种过PPR疫苗，且在采集之日至少21d前接受了PPRV感染的诊断检测，结果为阴性；或者

d）在采集胚胎之日至少21d前，曾接种过PPRV弱毒活疫苗。

2）胚胎的采集、处理和贮存符合第4.7章、第4.8章和4.9章的相关规定。

3）用于卵细胞受精的羊精液至少符合第14.7.12或14.7.13条的要求。

第14.7.16条

关于从PPRV感染国或感染区进口的建议

对圈养野生反刍动物胚胎

兽医主管部门应要求出具国际兽医证书，证明：

1）供体母畜：

a）在采集胚胎前至少21d内无PPRV感染的可疑临床症状；

b）未接种过PPR疫苗，且在采集之日至少21d前接受了PPRV感染的诊断检测，结果均为阴性；

c）在采集前至少21d内，一直饲养在期间无PPR病例或PPRV感染报告的养殖场内，且在采集前21d内未输入任何易感动物。

2）胚胎的采集、处理和贮存符合第4.7章、第4.8章和4.9章的相关规定。

第14.7.17条

关于进口鲜肉及肉制品的建议

兽医主管部门应要求出具国际兽医证书，证明所有托运的鲜肉或肉制品源自于符合以下条件的动物：

1）屠宰前24h内无PPR临床症状；

2）在认可的屠宰场内屠宰，经宰前和宰后检验合格。

第14.7.18条

关于从PPR无疫国或无疫区进口的建议

对羊乳及乳制品

兽医主管部门应要求出具国际兽医证书，证明这些产品来源于至少在挤奶前21d一直饲养在PPR无疫国或无疫区的动物。

第14.7.19条

关于从PPRV感染国或感染区进口的建议

对羊乳

兽医主管部门应要求出具国际兽医证书，证明：

1）羊乳

a）来源于收奶时未因PPR受到任何限制的畜群；或者

b）按照第8.7.38及8.7.39条的规定，对羊乳进行了加工，确保杀灭了PPRV。

2）采取了必要的预防措施，以避免产品与任何PPRV潜在来源接触。

第14.7.20条

关于从PPRV感染国或感染区进口的建议

对羊乳制品

兽医主管部门应要求出具国际兽医证书，证明：

1）这些产品来源于符合第14.7.19条要求的羊乳；

2）在加工后采取了必要的预防措施，以避免乳制品与任何PPRV潜在来源接触。

第14.7.21条

关于从PPR无疫国或无疫区进口的建议

对乳、鲜肉及乳制品、肉制品之外的羊产品

兽医主管部门应要求出具国际兽医证书，证明：

1）这些产品来源于自出生以来或至少在过去21d内一直饲养在PPR无疫国或无疫区的动物；

2）在认可的屠宰场内屠宰，经宰前和宰后检验合格。

第14.7.22条

关于从PPR感染国或感染区进口的建议

对羊血粉、肉粉、脱脂骨粉及蹄、爪和角粉

兽医主管部门应要求出具国际兽医证书，证明：

1）这些产品已经过热处理，确保杀灭PPRV。

2）加工后采取了必要的预防措施，以避免商品接触潜在的PPRV来源。

第 14.7.23 条

关于从PPR感染国或感染区进口的建议

对羊蹄、爪、骨、角、狩猎品及博物馆陈列用相关产品

兽医主管部门应要求出具国际兽医证书，证明产品：

1）完全干燥，无任何皮肤、肌肉或肌腱残留，或已经过充分的消毒；且

2）加工后采取了必要的预防措施，以避免商品接触潜在的PPRV来源。

第 14.7.24 条

关于从PPR感染国或感染区进口的建议

对羊绒、毛及大小生皮

兽医主管部门应要求出具国际兽医证书，证明这些产品：

1）已按照第8.7.37条规定的程序，在出口国兽医主管部门认可和管控的场所中进行了充分处理；

2）加工后采取了必要的预防措施，以避免商品接触潜在的PPRV来源。

第 14.7.25 条

关于从PPR感染国或感染区进口的建议

对羊源性药用或外科用产品

兽医主管部门应要求出具国际兽医证书，证明这些产品：

1）来源于在认可的屠宰场内屠宰、经宰前和宰后检验合格的动物；

2）已按照第8.7.29条或第8.7.34至8.7.37条规定的适当程序，在出口国兽医主管部门认可和管控的场所中进行了处理，确保杀灭PPRV。

第14.7.26条

羊肠衣中PPRV的灭活程序

要灭活羊肠衣中的PPRV，应遵循以下程序：用干食盐（NaCl）或饱和盐水（水分活度aw<0.80），或者用含86.5%NaCl、10.7%Na_2HPO_4和2.8%Na_3PO_4（*w/w/w*）的干燥加磷盐或其饱和溶液（aw<0.80），在全程不低于20℃的条件下，连续处理30d以上。

第14.7.27条

监测概述

第14.7.27至14.7.33条按第1.4章的要求界定了PPR监测原则并提供了PPR监测指南，供有意申请PPR无疫认证的成员采用。同时，也为有意保持和在疫情发生后有意恢复PPR无疫状态的成员提供了指导。

证明PPR无疫时，所采用的一定置信度水平的监测策略应与当地情况相适应。PPR疫情的严重程度会随着动物临床表现的不同而有所差异，这反映了动物对PPRV抵抗力以及感染毒株在毒力上的差异。经验显示，依据一系列预先确定的临床症状（如查找“口炎–肺肠炎综合征”）实施监测，会增进监测体系的敏感性。对特急性病例，其表现的症状可能是突然死亡。对亚急性（温和）病例，其临床症状并不规律，难以发现。

如果易感畜种及其野生种群同时存在，在设计监测策略时，应将其包括在内。

PPR监测应是一项旨在证实整个国家或整个地区无PPRV感染的持续计划。

第14.7.28条

监测的总体要求及通用方法

1）按第1.4章所建立的监测体系应由兽医主管部门负责。监测体系中应包含从疑似病例快速采集样品并快速运至PPR诊断实验室的步骤。

2）PPR监测计划应：

a）包含贯穿整个生产、销售和加工链条的疑似病例报告预警体系。与家畜每天接触的农场主、工人及动物疫病诊断人员，对任何PPR疑似病例均应迅速报告。政府的信息项目及兽医主管部门应给上述人员提供直接或间接的支持（如通过私人兽医或兽医辅助人员）。对于所有如口炎–肺肠炎综合征等符合PPR症状的重大流行病学事件都应马上报告并立即调查。在流行病学与临床调查不能解除疑问时，应采集样品并提交实验室检测。这就要求负责监测的人员具有采样箱及其他设备，而且必要时能得到PPR诊断与控制专家组的帮助。

b）对于高风险群的动物，如靠近PPRV感染国的动物，应实施定期和经常的临床检查与血清学检测。

有效的监测体系将时而发现PPR可疑症状，需予以跟踪和调查，以确定该症状是否由PPRV引发。在不同的流行病学情况下，这类疑似病例的发生率会有所不同，因而不能做出可靠的预测。因此，在进行PPRV感染无疫申请时，应提供有关疑似病例发生、调查和处置的详细情况。这包括实验室检测结果和调查期间对相关动物所实施的控制措施（如隔离检疫、移动禁令等）。

第14.7.29条

监测策略

1．临床监测

临床监测的目的是通过临近体检发现PPR临床症状。临床监测与流行病学调查是所有监测体系的基石，应通过诸如病毒学监测和血清学监测等附加策略予以支持。如果检查了足够多数量的临床疑似动物，则临床监测可以为发现疫病提供高水平的置信度。发现临床病例后，必须采集适当的样品（如眼鼻拭子、血样或其他组织样品）进行病毒分离或其他病毒学检测。发现疑似动物并采样检测的单位在完成全面调查之前，应划为感染单位。

对于临床疫病的主动查找可包括参与式疫病搜寻、溯源、追踪和跟踪调查。参与式监测是依靠各种方法获取畜主对疫病流行情况和流行模式看法的一种定向主动监测形式。

对实施临床检查所涉及的人力需求和后勤保障困难应考虑在内。

可将分离到的PPRV送交OIE参考实验室做进一步定性。

2．病毒学监测

考虑到PPR属于无带毒状态的急性感染，病毒学监测应仅对临床疑似病例实施。

3．血清学监测

血清学监测旨在发现PPRV抗体。阳性抗体检测结果可来自以下4种情况：

a）PPRV自然感染；

b）PPR疫苗免疫；

c）母源抗体（小反刍动物的母源抗体最多只能在6月龄内检出）；

d）异嗜性（交叉）及其他非特异性反应。

因其他调查目的所采集的血清也可用于PPR监测，但不能违背本章所描述的调查原则和为准确查明PPRV是否存在的统计学要求。

对血清学阳性反应聚集出现的情况应有所预见。这种情况可能反映出系列事件中的某个方面，包括但不限于：抽样群体的动物统计、疫苗暴露或PPRV野毒感染。由于聚集现象有可能是由野毒株感染造成的，因此，在调查设计之中应包含对所有这种情况的调查。

随机或定向血清学调查的结果十分重要，它能为一个国家或地区提供无PPRV感染的可靠证据，因此，应对调查进行充分记录。

第14.7.30条

野生动物监测

当某一易感野生动物种群可作为哨兵动物指示PPRV从家羊逸出时，应收集血清学监测数据。

在某一区域进行密切合作，有助于从野生动物监测中获取有意义的数据。目的性抽样和机会性抽样两种方法均可获取供国家或OIE参考实验室分析的材料。之所以需要后者，是因为很多国家的设施不足以完成野生动物血清中PPRV抗体检测的全部程序。

定向抽样是为PPRV感染状况评估提供野生动物数据的首选方法。实际上，大多数国家开展野生动物抽样的能力都很低。不过，可从猎物中获得样品，这可能会提供有用的背景信息。

第 14.7.31 条

成员申请OIE对PPR无疫状态认可的附加监测要求

监测项目的策略与设计，应根据国家或地区内部与周边的流行情况而定，并应按第14.7.3条所描述的无疫状态认证要求和本章所描述的方法进行计划及实施，以证明在连续24个月内无PPRV感染。这需要一家实验室支持，以便通过病毒、抗原或病毒核酸及抗体检测确定PPRV感染。

旨在确定疫病和感染的监测，其目标群体应覆盖拟认可区域内（国家或地区）的显著数量的群体。

所采用的监测策略应基于随机与定向抽样的合理组合，使监测与目标相一致，即能够证明：在一个可接受的统计置信度水平上，无PPRV感染。抽样频率应视流行病学情况而定。基于风险的方法（如基于特定地点或物种感染可能性的增加）可用于完善监测策略。OIE成员应证明：其选用的监测策略符合第1.4章要求和流行病学实际情况，能足以发现PPRV感染的存在。例如，专门针对可能出现明显临床症状的特定亚群实施临床监测（定向监测），也是可以的。

应考虑到PPRV存在的风险因素，包括：

1）历史疫病流行方式（情况）；

2）关键群体的规模、结构及密度；

3）家畜养殖与饲养体系；

4）移动与接触模式，如市场以及其他与贸易有关的移动；

5）毒株的毒力与感染性。

用于检测的样本量应足够大，即使感染以预设的最低流行率发生，也能够检出。样品量与预设的最低流行率决定了调查结果的置信度水平。申请国应证明其所选择的设计、最低流行率及置信度是根据监测目标与流行病学情况，按第1.4章要求制订的。最低流行率的选择尤其应依据当前或历史流行病学情况而定。

不管选择何种调查设计，所用诊断试验的敏感性和特异性都是设计监测、确定样本量和解释最终结果的关键因素。

不论采用何种检测试验，监测的设计都应预计到假阳性反应的发生。如果知晓检测系统的特性，则可事先计算出假阳性反应发生的概率。应具备有效的阳性结果跟踪程序，以确定在高置信度水平上阳性结果是否表示感染。这既应包括补充试验，也应包括跟踪调查，以便从原抽样单位和可能与原抽样单位有流行病学关联的畜群中采集诊断材料。

第1.4章，从技术层面，对涉及疫病或感染监测的原则进行了很好的规定。应认真遵循为证明无PPRV感染所进行的监测计划设计，以保证结果的可靠性。因此，任何监测计划的设计都需要在此领域有能力、有经验的专业人员的投入。

第14.7.32条

恢复无疫状态的附加监测要求

在成员获得PPR无疫认可之后，任何时候发生了疫情，都应对病毒株的来源进行全面、彻底调查。尤其重要的是，要确定疫情的发生是由病毒再次传入造成的，还是由原本未检出的疫点所导致的疫情再现。较为理想的做法是对病毒进行分离，并与相同地区的历史毒株及其他可能来源的代表毒株进行比较。

在扑灭疫情之后，成员如果希望重新获得无疫状态，应按照本章要求开展监测，以证明无PPRV感染。

第14.7.33条

PPR血清学监测中血清学试验的应用与解释

在未免疫的情况下，血清学检测适用于PPR监测。PPRV只有一个血清型，血清学试验可以检测出所有PPRV感染产生的抗体，却不能够区分野毒感染与弱毒苗免疫所产生的抗体。这一事实使免疫群体的血清学监测大打折扣，只有在停止免疫几年后，血清学监测才有意义。PPRV强毒与疫苗株抗体，可在感染或接种后14d左右检出，30～40d达到峰值。之后，抗体会持续多年，甚至终生，虽然抗体滴度会逐渐下降。

有必要证明已对血清学阳性结果进行了全面的调查。

第14.7.34条

OIE认可的PPR控制计划

OIE对PPR官方控制计划进行认可的目的是，使成员逐步改进其境内的PPR状况，并最终达到无疫状态。

成员在按本条要求实施了相关措施后，可以自愿（向OIE）提出申请，对其PPR官方控制计划进行认可。

为获得OIE对其PPR官方控制计划认可，成员应：

1）提交其兽医机构在PPR控制能力方面的材料证据；成员可按OIE PVS（兽医机构效能）路径提供该项证据。

2）提交文本，表明其PPR官方控制计划适用于全境（即使该计划是以地区为基础制订的）。

3）具备符合第1.1章要求的动物疫病定期报告与快报记录。

4）提交国家有关PPR状况的卷宗，对如下情况进行描述：

a）全国PPR的总体流行状况，重点是当前掌握的情况和存在的差距；

b）为防止PPR传入所采取的措施；为在全国至少一个地区降低家羊PPR发病率及消除病毒循环，针对所有PPR疫情所进行的快速检测和快速反应；

c）主要的家畜生产体系，以及绵羊、山羊及其产品在全国（或地区）的流通模式和入境模式。

5）提交国家或地区详细的PPR控制与根除项目计划，包括以下内容：

a）项目计划的时间表；

b）用于评价控制措施功效的效能指标。

6）提交证据证明：按第1.4章要求及本章的监测规定，正在开展PPR监测。

7）具备诊断能力和程序，包括定期向实验室提交样品的情况。

8）如果PPR官方控制计划中包括实施免疫的内容，则应提交在全国或地区对羊实施强制免疫的证据（如相关规定的复印件）。

9）如适用，请提供有关免疫行动的具体信息，特别是：

a）免疫行动所采取的策略；

b）免疫覆盖率的监测，包括对群体免疫力的血清学监测；

c）对其他易感物种的血清学监测，包括对PPRV在国内循环起哨兵作用的野生动物的监测；

d）对羊群所进行的（所有）疫病监测；

e）计划停止疫苗免疫的时限，以证明无病毒循环存在。

10）提交应对PPR疫情的应急准备与紧急反应计划。

只有成员所提交的证据得到OIE认可之后，其PPR官方控制计划才会被纳入OIE认可计划名录之中。如果成员希望继续保留在名录之中，则需每年向OIE提交一份有关该计划的年度进展报告，以及在上述几个方面的重要变化情况。对于有关流行病学方面的变化以及其他重要事件，则应按第1.1章的要求向OIE报告。

如有以下情况，OIE可撤销对成员官方控制计划的认可：

——不遵守计划所定的时间表或效能指标；或者

——兽医机构效能出现严重问题；或者

——PPR发病率增加，控制计划无能为力。

（姜雯、王志亮译校）

OIE《陆生动物诊断试验与疫苗手册》（2012）有关小反刍兽疫的标准

2.1.5 小反刍兽疫

摘要

小反刍兽疫（Peste des petits ruminants，PPR）是由副黏病毒科麻疹病毒属小反刍兽疫病毒引起的一种急性接触型传染病。主要感染山羊和绵羊，野生动物偶尔感染。基于PPR偶尔感染骆驼、牛和水牛这一事实，因此，这些动物为易感动物，尽管其在PPRV传播中的潜在作用未知。该病发生于除了南非以外的其他非洲各国、阿拉伯半岛、近东至中东大部、中亚和东南亚地区。

临床症状与牛瘟类似。常呈急性，特征为发热、眼鼻流液、不同黏膜组织尤其是口腔出现糜烂性病变、腹泻、肺炎。尸检后发现胃肠道和泌尿生殖道糜烂。肺部可能出现间质性支气管肺炎，常出现细菌性感染。PPR也会出现亚临床症状。

该病必须与牛瘟、蓝舌病、口蹄疫和其他发疹性疾病进行鉴别。

病原体鉴定：在正确的时间采集样品对病毒分离诊断非常重要。样品应在疾病的急性期且临床症状非常明显的时候采集。从活体动物中采集样品可以包括黏膜分泌物、鼻分泌物、口腔和直肠黏膜拭子、抗凝血等。

快速诊断可以使用ELISA、对流免疫电泳、琼脂胶免疫扩散，也可以使用PCR。

血清学试验：目前常用的是病毒中和试验和竞争ELISA。

疫苗要求：过去PPR的控制是接种牛瘟组织培养物疫苗，原因是PPR和牛瘟病毒存在强抗原相关性。目前这种方法已经废弃，因为商业化的PPR弱毒活疫苗已经在大范围内推广使用。

A. 前言

小反刍兽疫（PPR）是小反刍兽的一种急性病毒病，以发热，眼、鼻分泌物，胃炎，腹泻和肺炎为特征。由于呼吸道症状，PPR常与山羊传染性胸膜肺炎（CCCP）或巴氏杆菌病相混淆。多数病例中，PPR继发巴氏杆菌病，主要是由于PPRV诱导的免疫抑制作用。该病毒在密切接触的动物之间通过气溶胶传播（Lefevre & Diallo，1990）。感染动物的临床症状与历史上所见的牛瘟类似，尽管这两种疾病是由不同的病毒引起。

根据该病毒与牛瘟病毒、犬瘟热病毒和麻疹病毒相似这一特性，将PPR病毒归为副黏病毒科麻疹病毒属（Gibbs et al，1979）。该属病毒成员有6种结构蛋白，核衣壳蛋白（N）包裹病毒基因组RNA，磷蛋白（P），大蛋白（L）与聚合酶有关，基质蛋白（M），融合蛋白（F）和血凝素蛋白（H）。M蛋白构成病毒囊膜内层，沟通病毒核衣壳与外层糖蛋白之间的联系。H和F蛋白分别负责吸附和侵入感染细胞。该病首次报道是在科特迪瓦（Gargadennec & Lalanne，1942），现发生在北非至坦桑尼亚的多数非洲国家（Kwiatek et al，2011；Lefevre & Diallo，1990；Swai et al，2009），中东到土耳其的几乎全部国家（Furley et al，1987；Lefevre et al，1991；Ozkul et al，2002；Perl et al，1994；Taylor et al，1990），在中亚、南亚、西亚也广泛传播（Banyard et al，2010；Shaila et al，1989；Wang et al，2009）。

自然发病主要见于绵羊和山羊。普遍认为，牛呈亚临床感染，但在较差的条件下，可以产生PPRV感染的病变，临床症状如牛瘟。20世纪50年代，已报道PPRV可实验感染犊牛，造成发病和死亡（Mornet et al，1956）。此外，该病毒也在1971年引起了苏丹牛、绵羊和山羊的“牛瘟”大流行，起初认为是牛瘟，但后来被证实为PPRV（Kwiatek et al，2011）。1995年，在印度从水牛暴发的牛瘟样病例分离到PPRV（Govindarajan et al，1997）。在埃塞俄比亚和苏丹单峰骆驼发生PPR地方性流行中，在一些样品中检测到了PPRV的抗体、PPRV抗原和核酸（Abraham et al，2005；Ismail et al，1992；Khalafalla et al，2010；Kwiatek et al，2011；Roger et al，2000，2001）。在野生动物中也发现了临床病例并引起小反刍兽死亡（Abubakar et al，2011；Bao et al，2011；Elzein et al，2004；Furley et al，1987；Kinne et al，2010）。美洲白尾鹿可以实验感染（Hamdy &

Dardiri，1976）。本病可以和其他病毒一起发生双重感染，如瘟病毒和山羊痘病毒。

本病潜伏期为4～6d，也可能为3～10d。临床表现为急性，高热达41℃，持续3～5d；病畜精神沉郁，食欲减退，鼻镜干燥；口鼻腔分泌物由浆性逐渐变为脓性，如果病畜不死亡，这种症状可持续14d；发热开始的4d内，齿龈充血、口腔黏膜溃疡、大量流涎，病变可转变成坏死性的；后期常见有腹泻，呈水样的血便；可能发生肺炎、咳嗽、胸部啰音和腹式呼吸；发病率达100%，在严重暴发时死亡率达100%。然而，较温和时发病率和死亡率较低，可能会被忽视。根据临床症状可做出初步诊断，但这种诊断是暂时性的，需要通过实验室诊断和鉴别诊断确诊。

尸检病变与牛瘟相似，但PPR沿外唇有明显的结痂并有严重的间质性肺炎。溃疡病变可从口腔延伸到网胃和瘤胃交接处；在大肠和直肠的黏膜皱襞上可能会有特征性的红色瘀斑或出血（斑马纹），但并非固有症状。常见回盲交界处有坏死性或出血性肠炎；派伊氏淋巴小结可能坏死。淋巴结肿大、脾脏出现坏死病变。

未见人感染该病毒的报道，对从事PPRV研究人员的健康尚无已知的危害。

B. 诊断技术

1. 样品采集

用于病毒分离的样品必须冷藏运输至实验室。在活体动物，采集眼结膜分泌物、鼻黏膜、颊部黏膜病料拭子。在发病早期加抗凝剂采集全血，供病毒分离、PCR和血液学检验。尸检（2～3头动物），无菌采集淋巴结（特别是肠系膜和支气管淋巴结）、肺、脾和肠黏膜，样品通常置冰瓶运送。组织病理学检验的组织应放入10%的福尔马林中性缓冲液中。在疫病暴发的任何时期特别是后期采集血样进行血清学诊断。

2. 病原鉴定

a）琼脂凝胶免疫扩散

琼脂凝胶免疫扩散（AGID）是一种非常简单而廉价的方法，任何实验室甚至在野外都可进行。制备的标准PPRV抗原，是由肠系膜或支气管淋巴结、脾或肺组织材料加缓冲盐水研磨制成1/3（*w/v*）悬浮液（Durojaiye et al，1983），经500*g*离心

10～20min，收集上清液、分装，在-20℃下贮存。将收集眼或鼻病料的棉拭子移到1mL的注射器内，加0.2mL磷酸盐缓冲液（PBS），经反复推吸，推入Eppendorf管内，提取物在-20℃下可贮存1～3年。阴性对照抗原用正常组织以同样方法制备。标准抗血清制备：用1mL滴度为10^4 $TCID_{50}$/mL（50%组织感染量）的PPRV免疫接种绵羊，每周免疫一次，连续4周，于最后一次免疫后5～7d放血（Durojaiye，1982）。

i）制备1%琼脂凝胶［含硫柳汞（0.4g/L）或叠氮化钠（1.25g/L），作为抑菌剂］，将琼脂凝胶倒入平皿中，每个直径5cm的平皿需6mL。

ii）琼脂凝胶按六角形状打孔，中间1孔，孔径5mm，孔距5mm。

iii）中间孔加阳性抗血清，周边3个孔加阳性抗原、1个孔加阴性抗原、2个孔加待检抗原，待检抗原、阴性抗原与阳性抗原呈交替排列。

iv）通常在室温18～24h，血清和抗原之间形成1～3条沉淀线（Durojaiye et al，1983）。用5%冰醋酸将琼脂凝胶洗5min，沉淀线更明显（阴性对照也应进行类似操作）。如果沉淀线与阳性对照抗原相同，即为阳性反应。

试验结果可在1d内获得，但对于温和型PPR，因动物分泌的病毒含量低，试验敏感性不足以检测到病毒。

b）对流免疫电泳

对流免疫电泳（CIEP）是检测病毒抗原的最快速方法（Majiyagbe et al，1984）。水平电泳槽的两个部分由一个桥连接，电泳仪连接到一个高压电源。1%～2%琼脂或琼脂糖（*w/v*）溶解在0.025mol/L醋酸巴比妥缓冲液中，将凝胶分散在载玻片上（3mL/片），在凝胶上打孔6～9对，所用的试剂与AGID相同。电泳槽充满0.1mol/L醋酸巴比妥缓冲液；每对孔加反应物，血清在正极，抗原在负极；将载玻片置于连接桥上，两端由湿滤纸与缓冲液相连接；盖上电泳仪，载玻片电流10～12mA，电泳30～60min；电泳结束，关闭电源，在强光下观察，在每对孔间出现1～3条沉淀线的为阳性反应，阴性对照应无反应。

c）免疫捕获酶联免疫吸附试验

有关酶联免疫吸附试验（ELISA）使用和应用方面的建议见OIE PPR参考实验室。这些方法在商业化的试剂盒中也有。

免疫捕获ELISA（Libeau et al，1994）使用2种抗N蛋白的单克隆抗体（MAb），可对PPRV快速鉴定。按照试剂盒提供的说明书操作，以下是该方法的典型操作程序：

i）将捕获MAb溶液（按厂商说明稀释）包被ELISA板（高吸附力的Nunc Maxisorb），每孔100μL。4°C包被过夜或者37°C 1h。

ii）洗涤后，加样品悬液到2个孔中，每孔50μL，对照孔加缓冲液。

iii）立即在2个孔中加入25μL/孔生物素标记抗PPR单克隆抗体和25μL/孔链酶亲和素-过氧化物酶。

iv）反应板在37℃摇床作用1h。

v）3次洗涤后，加100μL/孔邻苯二胺（OPD）-过氧化氢溶液，将反应板置室温下作用10min。

vi）加100μL/孔1mol/L硫酸溶液终止反应，用分光光度计/ELISA读数仪在492nm波长测定光吸收值。

用3次空白对照的平均吸收值计算临界值，高于该值判定样品为阳性。

本试验特异性和敏感性高，可检测$10^{0.6}$ $TCID_{50}$/孔PPRV。试验结果可在2h内获得。

免疫捕获ELISA的一种三明治形式在印度广泛使用（Singh et al，2004a）。样品首先与检测单抗反应，再应用吸附在ELISA板上的第二个单抗（或多抗）捕获免疫复合物。该方法与细胞感染试验（$TCID_{50}$）高度一致，最低检测限为10^3TCID_{50}（Saravanan et al，2008）。

d）核酸识别方法

基于扩增N和F蛋白基因的RT-PCR技术已广泛用于PPR的特异性诊断（Couacy-Hymann et al，2002；Forsyth &Barrett，1995）。该技术比经典的在Vero细胞上进行的病毒滴定试验灵敏1 000倍（Couacy-Hymann et al，2002），而且仅需要5h即可获得结果（包括RNA抽提），而病毒分离需要10～12d。基于扩增N和M蛋白基因的多重RT-PCR已报道（George et al，2006）。另外，一种基于*N*基因的RT-PCR-ELISA也有报道（Saravanan et al，2004；Kumar et al，2007）。与通过琼脂糖凝胶电泳分析扩增产物不同，该方法是通过ELISA使用标记的探针在一块板上进行检测。该RT-PCR-ELISA方法，比经典的RT-PCR方法灵敏10倍。最近几年，使用实时荧光RT-PCR，PPR诊断的核酸扩增方法已经得到了显著提高（Adombi et al，2011；Balamurugan et al，2010；Bao et al，2008；

Batten et al，2011；Kwiatek et al，2010）。该方法比常规的RT-PCR灵敏10倍，且降低了污染的风险。使用核酸恒温扩增技术诊断PPR也已经报道（Li et al，2010）。该方法的灵敏度似乎与实时荧光RT-PCR相同，操作简单、快速而且可以用肉眼读取结果。

由于该领域的快速发展，关于PPR诊断的最新技术可以联系OIE或者FAO参考实验室（见《陆生动物诊断试验与疫苗手册》第4部分的表格）。

e）组织培养和病毒分离方法

虽然已有多种快速诊断PPR的方法，但仍需要用组织培养方法从野外样品分离病毒以进行深入研究（Durojaiye et al，1983；Lefevre & Diallo，1990）。

PPRV可用羔羊原代肾/肺细胞或者Vero（B95a）细胞进行分离。不过，使用这些细胞对PPRV的分离，第一次传代并不能一定成功，有时需要盲传数代。最近，使用表达麻疹病毒受体（淋巴细胞激活分子SLAM或CD150）的衍生细胞系（Vero，CV1）可以在1周内从病理组织中分离到病毒，而且不需要盲传。这些细胞系包括表达山羊SLAM的猴细胞系（Adombi et al，2011）和表达犬SLAM的Vero细胞。将可疑病料（棉拭子、血液白细胞层或10%组织悬液）接种单层细胞培养物，逐日观察细胞病变作用（CPE）。PPRV诱导的CPE可在5d内形成，CPE表现为细胞圆化、聚集，在羔羊肾细胞内最终形成合胞体；在Vero细胞，有时很难见到合胞体，或者合胞体极小，如果对感染的Vero细胞进行HE染色，可见到小的合胞体；合胞体的核以环状排列，呈“钟盘状”外观；使用玻片培养，形成CPE的时间不到5d。有些细胞可能有胞质内包涵体和核内包涵体，有的细胞变空；组织病理检查也可以见到相似的细胞变化；因CPE的形成需要时间，一般在5～6d后进行盲传。

3. 血清学试验

感染PPRV的山羊和绵羊可产生抗体，抗体的存在支持抗原检测试验的诊断。常规血清学试验包括：病毒中和试验（VN）、竞争酶联免疫吸附试验（ELISA）。

a）病毒中和试验（国际贸易指定试验）

该方法敏感性和特异性高，但耗时。标准的中和试验目前在96孔板内进行（Rossiter et al，1985），尽管也可以使用转管培养。首选Vero细胞，也可以选择羔羊原代肾细胞。

该方法需要以下材料：悬浮细胞600 000个/mL；96孔细胞板；待滴定血清（已

于56°C 30min灭活）；完全细胞培养液；稀释的PPRV（稀释度为1 000、100、10、1 $TCID_{50}$/mL。

i）将血清按照1∶5稀释，然后用细胞培养液进行2倍系列稀释。

ii）将100μL稀释度为1 000 $TCID_{50}$/mL病毒和100μL稀释的血清（每个稀释度6孔）在细胞培养板孔内混合。

iii）按照如下描述准备病毒和未感染细胞的对照孔：6孔100 $TCID_{50}$（100μL/孔）；6孔10 $TCID_{50}$（100μL/孔），6孔1 $TCID_{50}$（100μL/孔），6孔0.1 $TCID_{50}$（100μL/孔），6孔无病毒培养基（200μL/孔，对照孔）。

iv）将含有病毒的各孔加100μL完全培养液，37℃下作用1h。

v）每孔加50μL悬浮细胞，于37℃ CO_2培养箱培养。

vi）病毒/血清混合物在37℃作用1h，或在4℃作用过夜。

vii）1～2周后读板。结果应为：100% CPE在100 $TCID_{50}$和10 $TCID_{50}$孔，50% CPE在1 $TCID_{50}$孔，无CPE在0.1 $TCID_{50}$孔。在病毒已被血清中和的各孔无CPE，而病毒未被血清中和的各孔出现CPE。

b．竞争酶联免疫吸附试验

使用可以识别病毒蛋白的单抗已经建立了多种竞争ELISA（c-ELISA）。有两种类型：一种是使用识别病毒N蛋白和杆状病毒表达的重组N蛋白的单抗（Choi et al，2005；Libeau et al，1995），另外一种是使用病毒黏附蛋白H或部分纯化的PPRV（疫苗株）抗原的单抗（Anderson & McKay，1994；Saliki et al，1993；Singh et al，2004b）。在使用该原理的所有试验中，凡是待测血清中能识别PPRV的抗体都可以阻止单抗与抗原的结合。有关ELISA适用性方面的建议见PPR OIE参考实验室。一些方法已经商业化。对其中一种方法举例如下（Libeau et al，1995）：

i）用预稀释的PPR N蛋白（重组杆状病毒产物）包被反应板（高吸附力的Nunc Maxisorb），每孔50μL，在37℃下恒定振荡作用1h。

ii）洗板3次，吸干。

iii）全板每孔加45μL封闭缓冲液（含0.5%吐温-20和0.5%胎牛血清的PBS），试验孔每孔加5μL待检血清（最终稀释度为1∶20），对照孔每孔加5μL不同的对照血清（强阳性、弱阳性和阴性血清）。每孔重复2次。

iv）每孔加50μL MAb工作液（按生产商提供的建议进行稀释），在37℃下作用1h。

v）洗板3次，吸干。

vi）每孔加50μL 1 000倍稀释的抗鼠结合物工作液，在37℃下作用1h。

vii）洗板3次。

viii）准备OPD-过氧化氢溶液，每孔加50μL底物/偶联物溶液，在室温下避光作用10min，每孔加50μL浓度为 1mol/L的硫酸溶液中止反应。

ix）在ELISA读数仪上用492nm波长读取吸收值。

应用下列公式将吸收值转化为抑制百分率（PI）:

PI=100 –（试验孔吸收值/MAb对照孔吸收值）×100

PI大于50%的血清判定为PPR阳性。

C．疫苗要求

1. 背景

产品用途

耐过PPR感染的绵羊和山羊可以产生对该病的主动免疫力（Durojaiye，1982），免疫力可维持终生。已经有同源PPR疫苗可用，使用的是源于天然PPRV毒株的细胞培养致弱株（Sen et al，2010）。对于遵循OIE途径进行牛瘟血清学监测的国家，为了避免与牛瘟血清学调查相混淆，OIE国际委员会于1998年批准了该疫苗的使用。有关使用重组羊痘病毒的PPR疫苗同时保护羊痘和PPR，已有3例报道（Berhe et al，2003；Diallo et al，2002；Chen et al，2010）。下面描述的是弱毒PPRV疫苗的制备和验证。

2. 传统疫苗制备和最低要求概要

a）种毒特性

PPRV疫苗Nigeria75/1株是由Vero细胞培养的活疫苗。其原始毒株于1975年分离自尼日利亚（Taylor & Abegunde，1979），经Vero细胞传代而致弱（Diallo et al，1989b）。用于生产的毒株（PPRV 75/1 I.K6 BK2 Vero 70）已在Vero细胞内传代70代次，在–20℃冻干保存，可从参考实验室获得（见《陆生动物诊断试验与疫苗手册》第4部分的表格）。疫苗活性试验表明，该种毒在Vero细胞传代到第120代（至今所传的最高代次），以10^3 $TCID_{50}$的剂量免疫，仍能提供保护。

b）培养方法

——细胞

用于生产PPR疫苗的细胞必须无细菌、真菌和病毒污染。

——培养液

培养液为最低必需培养基（MEM）加抗生素（青霉素和链霉素终浓度分别为100IU/mL和100μg/mL）、抗真菌剂（50μg/mL制霉菌素）和10%胎牛血清（完全培养基）。当细胞单层形成时，血清浓度可以降低到2%进行维持培养。

——原始种毒

原始种毒系经Vero细胞传70代的病毒（PPRV 75/1 LK6 BK2 Vero 70）。将来自种毒库的1支冻干制剂，用2mL灭菌水或无血清的细胞培养基复苏，复苏的病毒悬液与Vero细胞混合，使每个细胞有0.001$TCID_{50}$以上的病毒量，将病毒-细胞混合液加入培养瓶（每175cm^2培养面积大约2×10^7个细胞），在37℃培养。定期观察CPE。每2d更换培养液，细胞长成单层后血清降至2%。在形成40%～50%的CPE时，进行第一次收毒。病毒悬液在–70℃保存。以后每2d收获1次，直到CPE达到70%～80%为止。最后一次收获将细胞培养物冷冻，所有收获的病毒悬液经2次冻融，成为种毒。小瓶分装，在–70℃保存。取5瓶解冻，测定病毒滴度，最低滴度为10^5 $TCID_{50}$/mL。如在–20℃保存，最好将其冻干，冻干后滴定冻干毒（5瓶）；种毒必须通过所有的无菌检验。

制备种毒时，感染细胞的病毒剂量不要太大。接种病毒剂量太大将导致所生产的病毒悬液中聚集有缺陷的病毒，后者将降低后续产品的滴度；另一方面，接种病毒剂量太小（如0.000 1）会延长培养时间。

——工作种毒的制备

工作种毒的制备与原始种毒制备相同。大量的工作种毒悬液制备后，用于疫苗生产，将工作种毒小瓶分装，在–70℃保存，必须通过无菌检验。取5瓶样品，测定病毒滴度，最低滴度为10^6 $TCID_{50}$/mL。

c）疫苗合格检验

必须通过试验证明或排除产品中存在PPRV，为此，应用抗PPR血清在细胞培养物中进行中和试验。

——试验程序

i）用灭菌双蒸水将2瓶疫苗混合，使其体积与冻干前相同。

ii）用无血清培养基将复原的疫苗病毒悬液作10倍稀释（0.5mL病毒悬液加4.5mL培养基）。

iii）每瓶疫苗在96孔板上作两个系列稀释，方法如下：

系列1	病毒悬液稀释度	10^{-1}	10^{-2}	10^{-3}	10^{-4}
	病毒悬液（μL）	50	50	50	50
	培养液（μL）	50	50	50	50
系列2	病毒悬液稀释度	10^{-1}	10^{-2}	10^{-3}	10^{-4}
	病毒悬液（μL）	50	50	50	50
	PPR抗血清（μL）	50	50	50	50

（注：PPR抗血清系由山羊制备并冻干，用1mL无菌双蒸水作1∶10稀释）。

iv）混合物在37℃下作用1h。

v）每孔加100μL细胞悬液（完全培养基，30 000个/孔）。

vi）置CO_2培养箱在37℃培养。

vii）培养10～15h后，读板判定。

正常情况下，CPE仅在病毒和培养液混合物的孔出现。如在系列2的孔检测到CPE，必须用PPR单克隆抗体免疫荧光法或特异性PPR单克隆抗体免疫捕获法（OIE法国PPR参考实验室提供）进行鉴定。如果鉴定证实有PPRV存在，表明所用PPR抗血清太弱，或者试验的这批血清需更换；如果免疫荧光法或免疫捕获法为阴性，则表明存在病毒性污染，受试材料必须销毁。

3. 生产方法

a）疫苗制备

疫苗生产以大规模进行，按前述方法将病毒接种细胞，或者将接种剂量的感染复数（MOI）增加到0.01。各次收获的产品经2次冻融后，混合，在-70℃保存，测定滴度，进行无菌试验。如果结果符合要求，将疫苗冻干。

b）冻干

冻干剂由2.5%（*w/v*）乳白蛋白、5%（*w/v*）蔗糖和1%（*w/v*）谷氨酸钠组成，

pH7.2。

将冻干剂与等体积的病毒悬液进行混合，病毒悬液根据每瓶疫苗所希望的剂量进行稀释，混合物冷藏保存，经匀浆化，进行分装和冻干。冻干结束，调整探测器，在35℃放置4h，然后抽真空，加盖。随机对成品取样（5%）进行无害、效力和无菌检验，残留水分用Karl Fisher法进行测定（最佳值≤3.5%）。如果试验不符合要求，该批产品全部销毁。

4. 过程控制

培养所用细胞必须检查其形态，证明无病毒污染（特别是牛病毒性腹泻病毒）。测定种毒的病毒滴度，用无血清的MEM培养基作10倍系列稀释（0.5mL病毒加4.5mL稀释液），最高稀释度为10^{-6}。将Vero细胞经胰酶消化，制成300 000个/孔的细胞悬液，相当于100μL/孔细胞悬液，加到96孔板的孔内。再加100μL/孔病毒稀释液（10^{-6}～10^{-2}），一列作正常细胞对照，加100μL/孔无病毒培养基，将板置CO_2培养箱在37℃培养，于接种病毒后10～15d检查CPE。

病毒滴度采用Spearman-Kärber法确定，最低滴度为$10^{2.5}$/剂量。

5. 批次控制

a）一致性

用特异性抗血清进行中和试验，检查每批疫苗同一容器内容物的一致性。

b）无菌

无菌检验包括病毒、细菌或真菌污染检验，对细胞和血清（应用于疫苗生产前）、贮存种毒和冻干前的疫苗进行，任何达不到无菌检验要求的产品均应销毁。

无菌检验和无生物材料污染检验见第1.1.9章。

c）安全性

安全试验检测与本产品有关的任何非特异性毒性作用。试验利用啮齿动物进行，试验需将疫苗重溶的溶剂（5瓶疫苗混合）、6只豚鼠（体重200～250g）、10只乳鼠（体重17～22g，瑞士系或类似）。

将0.5mL疫苗肌内注射2只豚鼠的后肢，0.5mL疫苗注射2只豚鼠腹腔，0.1mL疫苗注射6只乳鼠腹腔，2只豚鼠和4只乳鼠设为不接种对照，观察3周。如果1只豚鼠或2只乳鼠死亡，需重复试验。死亡动物需进行尸检确定死亡原因，3周观察期末，扑杀所有动物进行尸检，记录试验结果。在第一次试验或第二次试验观察期间，如果80%以上的动物健康状态良好，尸检无明显的病变，则判定疫苗合格。

d）对小反刍兽的效能和效力

本试验需要的材料：用生理盐水重溶的5瓶疫苗混合物（100剂量、0.1剂量/mL），山羊和绵羊各6只（约1岁、无牛瘟或PPR抗体），灭菌注射器和针头，预先在山羊滴定的强毒PPRV（生理盐水稀释成10^3LD_{50}）。

按每只100剂量疫苗皮下接种2只山羊和2只绵羊；按每只0.1剂量疫苗皮下接种2只山羊和2只绵羊，其他动物设为接触对照，观察动物并逐日测量体温，持续3周。观察期末采血制备血清。所有动物用强毒PPRV经皮下注射1mL病毒悬液（10^3LD_{50}/只），观察动物并逐日测量体温，持续2周。

如果所有免疫动物抵抗强毒感染，而至少一半接触对照动物出现PPR症状，则判定疫苗合格。于免疫后3周采血样，血清中和试验呈现免疫动物PPR抗体阳性（至少1∶10稀释），如果接触对照动物也呈阳性，应使用另一批强毒PPRV重复试验，如果免疫动物不能抵抗强毒攻击，该批疫苗应销毁。

——PPR中和抗体滴定

材料：细胞悬液（600 000个/mL）、96孔细胞培养板、滴定的血清（56℃灭活30min）、细胞培养基、稀释的PPRV（1 000、100、10和1 $TCID_{50}$/mL）。

将血清按1∶5稀释，用培养基作2倍系列稀释，将100μL病毒悬液（1 000$TCID_{50}$/mL，或100$TCID_{50}$/孔）和100μL稀释血清（每个稀释度6孔）在细胞培养板孔内混合。设病毒对照和正常细胞对照如下：100$TCID_{50}$/孔、10$TCID_{50}$/孔、1$TCID_{50}$/孔、0.1$TCID_{50}$/孔和200μL/孔无病毒培养基各6孔。

含病毒孔加培养基100μL，将培养板置37℃作用1h，每孔加细胞悬液50μL，置CO_2培养箱培养，培养1～2周进行判定。结果应当如下：100和10$TCID_{50}$/孔病毒对照孔CPE为100%，1$TCID_{50}$/孔的CPE为50%，0.1$TCID_{50}$/孔和被血清中和的孔无CPE，不被血清中和的孔形成CPE。

e）免疫期

免疫期至少为3年。

f）稳定性

冻干疫苗在2～8℃、真空和避光的条件下至少可保存2年（–20℃保存更佳）。最近证明，PPR疫苗病毒悬浮在含海藻糖的培养基中，经超快速脱水，能抵抗45℃的高温达14d，而其效力仅有极小限度的丢失（Worrwall et al，2001）。

6. **成品检验**

a）安检

见C.5.c部分。

b）效检

见C.5.d部分。

小反刍兽疫防控应急预案

一、总则

（一）小反刍兽疫是我国一类动物疫病，为及时、有效地预防、控制和扑灭小反刍兽疫，确保畜牧业健康发展，维护社会安定，依据《中华人民共和国动物防疫法》《重大动物疫情应急条例》以及《国家突发重大动物疫情应急预案》，制定本预案。

（二）小反刍兽疫应急与防治工作应当坚持加强领导、密切配合，依靠科学、依法防治，群防群控、果断处置的方针，及时发现，快速反应，严格处理，减少损失。

（三）发生疫情或存在疫情发生风险时，各地兽医行政部门应及时报请同级人民政府，实行政府统一领导、部门分工负责，建立责任制，做好小反刍兽疫监测、调查、预防、控制、扑灭等应急工作。

二、疫情监测与报告

（一）中国动物卫生与流行病学中心要密切监视国际疫情动态，科学评估疫情发生风险，定期发布预警信息。

（二）各级动物疫病预防控制机构要加强小反刍兽疫疫情监测工作。与周边国家接壤的省份要密切监视边境地区山羊、绵羊以及野羊等小反刍兽疫疫情动态。

（三）任何单位和个人发现以发热、口炎、腹泻为特征，发病率、病死率较高的山羊和绵羊疫情时，应立即向当地动物疫病预防控制机构报告。

（四）县级动物疫病预防控制机构接到报告后，应立即赶赴现场诊断，认定为疑似小反刍兽疫疫情的，应在2h内将疫情逐级报省级动物疫病预防控制机构，并同时报所在地人民政府兽医行政管理部门。

（五）省级动物疫病预防控制机构接到报告后1h内，向省级兽医行政管理部门和中国动物疫病预防控制中心报告。

（六）省级兽医行政管理部门应当在接到报告后1h内报省级人民政府和国务院兽医行政管理部门。

省级人民政府和国务院兽医行政管理部门应当在4h内向国务院报告。

三、疫情确认

（一）动物疫病预防控制机构接到疫情报告后，立即派出2名以上具备资格的防疫人员到现场进行临床诊断，根据《小反刍兽疫防治技术规范》，提出初步诊断意见。

（二）初步判定为疑似疫情的，必须指派专人按规范采集病料，送国家外来动物疫病诊断中心或农业部指定的实验室，进行最终确诊。

（三）国务院兽医行政管理部门根据确诊结果，确认小反刍兽疫疫情。

四、疫情分级与响应

小反刍兽疫疫情分为两级。

（一）有下列情况之一的，为Ⅰ级（特别重大）疫情：

1．两个或多个省份发生疫情。

2．在1个省有3个以上（含）地（市）发生疫情。

3．特殊情况需要划为Ⅰ级疫情的。

确认Ⅰ级疫情后，按程序启动《国家突发重大动物疫情应急预案》。

（二）在1个省2个以下（含）地（市）行政区域内发生疫情的，为Ⅱ级（重大）疫情。

确认Ⅱ级疫情后，按程序启动省级疫情应急响应机制。

五、应急处置

（一）疑似疫情的应急处置

1．对发病场（户）实施隔离、监控，禁止家畜、畜产品、饲料及有关物品移动，并对其内、外环境进行严格消毒。

必要时，采取封锁、扑杀等措施。

2．疫情溯源。对疫情发生前30d内，所有引入疫点的易感动物、相关产品及运输工具进行追溯性调查，分析疫情来源。必要时，对原产地羊群或接触羊群（风险羊群）进行隔离观察，对羊乳和乳制品进行消毒处理。

3．疫情跟踪。对疫情发生前21d内以及采取隔离措施前，从疫点输出的易感动物、相关产品、运输车辆及密切接触人员的去向进行跟踪调查，分析疫情扩散风险。必要时，对风险羊群进行隔离观察，对羊乳和乳制品进行消毒处理。

（二）确诊疫情的应急处置

按照“早、快、严”的原则，坚决扑杀、彻底消毒，严格封锁、防止扩散。

1．划定疫点、疫区和受威胁区

疫点。相对独立的规模化养殖场（户），以病死畜所在的场（户）为疫点；散养畜以病死畜所在的自然村为疫点；放牧畜以病死畜所在牧场及其活动场地为疫点；家畜在运输过程中发生疫情的，以运载病畜的车、船、飞机等为疫点；在市场发生疫情的，以病死畜所在市场为疫点；在屠宰加工过程中发生疫情的，以屠宰加工厂（场）为疫点。

疫区。由疫点边缘向外延伸3km范围的区域划定为疫区。

受威胁区。由疫区边缘向外延伸10km的区域划定为受威胁区。

划定疫区、受威胁区时，应根据当地天然屏障（如河流、山脉等）、人工屏障（道路、围栏等）、野生动物栖息地存在情况，以及疫情溯源及跟踪调查结果，适当调整范围。

2．封锁

疫情发生地县级以上兽医行政管理部门报请同级人民政府对疫区实行封锁，跨行政区域发生疫情的，由共同上级兽医行政管理部门报请同级人民政府对疫区发布封锁令。

3．疫点内应采取的措施

（1）扑杀疫点内的所有绵羊和山羊，并对所有病死羊、被扑杀羊及其产品按国家规定标准进行无害化处理。

（2）对排泄物、被污染或可能污染饲料和垫料、污水等按规定进行无害化处理。

（3）对被污染的物品、交通工具、用具、畜舍、场地进行严格彻底消毒。

（4）出入人员、车辆和相关设施要进行消毒。

（5）禁止牛、羊等反刍动物出入。

4．疫区内应采取的措施

（1）在疫区周围设立警示标志，在出入疫区的交通路口设置动物检疫消毒站，对出入的人员和车辆进行消毒；必要时，经省级人民政府批准，可设立临时监督检查站，执行监督检查任务。

（2）禁止牛、羊等反刍动物出入。

（3）关闭牛、羊交易市场和屠宰厂，停止活牛、羊展销活动。

（4）禁止运出反刍动物产品，运入动物产品时必须进行严格检疫。

（5）对易感动物进行疫情监测，对羊舍、用具及场地消毒。

（6）必要时，对羊进行免疫。

5．受威胁区应采取的措施

（1）加强检疫监管，禁止活羊调入、调出，反刍动物产品调运必须进行严格检疫。

（2）加强对牛羊饲养场、屠宰厂、交易市场的监测，及时掌握疫情动态。

（3）必要时，对羊群进行免疫，建立免疫隔离带。

6．野生动物控制

加强疫区及周边地区野生易感动物分布状况调查，并采取措施，避免野生羊、鹿等与人工饲养的羊群接触。

条件许可时，可对上述野生动物采取抽样检测、免疫接种等有关措施。

7．解除封锁

疫点内最后一只羊死亡或扑杀，并按规定进行消毒和无害化处理后至少21d，疫区、受威胁区经监测没有新发病例时，经当地动物疫病预防控制机构审验合格，由兽医行政管理部门向原发布封锁令的人民政府申请解除封锁，由该人民政府发布解除封锁令。

8．处理记录

各级人民政府兽医行政管理部门必须完整详细地记录疫情应急处理过程。

9．非疫区应采取的措施

（1）加强检疫监管，禁止从疫区调入活羊及其产品。

（2）做好疫情防控知识宣传，提高养殖户防控意识。

（3）加强疫情监测，及时掌握疫情发生风险，做好防疫的各项工作，防止疫情发生。

六、保障措施

（一）物资保障

各地要建立健全动物防疫物资储备制度，做好消毒用品、封锁设施设备、疫苗、诊断试剂等防疫物资储备。

（二）资金保障

小反刍兽疫应急所需扑杀、无害化处理、环境消毒以及免疫等防控经费要纳入各级财政预算。扑杀病羊及同群羊由国家给予适当补贴，强制免疫费用由国家负担，所需资金由中央和地方财政按规定的比例分担。

（三）技术保障

国家外来动物疫病诊断中心设立小反刍兽疫参考实验室，协同有关技术单位尽快研制和生产诊断试剂、疫苗等防疫物资，并对各地有关人员开展技术培训。

国家有关专业实验室和地方各级兽医诊断实验室逐步提高诊断监测技术能力。

（四）人员保障

1．分别设立国家级和省级小反刍兽疫防控专家组，负责疫情现场诊断、流行病学调查工作，提出应急控制技术方案建议。

2．各地应组建应急预备队，按照本级指挥部的要求，具体实施疫情处置工作。

3．各地重大动物疫病应急指挥机构应协调林业、质检、工商、交通、公安、武警等成员单位依照本预案及国家有关规定，共同做好小反刍兽疫防治工作。

小反刍兽疫防治技术规范

小反刍兽疫（Peste des petits ruminants，PPR，也称羊瘟）是由副黏病毒科麻疹病毒属小反刍兽疫病毒（PPRV）引起的，以发热、口炎、腹泻、肺炎为特征的急性接触性传染病，山羊和绵羊易感，发病率和病死率均较高。世界动物卫生组织（OIE）将其列为法定报告动物疫病，我国将其列为一类动物疫病。

2007年7月，小反刍兽疫首次传入我国。为及时、有效地预防、控制和扑灭小反刍兽疫，依据《中华人民共和国动物防疫法》《重大动物疫情应急条例》《国家突发重大动物疫情应急预案》和《小反刍兽疫防控应急预案》及有关规定，制定本规范。

1 适用范围

本规范规定了小反刍兽疫的诊断报告、疫情监测、预防控制和应急处置等技术要求。

本规范适用于中华人民共和国境内的小反刍兽疫防治活动。

2 诊断

依据本病流行病学特点、临床症状、病理变化可作出疑似诊断，确诊需做病原鉴定。

2.1 流行病学特点

2.1.1 山羊和绵羊是本病唯一的自然宿主，山羊比绵羊更易感，且临床症状比绵羊更为严重。山羊不同品种的易感性有差异，绵羊易感性较低。

2.1.2 牛一般呈亚临床感染，并能产生抗体。猪表现为亚临床感染，无症状，不排毒。

2.1.3 鹿、野山羊、长角大羚羊、东方盘羊、瞪羚羊、驼可感染发病。

该病主要通过直接或间接接触传播，感染途径以呼吸道为主。本病一年四季均可发生，但多雨季节和干燥寒冷季节多发。本病潜伏期一般为4～6d，也可达到10d。OIE《陆生动物卫生法典》规定潜伏期为21d。

2.2 临床症状

绵羊症状一般较轻微，山羊临床症状比较典型。

2.2.1 突然发热，第2～3天达40～42℃高峰。发热持续3d左右，病羊死亡多集中在发热后期。

2.2.2 病初有水样鼻液，此后变成大量的黏脓性卡他样鼻液，阻塞鼻孔造成呼吸困难。鼻内膜发生坏死。眼流分泌物，遮住眼睑，出现眼结膜炎。

2.2.3 发热症状出现后，病羊口腔内膜轻度充血，继而出现糜烂。开始一般在下齿龈周围出现小面积坏死，严重病例迅速扩展到齿垫、硬腭、颊和颊乳头以及舌，坏死组织脱落形成不规则的浅糜烂斑。一些病羊口腔病变温和，并可在48h内愈合，这类病羊可很快康复。

2.2.4 多数病羊发生严重腹泻或下痢，造成迅速脱水和体重下降。怀孕母羊可发生流产。

2.2.5 易感羊群发病率通常达60%以上，病死率可达50%以上。

2.2.6 特急性病例发热后突然死亡，无其他症状，在剖检时可见支气管肺炎和回盲肠瓣充血。

2.3 病理变化

2.3.1 口腔和鼻腔黏膜糜烂坏死。

2.3.2 支气管肺炎，肺尖肺炎。

2.3.3 有时可见坏死性或出血性肠炎，盲肠、结肠近端和直肠出现特征性条状充血、出血，呈斑马状条纹。

2.3.4 有时可见淋巴结特别是肠系膜淋巴结水肿，脾脏肿大并可出现坏死病变。

2.3.5 组织学上可见肺部组织出现多核巨细胞以及细胞内嗜酸性包涵体。

2.4 实验室检测

检测活动必须在相应级别的生物安全实验室进行。

2.4.1 病原学检测

2.4.1.1 病料可采用病羊口鼻棉拭子、淋巴结或血棕黄层。

2.4.1.2 病原分离可用细胞培养法。

2.4.1.3 病原鉴定可采用反转录聚合酶链式反应（RT-PCR）结合核酸序列测定，亦可采用抗体夹心ELISA。

2.4.2 血清学检测

采用小反刍兽疫单抗竞争ELISA检测法。

2.5 结果判定

2.5.1 疑似小反刍兽疫

山羊或绵羊出现急性发热、腹泻、口炎等症状，羊群发病率、病死率较高，传播迅速，且出现肺尖肺炎病理变化时，可判定为疑似小反刍兽疫。

2.5.2 确诊小反刍兽疫

符合结果判定2.5.1，且血清学检测或病原学检测有一项是阳性，可判定为确诊小反刍兽疫。

3 疫情报告

3.1 任何单位和个人发现以发热、口炎、腹泻为特征，发病率、病死率较高的山羊和绵羊疫情时，应立即向当地动物疫病预防控制机构报告。

3.2 县级动物疫病预防控制机构接到报告后，应立即赶赴现场诊断，认定为疑似小反刍兽疫疫情的，应在2h内将疫情逐级报省级动物疫病预防控制机构，并同时报所在地人民政府兽医行政管理部门。

3.3 省级动物疫病预防控制机构接到报告后1h内，向省级兽医行政管理部门和中国动物疫病预防控制中心报告。

3.4 省级兽医行政管理部门应当在接到报告后1h内报省级人民政府和国务院兽医行政管理部门。

3.5　国务院兽医行政管理部门根据最终确诊结果，确认小反刍兽疫疫情。

3.6　疫情确认后，当地兽医行政管理部门应建立疫情日报告制度，直至解除封锁。

3.7　疫情报告内容包括：疫情发生时间、地点、易感动物、发病动物、死亡动物和扑杀、销毁动物的种类和数量，病死动物临床症状、病理变化、诊断情况，流行病学调查和疫源追踪情况，已采取的控制措施等。

3.8　已经确认的疫情，当地兽医行政行政管理部门要认真组织填写“动物疫病流行病学调查表”，并报中国动物卫生与流行病学中心调查分析室。

4　疫情处置

4.1　疑似疫情的应急处置

4.1.1　对发病场（户）实施隔离、监控，禁止家畜、畜产品、饲料及有关物品移动，并对其内、外环境进行严格消毒。

必要时，采取封锁、扑杀等措施。

4.1.2　疫情溯源。对疫情发生前30d内，所有引入疫点的易感动物、相关产品及运输工具进行追溯性调查，分析疫情来源。必要时，对原产地羊群或接触羊群（风险羊群）进行隔离观察，对羊乳和乳制品进行消毒处理。

4.1.3　疫情跟踪。对疫情发生前21d内以及采取隔离措施前，从疫点输出的易感动物、相关产品、运输车辆及密切接触人员的去向进行跟踪调查，分析疫情扩散风险。必要时，对风险羊群进行隔离观察，对羊乳和乳制品进行消毒处理。

4.2　确诊疫情的应急处置

按照“早、快、严”的原则，坚决扑杀、彻底消毒、严格封锁、防止扩散。

4.2.1　划定疫点、疫区和受威胁区

4.2.1.1　疫点。相对独立的规模化养殖场（户），以病死畜所在的场（户）为疫点；散养畜以病死畜所在的自然村为疫点；放牧畜以病死畜所在牧场及其活动场地为疫点；家畜在运输过程中发生疫情的，以运载病畜的车、船、飞机等为疫点；在市场发生疫情的，以病死畜所在市场为疫点；在屠宰加工过程中发生疫情的，以屠宰加工厂（场）为疫点。

4.2.1.2　疫区。由疫点边缘向外延伸3km范围的区域划定为疫区。

4.2.1.3　受威胁区。由疫区边缘向外延伸10km的区域划定为受威胁区。

划定疫区、受威胁区时，应根据当地天然屏障（如河流、山脉等）、人工屏障（道路、围栏等）、野生动物栖息地存在情况，以及疫情溯源及跟踪调查结果，适当调整范围。

4.2.2　封锁

疫情发生地县级以上兽医行政管理部门报请同级人民政府对疫区实行封锁，跨行政区域发生疫情的，由共同上级兽医行政管理部门报请同级人民政府对疫区发布封锁令。

4.2.3　疫点内应采取的措施

4.2.3.1　扑杀疫点内的所有绵羊和山羊，并对所有病死羊、被扑杀羊及其产品按国家规定标准进行无害化处理，具体可参照《口蹄疫扑杀技术规范》和《口蹄疫无害化处理技术规范》执行。

4.2.3.2　对排泄物、被污染或可能污染饲料和垫料、污水等按规定进行无害化处理，具体可参照《口蹄疫无害化处理技术规范》执行。

4.2.3.3　对被污染的物品、交通工具、用具、畜舍、场地进行严格彻底消毒（见附录1）。

4.2.3.4　出入人员、车辆和相关设施要进行消毒（见附录1）。

4.2.3.5　禁止牛、羊等反刍动物出入。

4.2.4　疫区内应采取的措施

4.2.4.1　在疫区周围设立警示标志，在出入疫区的交通路口设置动物检疫消毒站，对出入的人员和车辆进行消毒；必要时，经省级人民政府批准，可设立临时监督检查站，执行监督检查任务。

4.2.4.2　禁止牛、羊等反刍动物出入。

4.2.4.3　关闭牛、羊交易市场和屠宰厂，停止活牛、羊展销活动。

4.2.4.4　禁止运出反刍动物产品，运入动物产品时必须进行严格检疫。

4.2.4.5　对易感动物进行疫情监测，对羊舍、用具及场地消毒。

4.2.4.6　必要时，对羊进行免疫。

4.2.5　受威胁区应采取的措施

4.2.5.1　加强检疫监管，禁止活羊调入、调出，反刍动物产品调运必须进行严格检疫。

4.2.5.2　加强对牛羊饲养场、屠宰厂、交易市场的监测，及时掌握疫情动态。

4.2.5.3　必要时，对羊群进行免疫，建立免疫隔离带。

4.2.6　野生动物控制

加强疫区及周边地区野生易感动物分布状况调查，并采取措施，避免野生羊、鹿等与人工饲养的羊群接触。

条件许可时，可对上述野生动物采取抽样检测、免疫接种等有关措施。

4.2.7　解除封锁

疫点内最后一只羊死亡或扑杀，并按规定进行消毒和无害化处理后至少21d，疫区、受威胁区经监测没有新发病例时，经当地动物疫病预防控制机构审验合格，由兽医行政管理部门向原发布封锁令的人民政府申请解除封锁，由该人民政府发布解除封锁令。

4.2.8　处理记录

各级人民政府兽医行政管理部门必须完整详细地记录疫情应急处理过程。

4.2.9　非疫区应采取的措施

4.2.9.1　加强检疫监管，禁止从疫区调入活羊及其产品。

4.2.9.2　做好疫情防控知识宣传，提高养殖户防控意识。

4.2.9.3　加强疫情监测，及时掌握疫情发生风险，做好防疫的各项工作，防止疫情发生。

5　预防措施

5.1　饲养管理

5.1.1　易感动物饲养、生产、经营等场所必须符合《动物防疫条件审核管理办法》（农业部［2002］15号）规定的动物防疫条件，并加强种羊调运检疫管理。

5.1.2　羊群应避免与野羊群接触。

5.1.3 各饲养场、屠宰厂（场）、交易市场、动物防疫监督检查站等要建立并实施严格的卫生消毒制度（见附录1）。

5.2 监测报告

县级以上动物疫病预防控制机构应当加强小反刍兽疫监测工作。发现以发热、口炎、腹泻为特征，发病率、病死率较高的山羊和绵羊疫情时，应立即向当地动物疫病预防控制机构报告。

5.3 免疫

必要时，经国家兽医行政管理部门批准，可以采取免疫措施：

5.3.1 与有疫情国家相邻的边境县，定期对羊群进行强制免疫，建立免疫带。

5.3.2 发生过疫情的地区及受威胁地区，定期对风险羊群进行免疫接种。

5.4 检疫

5.4.1 产地检疫

羊在离开饲养地之前，养殖场（户）必须向当地动物卫生监督机构报检。动物卫生监督机构接到报检后必须及时派员到场（户）实施检疫。检疫合格后，出具合格证明；对运载工具进行消毒，出具消毒证明，对检疫不合格的按照有关规定处理。

5.4.2 屠宰检疫

动物卫生监督机构的检疫人员对羊进行验证查物，合格后方可入厂（场）屠宰。检疫合格并加盖（封）检疫标志后方可出厂（场），不合格的按有关规定处理。

5.4.3 运输检疫

国内跨省调运绵羊、山羊时，应当先到调入地动物卫生监督机构办理检疫审批手续，经调出地按规定检疫合格，方可调运。

种羊调运时还需在到达后隔离饲养10d以上，由当地动物卫生监督机构检疫合格后方可投入使用。

5.5 边境防控

与疫情国相邻的边境区域，应当加强对羊只的管理，防止疫情传入：

5.5.1 禁止过境放牧、过境寄养，以及活羊及其产品的互市交易。

5.5.2 必要时，经国务院兽医行政管理部门批准，建立免疫隔离带。

5.5.3 加强对边境地区的疫情监视和监测，及时分析疫情动态。

附录 1

小反刍兽疫消毒技术规范

1 药品种类

碱类（碳酸钠、氢氧化钠）、氯化物和酚化合物适用于建筑物、木质结构、水泥表面、车辆和相关设施设备消毒。柠檬酸、酒精和碘化物（碘消灵）适用于人员消毒。

2 消毒范围

羊舍地面及内外墙壁，舍外环境，饲养、饮水等用具，运输等设施设备以及其他一切可能被污染的场所和设施设备。

3 消毒前的准备

3.1 消毒前必须清除有机物、污物、粪便、饲料、垫料等。

3.2 选择合适的消毒药品。

3.3 备有喷雾器、火焰喷射枪、消毒车辆、消毒防护用具（如口罩、手套、防护靴等）、消毒容器等。

4 消毒方法

4.1 金属设施设备的消毒，可采取火焰、熏蒸和冲洗等方式消毒。

4.2 羊舍、场地、车辆等，可采用消毒液清洗、喷洒等方式消毒。

4.3 养羊场的饲料、垫料等，可采取堆积发酵或焚烧等方式处理。

4.4 粪便等可采取堆积密封发酵或焚烧等方式处理。

4.5 饲养、管理等人员可采取淋浴消毒。

4.6 衣、帽、鞋等可能被污染的物品，可采取消毒液浸泡、高压灭菌等方式消毒。

4.7 疫区范围内办公室、饲养人员的宿舍、公共食堂等场所，可采用喷洒消毒液的方式消毒。

4.8 屠宰加工、贮藏等场所以及区域内池塘等水域的消毒可采取相应的方式进行，避免造成污染。

附件5 小反刍兽疫诊断技术（GB/T 27982—2011）

1 范围

本标准规定了小反刍兽疫的临床诊断和实验室诊断的技术要求。

本标准适用于小反刍兽疫的诊断。

2 规范性引用文件

下列文件对于本文件的应用是必不可少的。凡是注日期的引用文件，仅注日期的版本适用于本文中。凡是不注日期的引用文件，其最新版本（包括所有的修改本）适用于本文件。

GB 6682　分析实验室用水规格和试验方法

GB 19489—2008　实验室　生物安全通用要求

3 术语和定义

下列术语和定义适用于本文件。

3.1　荧光定量反转录-聚合酶链式反应 real time quantitative reverse transcription polimerase chain reaction

荧光定量RT-PCR反应

在RT-PCR反应体系中加入荧光基团，利用荧光信号积累实时监测整个RT-PCR进程，最后通过标准曲线对未知模板进行定量分析的方法。

3.2　荧光域值 threshold

荧光定量RT-PCR反应的前15个循环的荧光信号作为荧光本底信号，荧光域值的缺省设置是3个～15个循环的荧光信号的标准偏差的10倍。

3.3　Ct值 Ct value

每个反应管内的荧光信号到达设定的荧光域值时所经历的循环数。

4　生物安全措施

进行小反刍兽疫实验室检测时，如病毒分离、血清处理等，按照GB 19489—2008。

5　临床诊断

5.1　临床症状

5.1.1　突然发热，第2～3天体温达40～42℃高峰。发热持续3d左右，病羊死亡多集中在发热后期。

5.1.2　眼、鼻大量排出分泌物，最初水样的眼、鼻分泌物日益增多，变成脓性然后结干，动物发出恶臭。由于鼻孔被凸起的结干的鳞屑覆盖，动物打喷嚏和咳嗽。呼吸急促，呼吸困难，排痰性咳嗽和眼睛的卡他性分泌物。

5.1.3　口腔黏膜充血，口腔上皮和鼻腔黏膜出现大量部分粘连的极微小的略灰色坏死点，坏死组织脱落后形成界线分明的浅糜烂斑。上皮破损偏好部位为嘴唇、齿龈、牙板、舌头以及母羊阴户的阴唇表面。口腔破损可能伴有大量流涎。

5.1.4　发热2～3d后病畜开始腹泻，伴随严重脱水、消瘦、虚脱。怀孕母羊可发生流产。

5.1.5　特急性病例在发热开始的4～6d内死亡。亚临床型病例症状较轻，病畜在发病10～14d以后康复。

5.2　病理变化

5.2.1　嘴唇充血，口腔破损程度不等，较轻的只有一处溃疡，严重的出现广泛的溃疡性及坏死性口腔炎，涉及牙板、硬腭、颊黏膜和乳突和舌头喙部背面。黏膜病变可延伸至咽部，偶尔在网胃和瘤胃交界处。

5.2.2 上呼吸道黏膜可能严重充血，伴有鼻孔和气管的溃疡。支气管肺炎，肺尖肺炎。

5.2.3 皱胃黏膜出现严重的充血和溃烂。偶尔，整个肠道出现弥散性的充血，但是，多数情况仅局限于十二指肠、回肠、盲肠和结肠上部分。常见回盲肠瓣膜出血。大肠纵向折叠顶部偶尔出现严重的出血形成斑马样条纹。

5.2.4 肠淋巴组织坏死、萎陷。肠系膜淋巴组织轻微肿大、水肿，脾可能肿胀。上呼吸道黏膜可能严重充血，伴有鼻孔和气管的溃疡。支气管肺炎，肺尖肺炎。肺部淋巴结肿胀并水肿。

5.2.5 结膜出现脓性结膜炎。肾和膀胱可见充血。母羊可见阴户和阴道糜烂。

5.2.6 组织学上可见肺部组织出现多核巨细胞以及细胞内嗜酸性包涵体。

5.3 结果判定

山羊或绵羊出现上述临床症状和病理变化，羊群发病率、病死率较高，传播迅速，可判定为疑似小反刍兽疫。

6 实验室诊断

6.1 样品采集与运输

6.1.1 样品的采集

6.1.1.1 每个发病羊群最少选择5只病畜采集样品。

6.1.1.2 选择处于发热期（体温40～41℃）、排出水样眼分泌物、出现口腔溃疡、无腹泻症状的活畜采集样品。采集眼结膜棉拭子2个、鼻黏膜棉拭子2个、颊部黏膜棉拭子1个，分别放在300μL灭菌的0.01mol/L pH 7.4 磷酸缓冲液（PBS）中。无菌采集血液10 mL，用常规方法分离血清。

6.1.1.3 选择刚被扑杀或者死亡时间不超过24h的病畜采集组织样品。无菌采集肠系膜和支气管淋巴结各3～4个，脾、胸腺、肠黏膜和肺等组织各25～50g，分别置于50 mL离心管中。

6.1.1.4 肉制品取25～50g，置于50mL离心管中。

6.1.2 样品的运输与储存

6.1.2.1　样品采集后，置冰上冷藏送至实验室检测。

6.1.2.2　血清储存应置于–20℃冰箱。

6.1.2.3　棉拭子、病料组织和肉制品储存应置于–70 ℃冰箱。

6.2　器械与设备

5%二氧化碳培养箱，DNA热循环仪，低温高速离心机，电泳仪和电泳槽，凝胶成像系统或者紫外检测仪，实时荧光定量PCR仪，96孔高吸附性酶标板，洗瓶或者洗板机，恒温箱，酶标仪。

6.3　病毒分离与鉴定

6.3.1　试验材料

非洲绿猴肾（Vero）细胞，pH 7.4磷酸盐缓冲液（PBS）（见附录A.1），细胞培养液（见附录A.3），细胞培养瓶。

6.3.2　样品处理

棉拭子充分捻动、挤干后弃去拭子，加入青霉素至终浓度200IU/mL，加入链霉素至终浓度200μg/mL。37℃作用1h。3000*g*离心10min，取上清液300μL作为接种材料。

用灭菌的剪刀、镊子取大约0.5g组织样品或肉制品，置于研钵中，剪碎，充分研磨，加入5mL灭菌的PBS溶液（含青霉素200IU/mL，链霉素200μg/mL），制成1：10悬液。37℃作用1h。3000*g*离心10min，取上清液5mL作为接种材料。

不能立即接种者，应将上清液置–70℃保存。

6.3.3　样品接种

取样品上清液接种已长成单层的Vero细胞，37℃恒温箱中吸附2h，加入细胞培养液，置5%二氧化碳培养箱37℃培养。

6.3.4　观察结果

接种后5d内，细胞应出现细胞病变效应，表现为细胞融合，形成多核体。如接种5～6d后不出现细胞病变，应将细胞培养物盲传3代。

6.3.5　病毒的鉴定

将出现细胞病变的细胞培养物，按“6.4RT-PCR方法”和“6.5 荧光定量RT-PCR方法”做进一步鉴定。

6.3.6 结果判定

样品出现细胞病变，而且RT-PCR方法或实时荧光RT-PCR方法鉴定结果阳性，则判为小反刍兽疫病毒分离阳性，表述为检出小反刍兽疫病毒。

否则，表述为未检出小反刍兽疫病毒。

6.4 RT-PCR方法

6.4.1 试剂与材料

除另有规定外，试剂为分析纯或生化试剂。实验用水符合GB/T 6682的要求。

TRIzol试剂，三氯甲烷，异丙醇，无水乙醇，DEPC处理过的水（见附录B），反转录酶/Taq DNA聚合酶混合液，2×一步法RT-PCR反应缓冲液，1.5%的琼脂糖凝胶（见附录B），0.5×TBE缓冲液（见附录B），溴化乙锭。

可以采用引物NP3/NP4用于小反刍兽疫病毒核酸的检测，引物的靶基因、序列和扩增产物的大小见附表1。

附表1 用于小反刍兽疫病毒 RT-PCR 检测的引物

引物	目的	靶基因	序列（5’-3’）	产物
NP3	正向引物	*N*基因	TCTCGGAAATCGCCTCACAGACTG	351 bp
NP4	反向引物	*N*基因	CCTCCTCCTGGTCCTCCAGAATCT	

6.4.2 样品处理

将棉拭子充分捻动、挤干后弃去拭子，取100μL样品液至一新的离心管中，加入1mL TRIzol试剂，振荡混匀，进行RNA提取。

取大约100mg组织样品，剪碎后，加入1mL TRIzol试剂充分匀浆后转移至1.5mL离心管中，进行RNA提取。

6.4.3 RNA提取

经TRIzol处理的样品液12 000r/min，4℃离心10min，取上清液，静置5min。加200μL三氯甲烷，振荡混匀，15s，静置2～3min。12 000r/min，4℃离心15min，取400μL上层水相到新的离心管中，加400μL的异丙醇，混匀，静置10min。12 000r/min，4℃离心10min，去上清液。加入75%乙醇1 mL，混匀，12 000r/min，4℃离心5min，

去上清液。再加入75%乙醇1mL，混匀，12 000r/min，4℃离心5min，去上清液。干燥RNA沉淀后加入100μL DEPC处理过的水溶解。立即进行RT-PCR反应或–70℃保存。

6.4.4 RT-PCR反应

反应体系为25μL，依次加入以下成分：12.5μL 2×一步法RT-PCR反应缓冲液，1μL正向引物NP3（10μmol/L），1μL反向引物NP4（10μmol/L），1μL 反转录酶/Taq DNA聚合酶混合液，4.5μL DEPC处理过的水，5μL RNA模板。

每次进行RT-PCR反应时均设标准阳性、阴性及空白对照。标准阳性用阳性对照RNA作为模板，标准阴性用Vero细胞RNA作为模板，空白对照用DEPC处理过的水作为模板。

RT-PCR反应条件为：50ºC反转录30min；94ºC，2min进行Taq酶的激活；94ºC，30s，55ºC，30s，72ºC，30s，共35次循环；72ºC延伸7min。

6.4.5 PCR产物的电泳

取PCR产物5μL在1.5%琼脂糖凝胶中进行电泳，凝胶成像系统中观察结果。

6.4.6 质控标准

小反刍兽疫病毒RT-PCR标准阳性对照有大小为351bp的特异性阳性扩增条带，标准阴性对照和空白对照无任何扩增条带，说明质控合格。

6.4.7 结果判定

样品有大小为351bp的特异性阳性扩增条带判为RT-PCR结果阳性，表述为检出小反刍兽疫病毒核酸。

样品无特异性的阳性扩增条带判为RT-PCR结果阴性，表述为未检出小反刍兽疫病毒。

6.5 荧光定量RT–PCR方法

6.5.1 试验材料

TRIzol试剂，三氯甲烷，异丙醇，无水乙醇，DEPC处理过的水（见附录B），2×一步法RT-PCR反应缓冲液，Taq DNA聚合酶，反转录酶，参见荧光ROXⅡ。

引物和探针：引物和探针针对小反刍兽疫病毒N基因保守序列区段设计，引物和探针的位置和序列见附表2。

附表 2 用于 PPRV 实时荧光定量 RT-PCR 检测的引物和探针

引物	目的	位置	序列（5'-3'）
PPRN8a	正向引物	1 213 ~ 1 233	CACAGCAGAGGAAGCCAAACT
PPRN9b	反向引物	1 327 ~ 1 307	TGTTTTGTGCTGGAGGAAGGA
PPRN10P	探针	1 237 ~ 1 258	FAM-5'-CTCGGAAATCGCCTCG CAGGCT-3'-TAMRA

6.5.2 RNA提取

同6.4.3。

6.5.3 实时荧光RT-PCR反应

反应体系为25μL，依次加入以下成分：12.5μL 2×一步法RT-PCR反应缓冲液，1μL正向引物PPRN8a（10μmol/L），1μL反向引物 PPRN9b（10μmol/L），0.5μL探针（10μmol/L），0.5μL Taq DNA聚合酶，0.5μL 反转录酶，0.5μL参比荧光ROX Ⅱ，3.5μL DEPC处理过的水，5μL RNA模板。每次进行荧光定量RT-PCR时均设标准阳性、阴性及空白对照。标准阳性用阳性对照RNA作为模板，标准阴性用Vero细胞RNA作为模板，空白对照用DEPC处理过的水作为模板。

荧光定量RT-PCR反应条件为：42℃反转录30min；95℃，10min进行Taq酶的激活；95℃，15s，60℃，1min，共50次循环；每个循环在60℃，1min时收集荧光信号。

6.5.4 质控标准

读取每个样品的Ct值。

标准阳性对照样品有特异性扩增曲线而且Ct值≤30，标准阴性对照和空白对照无特异性扩增曲线，说明质控合格。

6.5.5 结果判定

样品有特异性扩增曲线而且Ct值≤40判为实时荧光RT-PCR扩增阳性，表述为检出小反刍兽疫病毒核酸。

样品Ct值>40或者无特异性扩增曲线判为实时荧光RT-PCR扩增阴性，表述为未检出小反刍兽疫病毒核酸。

6.6 竞争ELISA方法

6.6.1 试验材料

包被用抗原：PPRV疫苗株重组N蛋白。对照血清：强阳性血清、弱阳性血清、阴性血清。单克隆抗体：小反刍兽疫病毒N蛋白的单克隆抗体。酶结合物：辣根过氧化物酶标记的山羊抗小鼠血清。封闭缓冲液、洗涤缓冲液、底物溶液及终止液，配制方法见附录C。

6.6.2 抗原包被

PPRV重组N蛋白用包被缓冲液1∶3 500倍稀释后，每孔50μL包被96孔酶标板，37℃置湿盒吸附1h，用洗涤缓冲液洗板4次。

6.6.3 血清加样步骤

每孔加入45μL封闭缓冲液。每份待检血清做2孔，每孔加入5μL待检血清。设强阳性血清对照孔（C++）4个，每孔加入5μL强阳性血清，设弱阳性血清对照孔（C+）4个，每孔加入5μL弱阳性血清，设阴性血清对照孔（C−）2个，每孔加入5μL阴性血清，设单抗对照孔（Cm）4个，每孔加入5μL封闭缓冲液，设酶结合物对照孔（Cc）2个，每孔加入55μL封闭缓冲液。

6.6.4 单克隆抗体的加入

除酶结合物对照孔外，每孔加入50μL工作浓度的单抗，37℃置湿盒作用1h，用洗涤缓冲液洗板4次。

6.6.5 酶结合物的加入

每孔加入50μL工作浓度的酶结合物，37℃置湿盒作用1h，用洗涤缓冲液洗板4次。

6.6.6 显色与终止

每孔加入50μL底物溶液，37℃避光反应10min，每孔加入50μL终止液。

6.6.7 读值

酶标仪预热15min，读取每孔492nm波长的吸光度值（OD值）。

6.6.8 计算抑制率（PI，percentage inhibition）

按照式（1）计算每孔（包括对照孔）的抑制率，并计算每份样品的平均抑制率。

$$PI=100-(OD_T \div OD_C)\times 100 \quad (1)$$

式中：

PI——抑制率；

OD_T——试验孔或对照孔OD值；

OD_C——单抗对照孔OD平均值。

6.6.9 质控标准

结果在质控标准（附表3）范围内，则试验成立。

附表 3 小反刍兽疫竞争 ELISA 检测方法质控标准

	最大值	最小值
Cm 孔的 OD 值	1.500	0.500
Cc 孔抑制率	+105	+95
Cm 孔抑制率	+20	-19
C++ 孔抑制率	90	81
C+ 孔抑制率	80	51
C– 孔抑制率	30	5

6.6.10 结果判定

平均抑制率（PI）＞80，判为强阳性，50＜平均抑制率（PI）≤80，判为弱阳性，表述为小反刍兽疫血清学阳性。平均抑制率（PI）≤50，判为阴性，表述为小反刍兽疫抗体血清学阴性。

7 综合判定

凡具有6.3.6、6.4.7、6.5.5、6.6.10中任何一项阳性者，均判为小反刍兽疫阳性。

附录 A

（规范性附录）病毒分离鉴定溶液的配制

A.1 pH7.4 磷酸盐缓冲液（PBS）

NaCl	8.00g
KCl	0.20g
$Na_2HPO_4 \cdot 2H_2O$	1.44g
KH_2PO_4	0.24g

用HCl调节溶液的pH至7.4，加去离子水至1 000mL，在1.034×10^5Pa高压下蒸汽灭菌20min。保存于室温。PBS一经使用，于4℃保存不超过3周。

A.2 高糖型 DMEM 培养液

高糖型DMEM	13.37g
碳酸氢钠（$NaHCO_3$）	3.7g
超纯水	1 000mL

充分溶解后，0.22μm微孔滤膜过虑除菌。4℃保存。

A.3 细胞培养液

高糖型DMEM培养液	950mL
胎牛血清	50mL

加入青霉素至终浓度200 IU/mL，链霉素至终浓度200μg/mL，两性霉素B至终浓度2.5μg/mL, 充分混匀。4℃保存。

附录 B

（规范性附录）反转录－聚合酶链反应溶液的配制

B.1 DEPC 处理过的水

DEPC	lmL
去离子水	1 000mL

充分混匀，将瓶盖拧松后置于37℃放置过夜，高压灭菌。

B.2 5×TBE 缓冲液

Tris碱	54g
硼酸	27.5g
0.5mol/L EDTA	20mL

加去离子水调整体积至1 000mL。

B.3 0.5×TBE 缓冲液

取100 mL 5×TBE缓冲液，加去离子水调整体积至1 000mL。

B.4 1.5% 的琼脂糖凝胶

琼脂糖	0.75g
0.5×TBE缓冲液	50mL
溴化乙锭溶液(10 mg/mL)	2.5 μL

称取0.75g琼脂糖，置于200mL锥形瓶中，加入50mL 0.5×TBE缓冲液，加热溶解，冷却至50～60℃时加入2.5 μL溴化乙锭溶液，倒入胶槽内自然凝固。

附录 C

（规范性附录）竞争酶联免疫吸附试验溶液的配制

C.1 包被缓冲液——0.05mol/L pH9.6 碳酸盐 / 重碳酸盐缓冲液

Na_2CO_3	0.318g
$NaHCO_3$	0.588g
去离子水	200mL

用0.22μm膜过滤除菌，室温保存备用。

C.2 洗涤缓冲液——pH7.4 PBST（0.05% 吐温 -20）

吐温-20	0.5mL
pH7.4 PBS	1 000mL

C.3 封闭缓冲液（含 3%BSA 的 pH7.4 PBS）

BSA	30g
pH7.4 PBS	1 000mL

封闭液要临用前配制。

C.4 底物溶液

C.4.1 A液

Ha_2HPO_4	3.682g
柠檬酸	1.021g
过氧化氢尿素	0.06g

去离子水	100mL

临用前配制，避光4～8℃保存。

C.4.2　B液

柠檬酸	1.05g
EDTA	14.6mg
TMB（3，3’–二氨基联苯胺）	25.0mg
去离子水	100mL

用0.45μm滤膜过滤，临用前配制，避光4℃保存。

C.4.3　用法

使用时，将A液、B液按1：1的比例混合。

C.5　终止液——3mol/L H_2SO_4

浓硫酸	16.5mL
去离子水	87.5mL

将浓硫酸缓缓加到蒸馏水中，混匀。

OIE 小反刍兽疫参考实验室及其专家

截至2015年6月，OIE在中国、法国和英国3个国家设立了小反刍兽疫参考实验室，任命了3位专家。

● Dr Wang Zhiliang

National Diagnostic Center for Exotic Animal Diseases

China Animal Health and Epidemiology Center

Ministry of Agriculture

369 Nanjing Road

Qingdao 266032

CHINA（PEOPLE'S REP.OF）

Tel：+86–532 87839188　Fax：+86–532 87839922

Email：wangzhiliang@cahec.cn

Email：zlwang111@163.com

● Dr Geneviève Libeau

CIRAD–BIOS

Control of Exotic and Emerging Animal Diseases

Programme Santé Animale

Campus International de Baillarguet TA A–15/G

34398 Montpellier Cedex 5

FRANCE

Tel：+33(0)467593798　Fax：+33(0)467593850

Email：genevieve.libeau@cirad. fr

● Dr Michael Baron

The Pirbright Institute

Ash Road，Pirbright

Woking，Surrey，GU24 0NF

UNITED KINGDOM

Tel：+44–1483232441　Fax：+44–1483232448

Email：michael.baron@pirbright.ac.uk